헤어미용 직무능력 표준모듈교재

아이론Iron

저자 약력

김주섭 상지영서대학교 피부미용과 교수
유세은 여주대학교 피부미용과 교수

아이론Iron

2014년 11월 15일 초판 인쇄
2014년 11월 20일 초판 발행

저 자 김주섭, 유세은
발 행 인 조규백
발 행 처 도서출판 구민사
(150-034) 서울특별시 영등포구 문래로 187, 604(영등포동 4가, 동서빌딩)
전 화 02.701.7421~2
팩 스 02.3273.9642
홈페이지 www.kuhminsa.co.kr
등 록 제14-29호(1980년 2월 4일)
I S B N 978-89-7074-979-2 93590
값 26,000원

헤어미용 직무능력 표준모듈교재

아이론 Iron

김주섭 유세은

구민사
Technology Computer
www.kuhminsa.co.kr

참고 자료

1. 이용학개론 / 김주섭 외 1인 / 구민사 / 2012.
2. 헤어드라이&아이론 이론과 실제 / 정희영 / 훈민사 / 2013.
3. Iron & Blow dry styling / 강영숙 외 10인 / 훈민사 / 2005.
4. Hair styling 아이론테크닉 / 문금순 / 예문사 / 2014.
5.기초블로우드라이와 아이론 / 현문사 / 김진수 외 2인 / 2013.

머리말

헤어의 아름다움을 표현하는 미용시술의 여러 분야에서 아이론 시술은 아이론기와 빗을 이용하여 모발을 펴거나, C컬, S컬을 빠르게 시술하고, 컬 형성력을 높여 헤어스타일을 연출하는 시술이다.

커트, 염색 시술이 끝나면 헤어스타일의 완성도를 높이기 위해 블로우 드라이 와 아이론 시술을 한다.

본 교재는 산업체 현장에서 요구하는 내용의 바탕인 NCS의 중분류 이·미용, 소분류 이·미용서비스, 세분류의 헤어미용 중 능력단위 업스타일의 능력단위요소를 기반으로 모발의 길이별, 컬 형태별, 성별로 분류하여 내용을 구성하였다.

모발의 길이별로는 쇼트, 미듐, 롱 헤어의 길이로 구분하여 구성하였다. 성별로 남성과, 여성으로 구분하여 구성하였고, 컬 형태별로는 펴기, C컬, S컬로 구분하여 시술 순서에 맞춰 사진과 해설로 구성하였다.

또한 사진만으로는 시술을 따라 연습하거나 이해하기에 부족한 감이 있어 각 파트마다 짧은 동영상을 만들고 QR코드로 제작하여 누구나 쉽게 아이론 시술 테크닉을 보면서 연습할 수 있도록 하였다.

본 교재가 나오기까지 수고하신 구민사 조규백 사장님을 비롯한 직원분들께 감사드리며, 본 교재가 미용업에 종사하는 분들에게 조금이나마 도움이 되었으면 하는 바람이다.

2014년 11월 저자일동

contents

Chapter 4 A-4 헤어스타일 연출하기 _034

아이론 모듈교재 사용안내

소개

본 모듈교재는 소분류 이·미용 분야 세분류 헤어디자인의 아이론능력단위로, 헤어디자인 부분의 아이론 작업을 수행함에 있어 필요한 이론과 실습에 대한 내용으로 작성되었다.

또한 아이론의 능력단위요소에 없는 내용도 필요에 의해 포함되어 있다. 아이론을 고객에게 시술함에 있어 가장 기본이 디자인 상담이다. 아이론기기를 선택하고 온도 설정하기, 아이론 시술을 위한 헤어 파팅하기, 파팅 후 아이론기기를 이용하여 헤어스타일을 연출하기, 자연스러운 스타일을 위한 헤어쉐이핑하기로 구성으로 되어 있다.

구성

아이론 모듈교재는 사용안내, 자기진단, 학습모듈로 구성되어 있다. 사용안내는 전체적인 개요와 구성을 설명하고, 학습자에게 효과적인 활용방법 및 학습방법을 안내하는 역할을 한다. 자기진단은 학습모듈을 학습하기 전에 아이론에 대한 학습자의 현재 지식수준을 진단하고, 학습자에게 필요한 학습활동을 안내하는 역할을 한다.

학습모듈은 4가지 모듈로 구성되어 있으며, A-1 디자인 설정하기, A-2 기기 및 도구 선정하기, A-3 헤어 파팅하기, A-4 헤어스타일 연출하기로 구성되어 있다. A-1 디자인 설정하기에서는 고객의 이미지에 맞는 디자인 설정, 얼굴형과 헤어스타일 등에 대해 설명할 수 있고. A-2 기기 및 도구에서는 컬의 형태와 모발의 길이에 맞는 아이론기기 선정과 아이론기기의 온도 설정하기에 대해 알 수 있도록 구성되어 있다. A-3 헤어 파팅하기는 헤어스타일을 만들어 내는데 적합한 형태와 방향에 대한 내용으로 구성되어 있다. A-4 헤어스타일 연출하기에는 결정된 디자인에 따라 아이론기기를 이용하여 인컬, 아웃컬, S컬, 스트레이트 시술에 관한 사진과 작업순서, 마지막 스타일을 내는 헤어쉐이핑의 내용으로 구성되어 있다. 한편, 각각의 학습모듈은 학습목표, 학습활동, 수행내용, 교수·학습방법, 학습정리, 수행평가, 피드백, 참고자료로 구성되어 있다.

학습목표에는 각 학습모듈의 수업목표가 단원별로 제시되어 있어 달성 목표를 구체적으로 제시하였다. 학습활동은 교수·학습방법으로 구성되었으며, 교수·학습방법에는 기본적인 내용이 제시되어 있다. 마지막으로 학습정리는 학습내용에 대한 주요사항을 정리하였으며, 수행평가에서는 각 학습모듈의 학습을 마친 후 학습자들의 성취수준을 평가하고, 부족한 부분을 피드백 받을 수 있도록 하기 위한 체크리스트가 제시되어 있다. 아이론 모듈교재의 개발 구성도는 아래와 같이 구성되어 있다.

개발 구성도

자가 진단

체크리스트

다음은 아이론 실무 업무를 수행하는데 요구되는 능력 수준을 스스로 알아볼 수 있는 체크리스트입니다. 본인의 평소 행동을 잘 생각해 보고, 일치하는 정도에 V 표시로 체크해주시오.

능력단위 : [아이론] 능력 평가표						
능력단위 요소	문항	매우 미흡	미흡	보통	우수	매우 우수
디자인설정 하기	1. 얼굴형의 종류에 대하여 설명할 수 있다.	①	②	③	④	⑤
	2. 각진 얼굴형에 어울리는 헤어스타일에 대해 설명할 수 있다.	①	②	③	④	⑤
	3. 둥근형에 어울리는 헤어스타일에 대해 설명할 수 있다.	①	②	③	④	⑤
	4. 역삼각형에 어울리는 헤어스타일에 대해 설명할 수 있다.	①	②	③	④	⑤
기기 및 도구 선정하기	1. 아이론의 종류에 대해 설명할 수 있다.	①	②	③	④	⑤
	2. 아이론 적정온도가 몇 도인지 설명할 수 있다.	①	②	③	④	⑤
	3. 컬링아이론과, 플랫아이론의 차이를 설명할 수 있다.	①	②	③	④	⑤
헤어 파팅하기	1. 파팅이 무엇인지 설명할 수 있다.	①	②	③	④	⑤
	2. 파팅의 종류에 대해 설명할 수 있다	①	②	③	④	⑤
헤어 스타일링 연출하기	1. 모발의 스트레이트 시술방법을 설명할 수 있다.	①	②	③	④	⑤
	2. 모발의 안말음 시술방법을 설명할 수 있다.	①	②	③	④	⑤
	3. 모발의 바깥말음 시술방법을 설명할 수 있다.	①	②	③	④	⑤
	4. 모발의 웨이블 시술방법을 설명할 수 있다.	①	②	③	④	⑤
	5. 헤어 쉐이핑에 대해 설명할 수 있다.	①	②	③	④	⑤

진단방법

체크리스트의 문항별로 자신이 체크한 결과를 아래의 표를 이용하여 해당하는 개수를 적어보자.

학습모듈명	수준	개수
A-1 디자인 설정하기	매우미흡 / 미흡 / 보통 / 우수 / 매우우수	( ) 개
A-2 기기 및 도구 선정하기	매우미흡 / 미흡 / 보통 / 우수 / 매우우수	( ) 개
A-3 헤어 파팅하기	매우미흡 / 미흡 / 보통 / 우수 / 매우우수	( ) 개
A-4 헤어스타일 연출하기	매우미흡 / 미흡 / 보통 / 우수 / 매우우수	( ) 개

진단결과

진단방법에 따라 자신의 수준을 진단한 후, '미흡하다' 문항이 나오면 그 문항은 부분이 부족한 것이기 때문에, 해당하는 학습내용을 다시 한번 학습하여 부족한 부분을 보충학습한다.

아이론 학습 모듈 개요

1. 학습모듈 목표

미용실에서 시술되는 아이론에 대한 기본적인 이론을 이해하고 습득하여, 아이론 시술시 적용하는 능력을 갖추고, 실제로 고객이 원하는 헤어스타일로 아이론 시술을할 수 있는 능력을 갖춘다.

2. 선수학습

블로우드라이, 헤어세팅, 유행하는 헤어스타일 자료 검색 및 컴퓨터 활용 능력

3. 이수시간

학 습	학습내용	이수시간(hour)
A-1. 디자인 설정하기	1. 아이론이란? 2. 아이론 시술시 중요한 요소 3. 헤어 아이론시 얼굴형과 디자인	2
A-2. 기기 및 도구 선정하기	1. 아이론의 종류	1
A-3. 헤어 파팅하기	1. 헤어 파팅하기 2. 아이론 시술시 주의사항	2
A-4. 헤어스타일 연출하기	1. 아이론 기초테크닉 2. 앞머리 아이론 스타일 3. 길이에 따른 스타일 4. 남성아이론 시술하기	18

Chapter 1

A-1

디자인 설정하기

A-1 디자인 설정하기

1. 학습모듈 개요

아이론을 시술하기 위해서는 우선 아이론이 무엇인지에 대해 알아야 하고, 얼굴형과 고객이 원하는 스타일의 관계에 대해 알아야 한다. A-1의 내용은 아이론의 정의, 아이론 시술시 중요한 요소, 얼굴형과 디자인의 내용이 구성되어 있다.

2. 학습목표

1) 아이론을 설명할 수 있다.
2) 아이론 시술시 중요한 요소에 대해 설명할 수 있다.
3) 얼굴형의 종류에 대해 설명할 수 있다.
4) 얼굴형과 디자인에 대해 설명할 수 있다.

3. 주요용어

아이론, 시술, 얼굴형, 디자인

학습내용 1 : 아이론이란?

아이론이라는 이름이 나온 것은 1880년 프랑스 파리에서 미용 견습생인 마셀 그라또우(Marcel Grateau)가 그의 어머니에게 자연스러운 웨이브의 헤어스타일을 구사하기 위해 새로운 미용 기구인 헤어 아이론을 개발하였는데, 철을 소재로 한 둥글게 홈이 파인 자루와 그 자루를 감싸주는 또 하나의 자루를 만들어 불에 달구어 사용하여 유래되었다.

그리고 이 기구를 자신이 개업한 미용실에서 사용함으로써 전 세계에 알려졌으며, 제이 하딩이라는 여배우가 헤어 아이론을 이용한 새로운 헤어스타일을 널리 알렸으며 웨이브의 지속시간이 3주 정도였다고 한다. 1920년 르네 랑보(Rene Rambaud)에 의해 곱슬거리는 컬에서부터 웨이브를 구사하는 것에 초점이 맞춰졌고, 20세기 후반에 이르러서는 보다 더 다양한 기구들이 개발되어졌으며, 여성들 사이에 스스로 웨이브를 구사할 수 있었으며, 퍼머넌트 웨이브가 급진적으로 발달함에 따라 헤어스타일의 빠른 변화에 일익을 담당하게 되었다.

우리나라는 핸드 드라이어의 도입 이전인 1970년대 후반까지 미용실에서 주로 재래식 헤어 아이론인 마셀(marcel)과 컬(curl)로 헤어스타일을 연출하였다. 1990년대 후반에 열을 이용한 스트레이트 펌(일명 매직 스트레이트)이 유행하면서 전열식 아이론인 플랫 아이론의 사용이 유행하게 되었다.

그 이후 전열식 아이론기기를 이용한 헤어 스타일링이 급속하게 확산되면서 굵기가 다양한 컬링 아이론과 넓이가 다양한 플랫 아이론이 빠르게 보급되었다. 현재 일시적 헤어스타일링 연출은 아이론기기를 이용하는 경우와 드라이기를 이용한 블로우드라이가 함께 공존하고 있다. 지금은 편리한 전기 아이론(electronic iron)이 개발되어 일정한 온도를 유지하며 사용할 수 있게 되었다. 전기 아이론의 종류도 매우 다양해지고 전기 아이론을 이용한 여러 가지 헤어스타일의 표현 테크닉도 많이 개발되었으며 미용실뿐만 아니라, 가정집에서도 아이론으로 스타일을 연출하고 있다.

학습내용 2 : 아이론 시술시 중요한 요소

1) 열

아이론의 열은 모발의 스타일 연출에 있어 아주 중요한 요소이다. 아이론의 온도는 120~140℃가 적당하며 경우에 따라 온도를 조절하여 스타일 시술을 한다.

2) 각도

아이론과 롤의 각도로 모발 모근 부분의 볼륨, 중간 부분의 흐름, 모발 끝의 방향을 디자인으로 컨트롤 한다.

3) 위치

위치는 두상이 둥글고 머리는 방사(원형상태)로 되어 있어 조금씩 원형으로 돌며 시술하여, 일치된 방향에만 텐션이 가해지는 것을 막아 골고루 텐션이 분배될 수 있게 한다.

4) 회전

블로우드라이와 만찬가지로 회전은 텐션과 많은 관계를 가지고 있으며, 첫째 회전은 많은 볼륨을 표현하고, 둘째 회전은 컬의 각을 만들며, 셋째 회전은 선은 흐름을 이어주는 역할을 한다.

5) 텐션

플랫아이론 사용시 텐션을 너무 주면 모발이 늘어나는 경우가 있다. 이는 곧 모발의 손상이 쉽게 되는 지름길이다.

6) 속도(Speed)

고온을 이용하기 때문에 속도는 블로우드라이 보다 빠르게 시술한다.

학습내용 3 : 헤어 아이론시 얼굴형과 디자인

1. 얼굴형과 헤어 디자인

1) 계란형

얼굴형을 가리지 않으면서 개성을 살리는 헤어스타일을 한다. 어떤 스타일이든 잘 어울리는 형이다.

2) 둥근형

얼굴형을 가늘고 각지에 보이도록 하며 탑 부분의 볼륨을 강조하고 , 이마 부분을 약간 드러내고, 사이드 부분에 볼륨을 주지 않는다. 헤어스타일에 따라서 강한 턱선을 부드럽게 하는 방법과 다른 부분을 강조하여 줌으로써 시선을 피하는 방법이 있다.

- 머리 결이 부드럽게 옆으로 흐르도록 하면 온화한 느낌을 주므로 각진 얼굴형을 커버할 수 있다.
- 머리를 턱선의 연장선 위에 가지런하게 손질하면 강한 인상을 주었던 턱선이 자연스러워 보인다.
- 탑 부분을 살려주고 사이드 부분은 가볍게 연출한다.

3) 장방형

길이보다는 너비에 더 많은 볼륨을 주어 너비가 더 넓어 보이도록 디자인하여 타원형이 되도록 연출한다.

- 장방형의 턱뼈를 강조하는 긴 스트레이트 머리, 직선의 앞머리나 가운데 가르마를 피한다.
- 턱에서 끝나는 직선의 단발머리는 이런 정방형의 얼굴에 시술하기에는 피해야 하는 헤어스타일이다. 층이진 단발머리는 괜찮으나 턱선 위에 또는 밑에서 끝나야 한다. 약간의 둥그스름한 머리모양과 머리 윗부분이나 앞에 어느 정도의 높이를 주는 것이 좋다.
- 헤어 라인은 길고 복잡하지 않게 하고 탑 부분에서 이마 윗부분에 이르기까지 작은 컬로 볼륨을 준다.
- 가르마는 사선으로 비대칭 스타일로 한다.

- 이마와 턱선을 좁아 보이기 위해서 부드러운 컬로 각진 모서리 부분을 가려준다.

4) 각진 얼굴

이마와 광대뼈 조금 밑의 넓이가 거의 같다. 매우 좁은 턱이나 매우 높은 이마를 가지고 있다. 길이와 너비에 거의 같은 볼륨을 주어 각진 부분에 곡선적인 느낌을 주는 디자인을 하여 타원형에 가깝게 시술한다.

- 네모난 얼굴은 각진 부분에 커트 선을 맞추기보다는 턱선보다 짧거나 길게 해주는 것이 좋다.
- 광대뼈에 신경을 써서 비대칭 스타일은 기본이고, 스타일은 작은 스타일로 얼굴을 갸름하게 보이게 한다.
- 쇼트일 때는 턱선이 뚜렷하게 보이기 때문에 시선이 위쪽으로 가도록 앞머리는 자연스럽게 내린다.
- 얼굴을 가리는 부분은 6:4 정도로 한다.

5) 삼각형

턱 부분은 안말음으로 연출하고 탑 부분에 볼륨을 주거나 웨이브를 연출하여 풍성하게 연출한다.

- 눈에 띄는 턱선의 균형을 잡는 짧은 머리, 관자놀이 주위에 풍만한 헤어스타일은 턱을 가늘게 보이게 한다. 옆가르마, 관자놀이 주위에 볼륨감 있고 턱선에서 가늘어지는 헤어스타일이 잘못하면 가리어질 장점들을 살려주어 기대 이상의 효과를 볼 수 있다.
- 머리를 귀 뒤로 넘기면 눈으로 주위를 끌게 되어 눈 주위를 넓게 보이도록 도와줄 것이다.
- 머리 위쪽과 이마 부분까지, 컬이나 볼륨으로 풍부한 느낌이 나게 한다.
- 탑 부분은 볼륨을 주고 목덜미 부분은 시원하게 커트한다.

6) 역삼각형

원형의 형태와 가로로 넓은 형태를 타원형에 맞도록 연출한다.

- 탑 부분에 볼륨을 적게 하여 넓은 이마와 관자놀이를 커버하고 좁고 경사가 급한 턱을 부드럽게 보이도록 하려면 귀 밑으로 자연스럽게 흐르는 굵은 웨이브로 연출한다.
- 이마를 감추기 위해서는 앞머리를 사선으로 내려준다.

7) 마름모형

원형의 형태와 세로로 넓은 형태를 얼굴형에 맞도록 복합적으로 연출한다. 좁은 이마와 턱 부분에 볼륨을 주고, 튀어나온 부분을 가려 연출한다.

- 얼굴이 가로로 더 길어 보이지 않도록 하는 것이 중요하다. 관자놀이 주위는 노출시키지 말고 귀밑 부분까지 늘어뜨려서 안쪽으로 말아 주는 것이 좋다. 이때 모발의 길이는 턱 아래로 내려오지 않도록 주의한다.
- 광대뼈의 옆 부분 머리를 부풀려서 가로의 길이를 오히려 강조하는 것도 한 방법이 될 수 있다. 결점이라고 생각되는 부분을 머리를 늘어뜨려서 가리는 것도 좋지만 반대로 옆 부분에 볼륨을 주어 강조함으로서 전체적으로 얼굴이 차지하는 부분을 축소시켜 작아보이도록 한다.

2. 체형과 헤어 디자인

1) 머리숱이 많고 굵은 모발

- 쇼트가 가장 적합하다. 머리가 롱 헤어로 퍼머를 하고 싶다면 꼭 염색을 한 다음 퍼머를 하면 만족할 수 있는 웨이브를 얻을 수 있다.

2) 머리숱이 적고 가늘고 힘이 없는 모발

- 층을 많이 내지 않은 보브스타일이나 뿌리 부분이 살아있는 부드러운 웨이브 퍼머가 적합하다.

3) 곱슬머리

- 쇼트 커트가 잘 어울리고 롱 헤어일 때는 어깨보다 길게 하고 길이가 어중간한 세미롱 스타일은 피한다. 롱 헤어든, 쇼트 헤어든지 분명히 하도록 한다.

4) 목이 짧은 형

- 옆머리와 뒷머리가 목선으로 내려오지 않도록 귀선 부근에서 마무리하는 커트가 좋다.

5) 목이 굵은 형

- 웨이브 헤어스타일이 대개 잘 어울린다.

6) 목이 긴 형

- 네이프 부분에 헤어의 볼륨을 풍부하게 하는 미듐 길이의 스타일이 어울린다.

7) 어깨가 벌어지고 올라간 형

- 언밸런스 헤어가 좋다.

8) 어깨가 쳐진 형

- 쇼트나 스트레이트 보브스타일이 좋다.

9) 키가 크고 뚱뚱한 형

- 레이어 커트가 적합하다. 심한 쇼트는 피해야 한다.

10) 키가 크고 마른 형

- 쇼트, 웨이브 헤어로 여성스러움을 강조하는 스타일 좋다.

11) 키가 작고 뚱뚱한 형

- 옆가르마로 목 주변에 웨이브 볼륨을 주는 스타일이 좋다.

12) 키가 작고 마른 형

- 웨이브 헤어스타일 보다는 단정한 단발 커트 스타일이 좋다.

13) 얼굴이 큰 사람

- 앞머리를 많이 내리는 층이 많이 나면서 가벼운 커트 스타일이나, 오히려 과감히 얼굴을 드러내 놓은 스타일도 좋을 수 있다.

14) 주걱턱인 사람

- 턱선 정도의 길이에서 커트선이 정리되는 스타일이 어울린다.

수행 내용

항목	내 용
실습장비 및 재료	• 얼굴형 스타일
자료	• 다양한 헤어스타일 북
유의 사항	• 얼굴형과 디자인의 관계를 알아야 한다.

1. 얼굴형 파악하기

1) 얼굴형을 수집한다.
2) 학생들에게 얼굴형을 제시한다.
3) 얼굴형의 종류에 대해 파악하도록 한다.

2. 얼굴형과 맞는 헤어디자인 선정하기

1) 헤어디자인에 대한 개념을 알게 한다.
2) 선택한 얼굴형에 맞는 헤어디자인에 대해 설명하도록 한다.

교수·학습 방법

1. 교수 방법

1) 얼굴형의 종류에 설명한다.
2) 헤어디자인의 개념에 대해 설명한다.
3) 얼굴형과 헤어디자인 개념에 대해 설명한다.

2. 학습 방법

1) 사전에 얼굴형의 종류에 대해 학습하여 얼굴형의 파악하는 데 이해도를 높인 다.
2) 헤어디자인에 대한 개념의 이해도를 높인다.

학습정리
1. 아이론은 아이론기기를 사용해 모발에 열을 가하여 모발의 형을 변형시켜 스타일을 낸다. 2. 아이론 시술시 열, 각도, 위치, 회전, 텐션, 속도에 유의하며 시술한다. 3. 아이론 시술시 각각의 얼굴형인 계란형, 둥근형, 장방형, 각진 얼굴, 삼각형, 역삼각형, 마름모형에 따라 부족한 부분을 보완할 수 있는 시술을 고려하여 시술한다.

수행평가(지필평가)
1. 아이론의 정의에 대해 설명할 수 있다. ( ) 2. 아이론 시술시 고려해야할 사항에 대해 설명할 수 있다. ( ) 3. 아이론 시술시 얼굴형에 따라 시술시 고려해야할 사항에 대해 설명할 수 있다. ( )

수행평가(체크리스트)						
번호	항 목	매우미흡	미흡	보통	우수	매우우수
1	고객의 얼굴형을 파악할 수 있다.					
2	얼굴형에 맞는 디자인을 제안할 수 있다.					
3	제안한 디자인을 고객과 상담할 수 있다.					
4	얼굴형에 맞는 디자인을 설정할 수 있다.					

피 드 백
1. 아이론의 정의를 숙지한다. 2. 아이론시 주의점에 대해 숙지한다. 3. 얼굴형의 종류를 숙지한다. 4. 헤어디자인에 대한 개념을 숙지한다.

Chapter 2

A-2
기기 및 도구 선정하기

A-2 기기 및 도구 선정하기

1. 학습모듈 개요

아이론을 시술하기 위해서는 우선 고객이 원하는 디자인이 결정되면 그에 맞는 아이론기기를 선택하고 모발의 손상 정도에 따라 아이론기기의 온도도 다르게 설정하여야 한다.

2. 학습목표

1) 아이론기기에 대해 설명할 수 있다.
2) 모발의 손상 정도에 따라 아이론기기의 온도를 설명할 수 있다.

3. 주요용어

아이론기기, 온도, 손상, 설정

학습내용 1 : 아이론의 종류

(1) 컬링 아이론

① 전통적인 스로브 아이론 – 기구를 직접 불 위에 올려놓는 것이다.
② 전열 헤어 아이론 – 전기나 가스로 인해 자동으로 전열이 된다.
③ 증발식 전열 아이론 – 전기나 가스가 자동으로 전열되면서 증기가 나온다.

◎ 컬링 아이론 장점

▶ 장점 – 긴 모발과 짧은 모발 : 뿌리까지 볼륨을 줄 때 사용한다.
　　모발의 양이 적은 사람 : 웨이브를 만들 때 사용한다.

제품을 사용하지 않아도 스타일 연출이 가능하다.

▶ 단점 – 초보자인 경우 온도조절이 어려우며, 잡는 법과 작동방법에 많은 시간이 소요된다.

(2) 매직 아이론

① 스트레이트(팬널이 넓은 모양) – 긴 모발을 펼 때 사용한다.

② 볼륨 매직기(둥근 모양) – 볼륨과 웨이브 컬을 만들 때 사용한다.

③ 플랫 아이론(집게아이론) – 여러 가지 기구 모양으로 되어 있어 다양한 형태를 연출할 수 있다.

◎ 플랫 아이론

▶ 장점 – 자동으로 온도조절이 되므로 초보자가 사용하기에 편리하다.

▶ 단점 – 짧은 모발에 볼륨을 주고 버진 헤어에 강한 웨이브 연출하기가 어렵다.

◎ 매직 온도의 적당한 사용방법

▶ 건강 모발 – 170~180℃ 사용하되 기술이 필요하며 동작이 빨라야 한다.

▶ 보통 모발 – 150~160℃로 온도를 유지한다.

▶ 손상된 모발 – 130~140℃로 온도를 유지한다.

아이론을 사용할 때는 손상된 모발, 염색, 탈색, 백모 등에 따라 온도를 조절하여 사용한다.

건조된 모발에 300℃ 정도의 열을 가하면 분해되고 130~150℃ 이상에서는 모발 변색이 시작된다. 습한 모발은 70℃ 이상에서 변성이 나타난다.

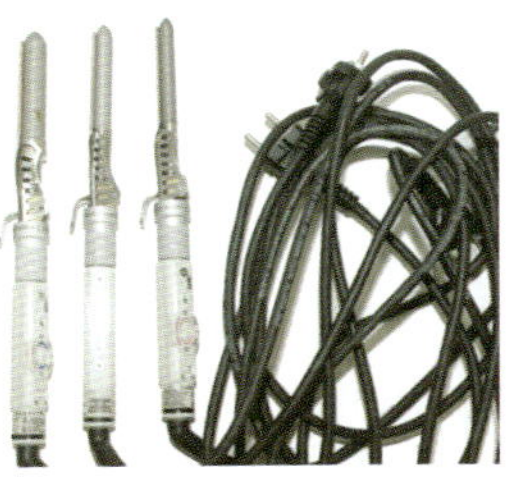

컬링 아이론

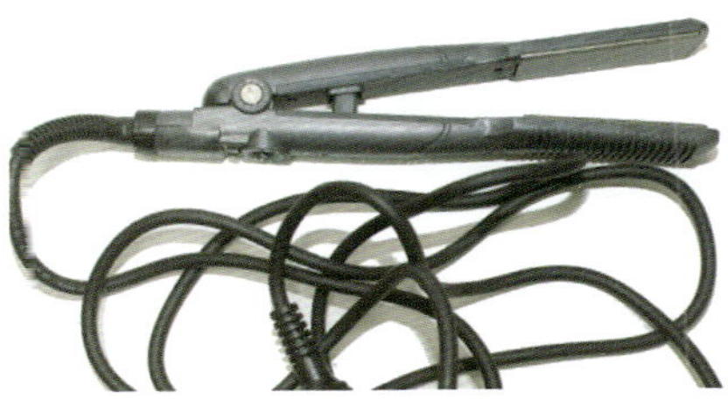

플랫 아이론

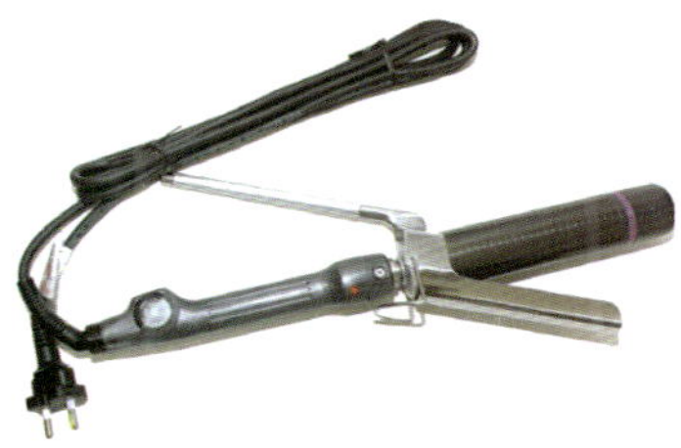

직경이 굵은 컬링아이론

1. 아이론 도구

(1) 아이론 구조

① 그루브(groove) – 홈이 파여 있는 부분으로 프롱이 모발을 들어 올려 볼륨과 웨이브를 만든다.

② 프롱(prong) – 쇠막대기 모양으로 된 프롱이 그루브와 함께 형태를 변화시킨다.

③ 손잡이 – 그루브와 프롱이 연결되어 있는 부분이다.

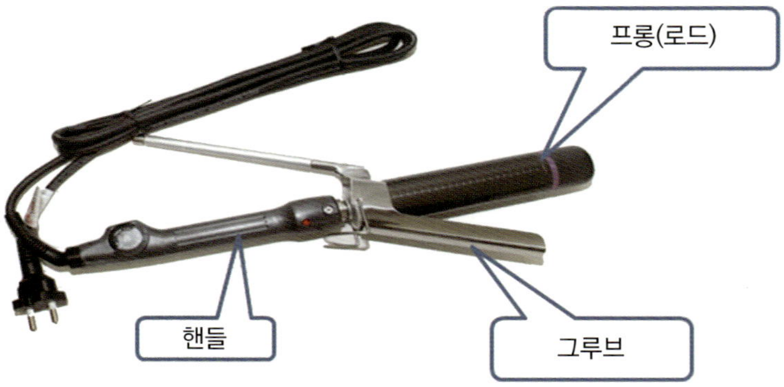

(2) 빗

아이론 시술시 웨이브 형성, 섹션나눠 때 사용하는 빗이다.

(3) 클립(핀셋)

클립은 두상을 파팅하여 모발을 파팅 파팅 구분하여 고정시키는 역할을 한다.

수행 내용

항목	내 용
실습장비 및 재료	• 아이론기기 • 아이론 빗
자료	• 다양한 헤어스타일 북
유의 사항	• 모발 손상의 정도를 파악할 수 있어야 한다.

1. 아이론 종류 알기

1) 여러 가지 아이론 종류를 수집한다.

2) 수집된 아이론 종류를 학생들에게 제시한다.

3) 제시된 아이론 종류에 대해 설명하게 한다.

2. 아이론 온도 선정하기

1) 모발의 손상 정도에 따른 모발을 준비한다.

2) 모발의 상태를 파악하게 한다.

3) 파악한 모발을 시술시 아이론 적정온도를 말하게 한다.

교수·학습 방법

1. 교수 방법

1) 아이론의 종류에 대해 설명한다.

2) 모발손상에 따른 아이론 온도를 설명한다.

2. 학습 방법

1) 사전에 아이론 종류에 대하여 사진, 인터넷 등을 통하여 미리 살펴보아 학습할 때 학습의 이해도를 높인다.

2) 모발의 손상 정도에 대한 이해를 하여 학습시 이해도를 높인다.

학습정리

1. 아이론을 시술하기 위해서는 우선 고객이 원하는 디자인이 결정되면 그에 맞는 컬링아이론 기기, 또는 플랫아이론 기기를 사용하여 시술한다.

2. 모발의 손상 정도에 따라 아이론기기 온도 설정하기는 다음과 같다.
   (1) 건강 모발 - 170~ 180℃사용하되 기술이 필요하며 동작이 빨라야 한다.
   (2) 보통 모발 - 150~ 160℃로 온도를 유지한다.
   (3) 손상된 모발 - 130~ 140℃로 온도를 유지한다.

수행평가(지필평가)

1. 컬링아이론기기의 장·단점에 대해 작성하시오
   (　　　　　　　　　　　　　　　　　　　　　　　　　　　　)
2. 플랫아이론기기의 장·단점에 대해 작성하시오
   (　　　　　　　　　　　　　　　　　　　　　　　　　　　　)
3. 모발 손상에 따른 아이론기기의 온도에 대해 작성하시오.
   (　　　　　　　　　　　　　　　　　　　　　　　　　　　　)

수행평가(체크리스트)

번호	항목	매우미흡	미흡	보통	우수	매우우수
1	헤어스타일을 연출할 때 필요한 아이론을 선정할 수 있다.					
2	모발의 상태를 진단할 수 있다.					
3	모발의 상태에 맞는 온도를 선택할 수 있다.					

피드백

1. 아이론의 종류를 숙지한다.
2. 모발 손상에 따른 아이론 시술시 온도를 숙지한다.

Chapter 3

A-3

헤어 파팅하기

A-3 헤어 파팅하기

1. 헤어 파팅하기

아이론 시술시 고객이 원하는 디자인을 설정하고 아이론기기를 선정한 후 결정된 디자인에 맞는 테크닉을 시술하기 위해서 먼저 헤어 파팅을 하여야 한다.

2. 학습목표

1) 아이론 시술 순서를 말할 수 있다.
2) 아이론시 주의사항에 대해 말할 수 있다.

3. 주요용어

헤어, 파팅, 주의사항

학습내용 1 : 헤어 파팅하기

헤어 파팅은 모발을 시술하여 디자인 연출시 디자인에 따라 헤어 파팅을 달리할 수 있으며, 헤어 파팅은 시술을 좀 더 정확하고 신속하게 진행할 수 있도록 한다.

학습내용 2 : 아이론 시술시 주의사항

1) 아이론은 높은 열을 사용하기 때문에 모발 손상에 주의해야 한다.

2) 높은 열에 의한 고객의 화상에 주의해야 한다.

3) 아이론 시술시 모발이 젖어 있으면 안 된다.

4) 모발을 가지런히 정리 후에 한다(배코밍 있으면 안 된다).

5) 모발화장품이 모발에 묻어 있으면 안 된다(제품이 탄다).

수행 내용

항목	내 용
실습장비 및 재료	• 아이론기기 • 아이론 빗 • 핀셋 • 민두 • 홀더
자료	• 다양한 헤어스타일북
유의 사항	• 얼굴형과 디자인의 관계를 알아야 한다.

1. 헤어 파팅 후 아이론 시술법

1) 올바른 아이론 시술법

(1) 머리를 감고 수건으로 가볍게 눌러 물기를 완전히 제거한다.

수건으로 머리를 감싸 물기를 제거할 때 오래 있으면 비듬, 가려움증의 원인이 되므로 4~5분 정도 안에 물기를 없앤다. 이때 수건으로 강하게 문질러 닦으면 마찰로 인해 모발이 상할 수 있으므로 주의 한다.

(2) 엉킨 머리카락을 빗질로 잘 정리정돈 한다.

물리적인 힘으로 강하게 빗질하지는 말아야 한다. 수분이 있어 모발이 더 잘 늘어나기 때문이다.

(3) 모발 손상이 심한 모발은 미리 모발 보호제품을 도포한 후에 모발을 아이론 한다.

(4) 아이론시 스타일에 따라 아이론을 선택한다.

(5) 전체적으로 두상 파팅을 4~5등분 한다.

(6) 파팅 후 아이론으로 스타일 연출시 다음의 단계로 진행한다.

① 모발의 방향(모류) 정리 : 사람마다 모발은 두피각도 90˚로 나지 않았고, 또한 스타일에 따라 모발의 방향을 바꿔줘야 한다. 이때 원하는 스타일을 위해 모류의 방향을 교정해야 한다.

* 드라이로 모류를 미리 정리할 수도 있다.

② 뿌리 살리기(볼륨형성) : 스타일에 따라 전두부, 두정부의 모발의 뿌리에 볼륨을 준다.

③ 모발을 모근에서 모근방향으로 내려오면서 원하는 스타일 예를 들어 스트 레이트, C컬, S컬의 스타일을 연출한다.

④ 모근까지 전체적으로 원하는 스타일로 연출한다.

⑤ 마지막으로 정리정돈을 하고, 헤어스타일링 제품을 도포하여 마무리 한 다.

교수·학습 방법

1. 교수 방법

1) 헤어 파팅의 정의에 대해 설명한다.
2) 헤어 파팅의 시술 순서에 대해 설명한다.

2. 학습 방법

1) 관련 용어, 재료를 살펴보아 학습의 진행시 이해도를 높인다.
2) 헤어 파팅을 신속, 정확하게할 수 있도록 사전에 빗질연습과 파팅연습을 하여 학습시 시술의 숙련도, 완성도를 높인다.

학습정리
1. 헤어 파팅하기는 아이론 시술시 디자인에 따라 모발을 4~5등분으로 나눈 후 시술한다. 2. 아이론 시술시 주의사항은 화상에 주의하고, 모발이 젖어 있으면 안 되고, 모발을 가지런히 정리한 후에 시술한다.

수행평가(지필평가)
1. 헤어 파팅 순서를 작성하시오. ( ) 2. 아이론 시술시 주의사항을 3가지 이상 작성하시오. ( )

수행평가(체크리스트)						
번호	항 목	매우미흡	미흡	보통	우수	매우우수
1	원하는 헤어스타일을 연출하기 위해 빗질을할 수 있다.					
2	원하는 헤어스타일을 연출하기 위해 디자인에 맞는 파팅을 선정할 수 있다.					
3	원하는 헤어스타일을 연출하기 위해 적합한 형태와 방향을 위한 파팅을할 수 있다.					

피 드 백
1. 헤어 파팅의 정의를 숙지한다. 2. 헤어 파팅의 시술 순서를 숙지한다.

Chapter 4

A-4
헤어스타일 연출하기

A-4 헤어 스타일링 연출하기

1. 학습모듈 개요

본 학습모듈은 결정된 디자인에 맞는 테크닉(인컬, 아웃컬, S컬, 스트레이트)으로 선정된 아이론기기를 사용하여 스타일링을 연출한다. 아이론 시술 후 컬이 되어 있는 모발을 스타일 빗이나 손으로 쉐이핑하여 헤어스타일을 만들 수 있다.

우선 앞머리 스타일, 길이별 스트레이트(펴기), 안말음(C컬), 바깥말음, S컬(웨이브), 남성아이론 시술편으로 구성되어 있다.

2. 학습목표

1) 아이론 테크닉의 종류에 대해 설명할 수 있다.
2) 인컬, 아웃컬 시술 순서를 설명할 수 있다.
3) S컬 시술 순서를 설명할 수 있다.

3. 주요용어

인컬, 아웃컬, S컬, 스트레이트, 펴기, 웨이브, 쉐이핑

학습·수행내용 1

아이론 기초테크닉

hair Iron

1. 모류정리

모류정리는 아이론으로 시술하기 힘들면 드라이로 모류를 정리한다. 모류를 정리하면 모근부분의 형이 오래 유지 된다.

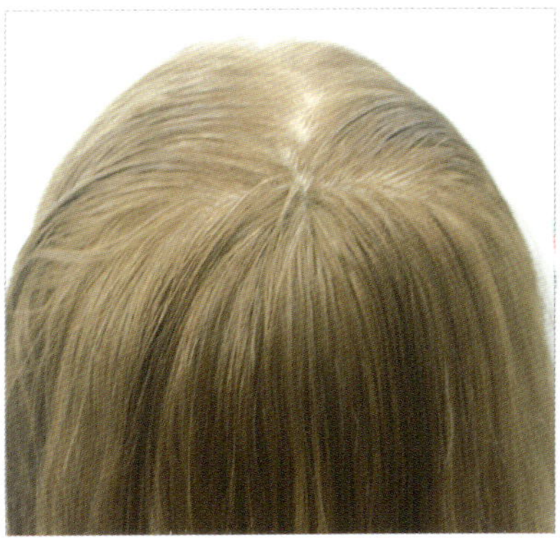

1. 뿌리를 잡기 전 모습이다.

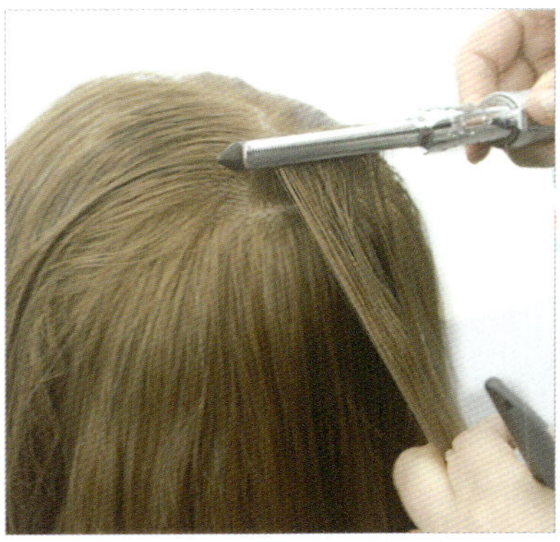

2. 갈라진 부분을 한 섹션으로 잡고 모은 다음 아이론을 한다.

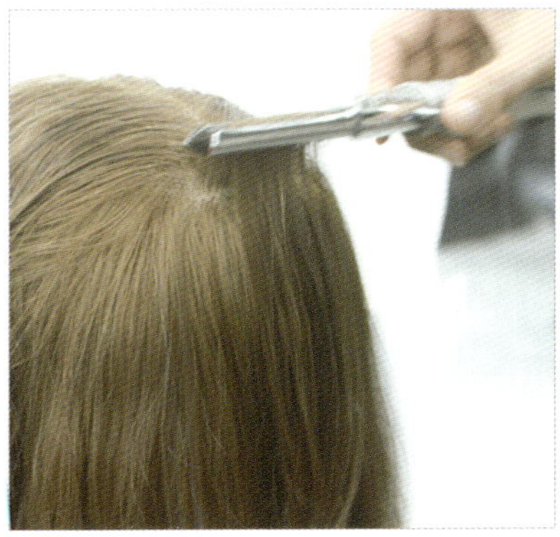

3. 아이론은 120도로 하는 것이 좋다.

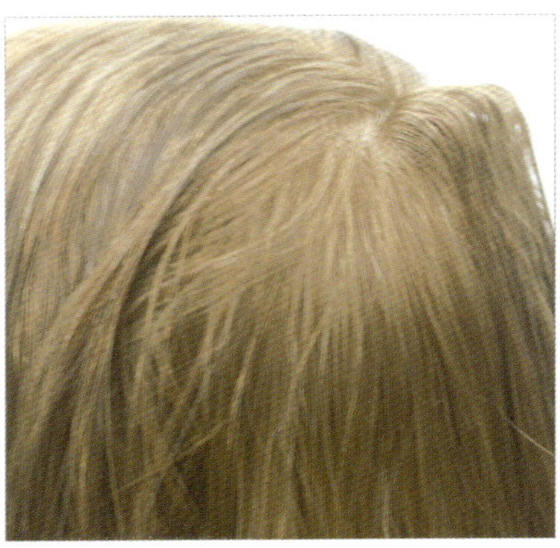

4. 앞 섹션이 보이지 않도록 한다.

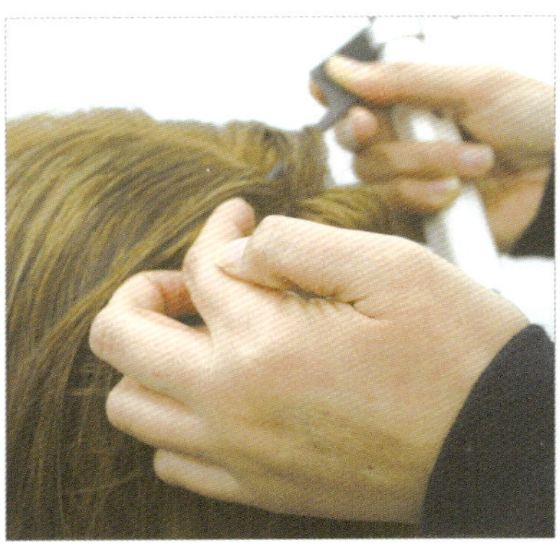

5. 먼저 한 섹션을 앞으로 넘기고 두 번째 섹션을 나눈다.

6. 섹션의 넓이는 아이론의 지름만큼 나누되, 120도로 잡는다.

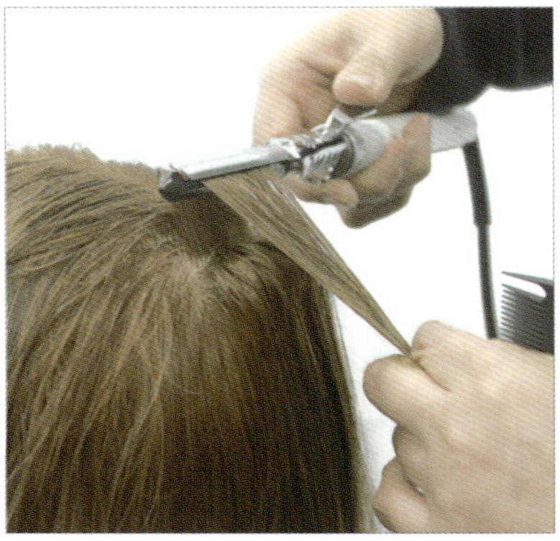

7. 뿌리를 아이론으로 잡되 1~2cm 정도를 반복하여 전후로 잡는다.

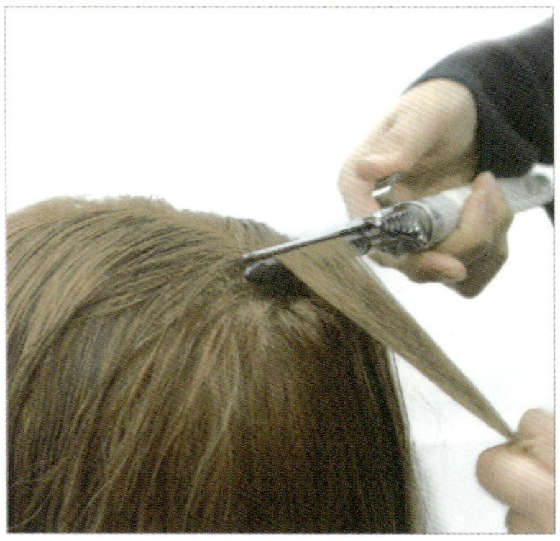

8. 뿌리 깊이 들어갈 때에는 프롱을 앞쪽으로 향하여 잡는다.

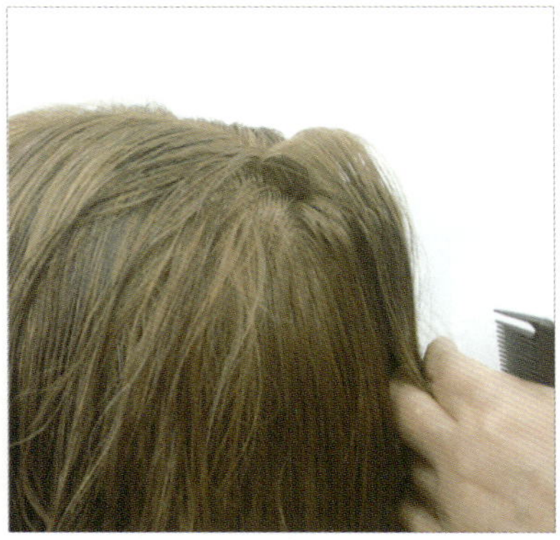

9. 뿌리를 살려놓은 모습이다.

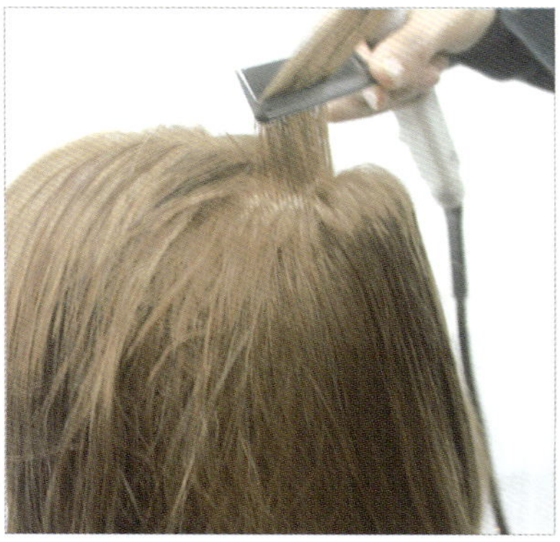

10. 섹션을 뜰 때에는 각도를 120도로 잡는다.

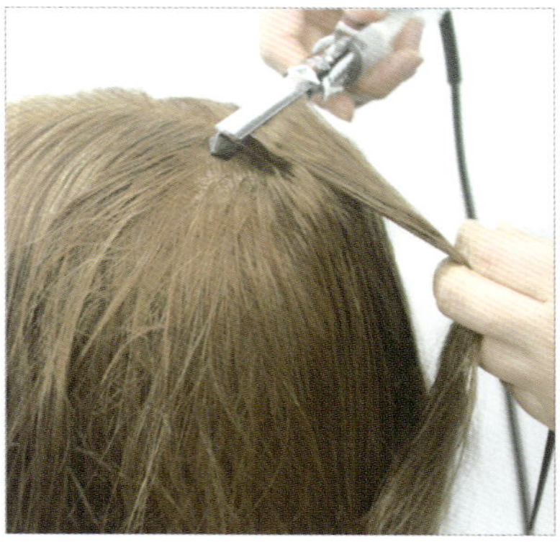

11. 뿌리를 아이론으로 잡은 뒤 약 7~10초 동안 뜸을 들인다.

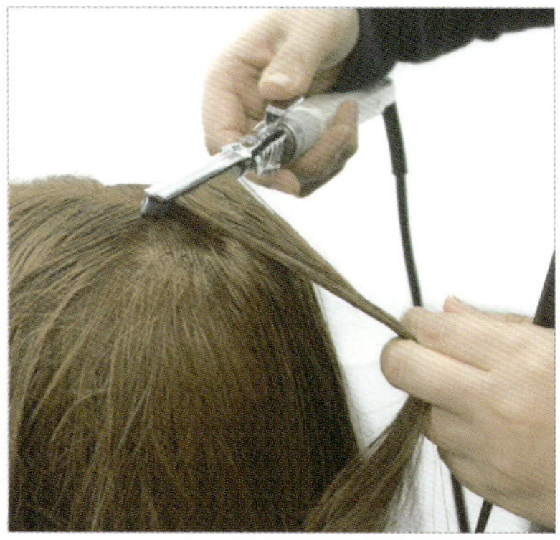

12. 수분이 약 2,30% 남은 상태에서 온도를 160도로 한다.

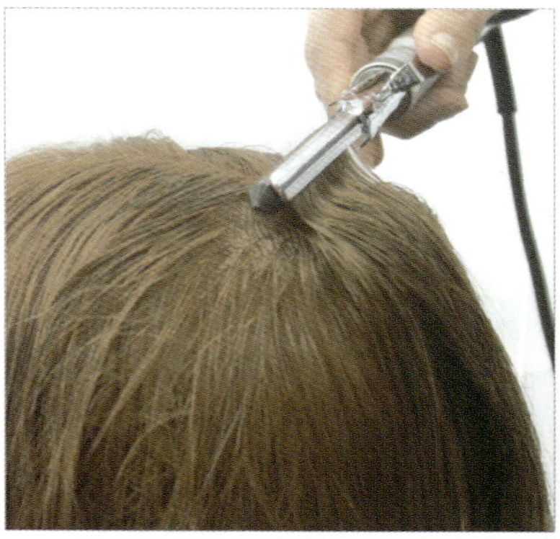

13. 가마 부분의 모발은 방사선으로 되어 있으므로, 모발을 모아서 잡는다.

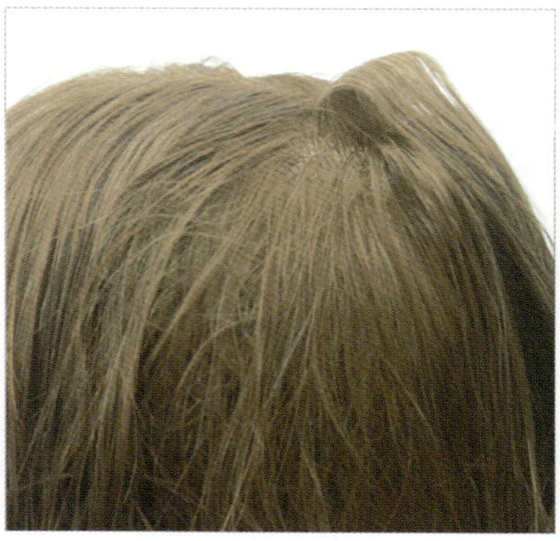

14. 가마가 사라진 모습이다.

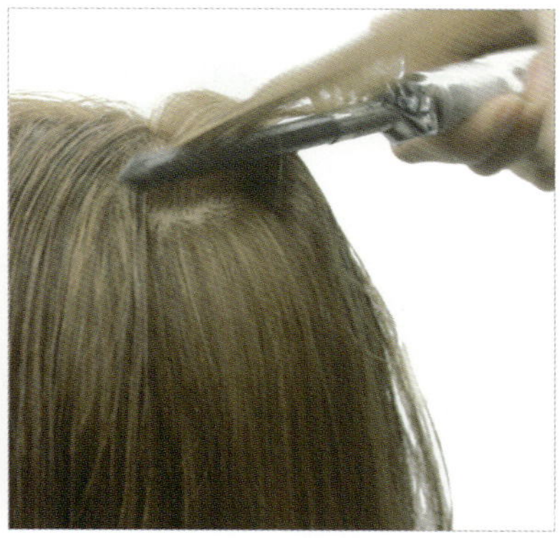

15. 사이드 탑 부분도 탑과 마찬가지로 일정한 텐션으로 갈라지지 않게 잡는다.

16. 뿌리에 아이론을 120도로 대고 뜸을 들인다.

17. 아이론이 처음 뿌리로 들어갈 때에는 프롱을 앞쪽으로 향한다.

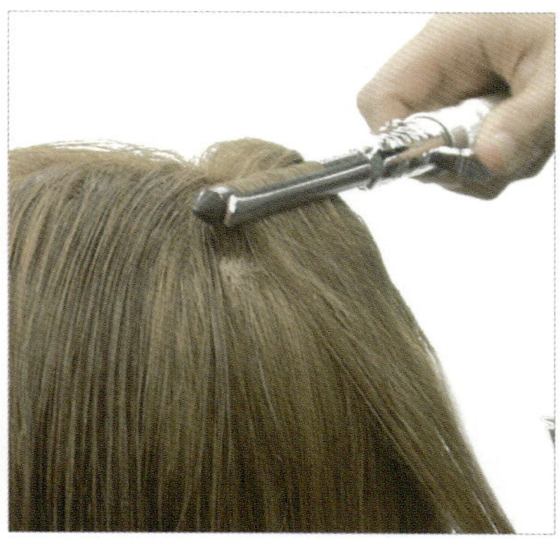

18. 뿌리에서 약간 떨어질 때에는 프롱을 뒤쪽으로 향하게 한다.

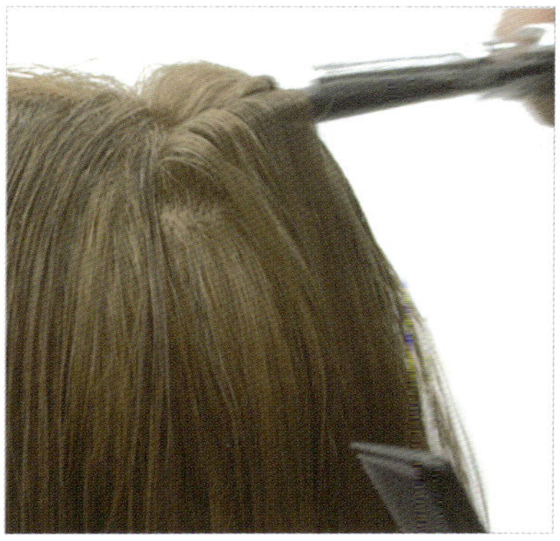

19. 뿌리가 살은 모발의 모습이다.

20. 가마부분에 모발이 제자리로 온 모습이다.

21. 네이프의 갈라진 부분도 아이론으로 잡을 수 있다.

22. 쓰러진 모발의 반대편으로 모발을 잡아당겨 아이론을 한다.

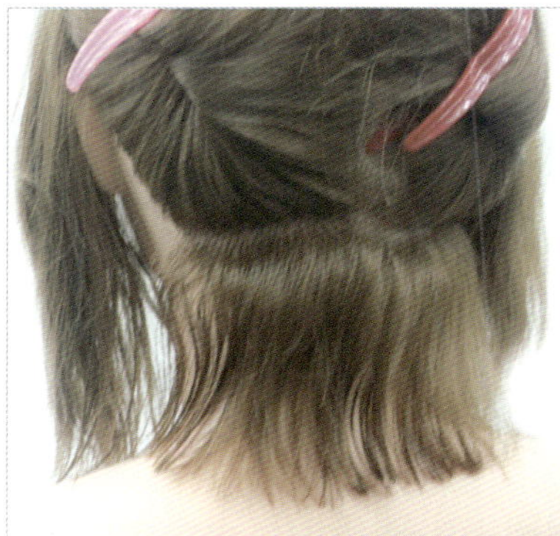

23. 뿌리가 제자리로 온 모습이다.

모류정리

2. 뿌리살리기(볼륨주기)

◎ 최대볼륨(135°)

① 수평 섹션 폭은 1~1.5cm 나눈다.

② 아이론을 두피 가까이 된다.

③ 반대 방향으로 밀면서 C컬을 만들면서 볼륨을 준다.

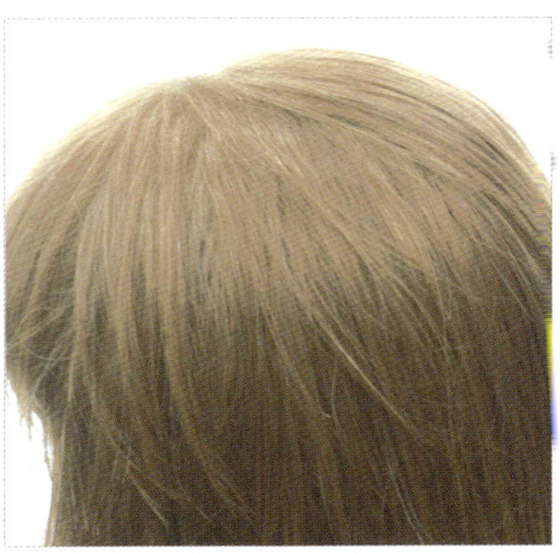

1. 뿌리 볼륨을 주기 전 모습이다.

2. 뿌리 볼륨은 120도로 각을 잡는다.

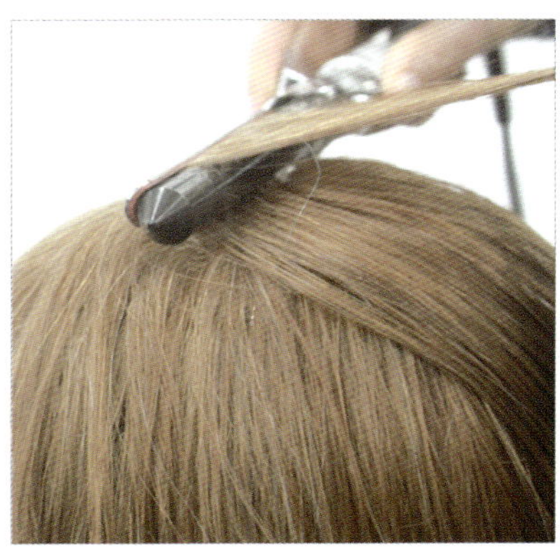

3. 섹션은 아이론의 지름만큼 뜨고 뿌리에 아이론을 가져다 댄다.

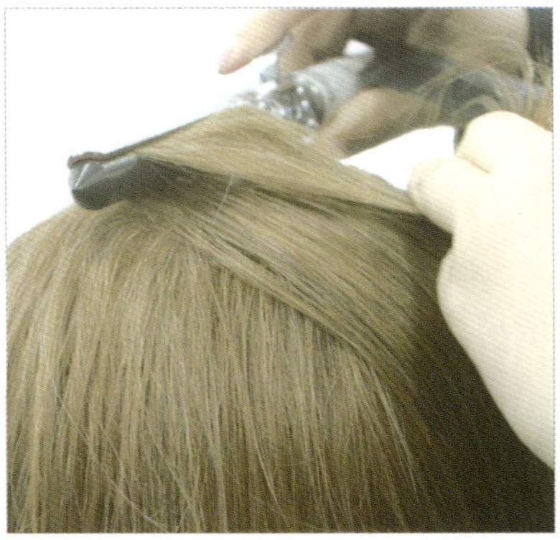
4. 프롱을 앞쪽으로 향하여 잡는다.

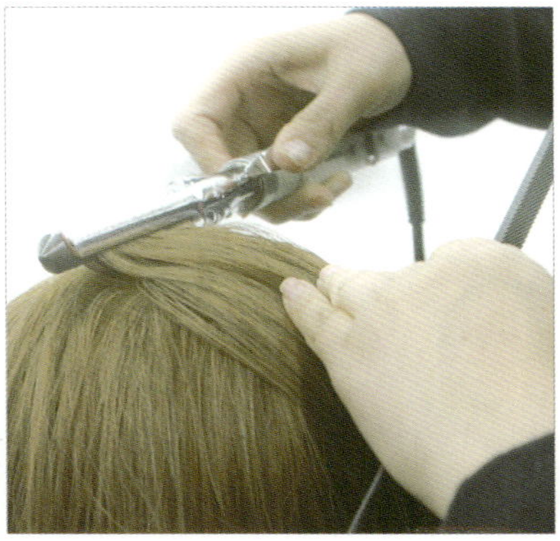
5. 1~2cm 나오면서 프롱을 뒤쪽으로 한다.

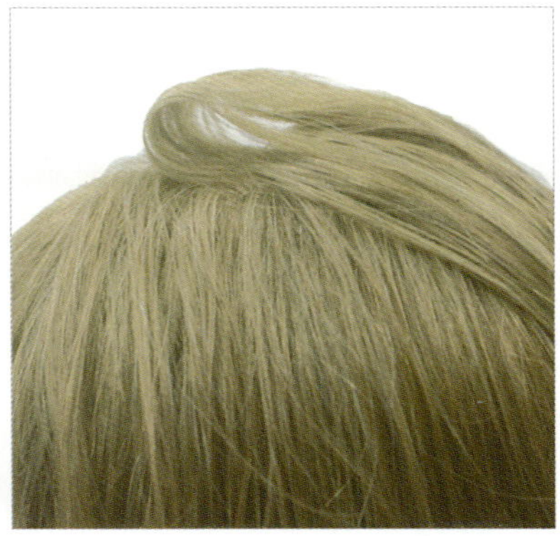
6. 뿌리가 살은 모습이다.

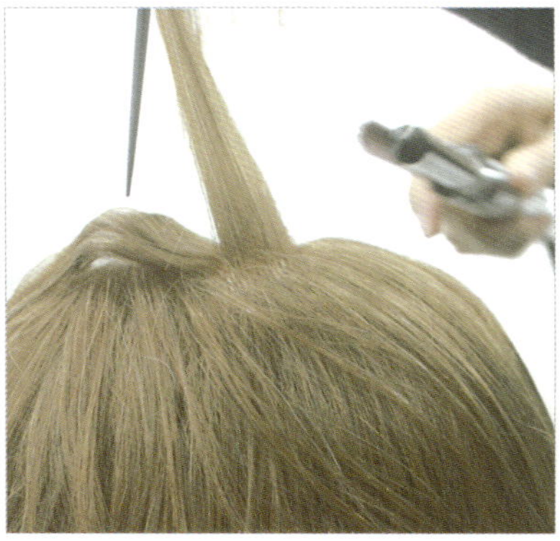
7. 전 섹션을 앞으로 제끼고, 다음 섹션을 120도로 나눈다.

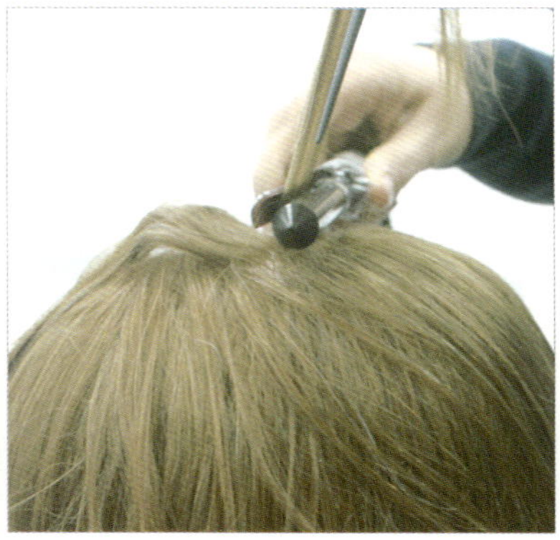
8. 아이론을 뿌리에 넣을 때에는 섹션을 앞으로 두고 두피에 닿지 않도록 모발 위에다가 아이론을 둔다.

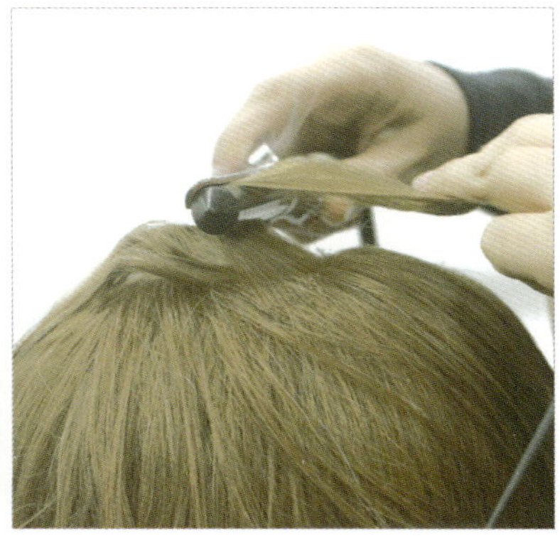
9. 1~2cm 반복한다.

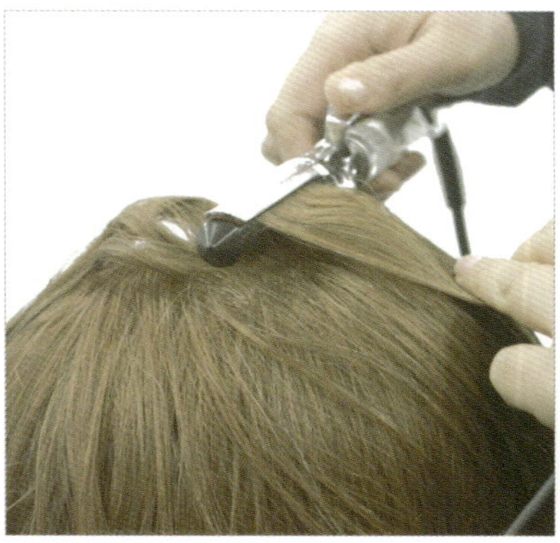
10. 뜸을 들일 때에는 7, 8초 정도 멈춘다.

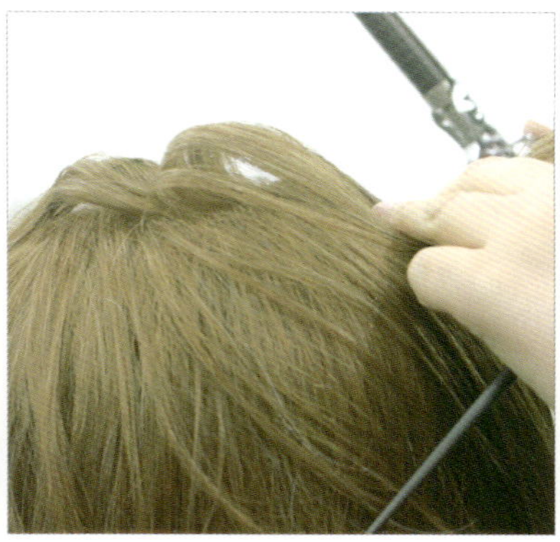
11. 뿌리 잡은 모습이다.

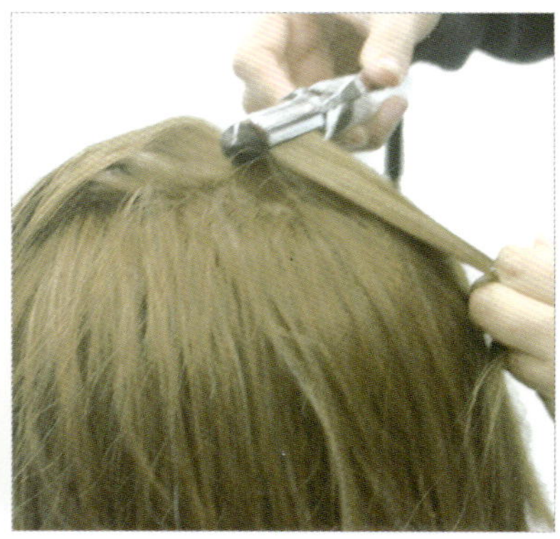
12. 다음 섹션도 반복하여 작업한다.

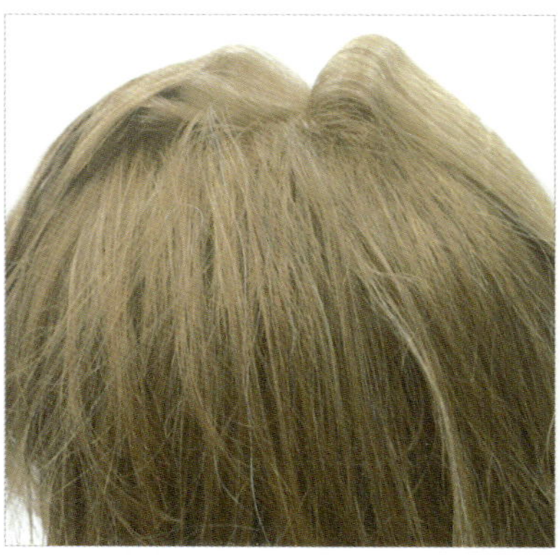
13. 뿌리가 잡혀진 모습이다.

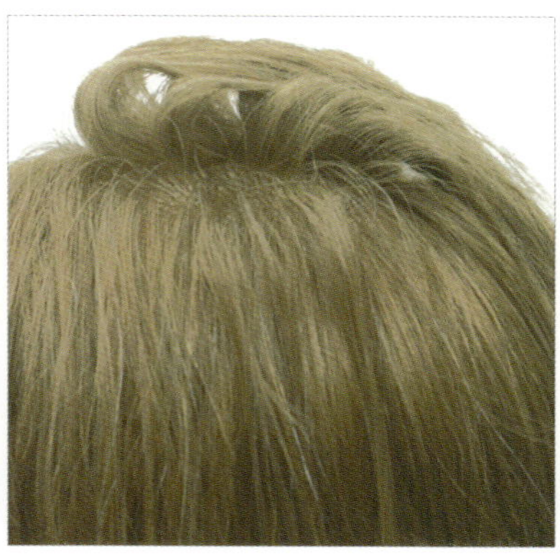
14. 가르마 부분에서는 쓰러진 머리를 모아서 잡는다.

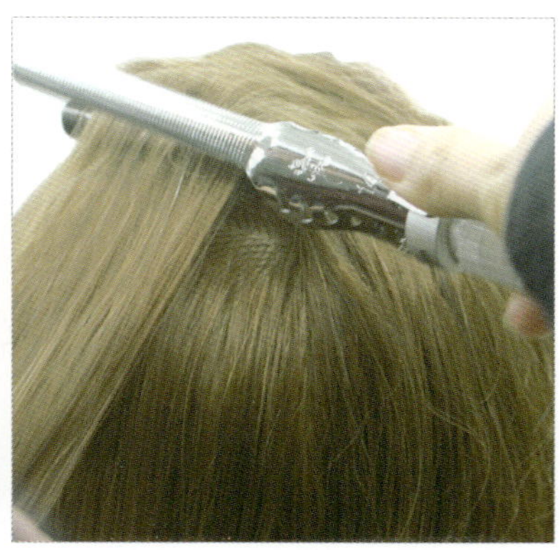
15. 모발의 텐션을 일정하게 잡는다.

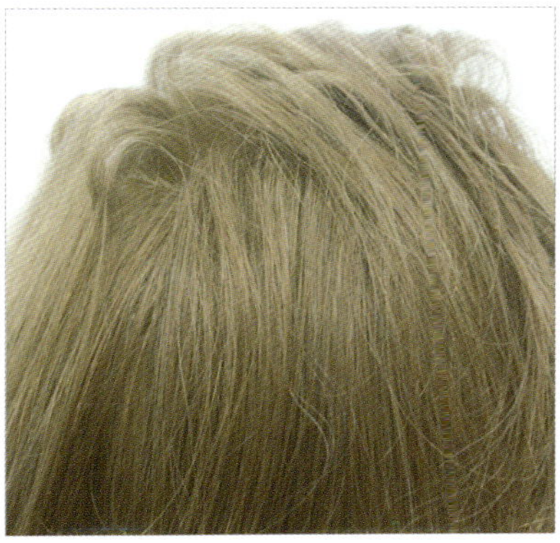

뿌리살리기

16. 뿌리가 살은 모습이다.

3. 펴기(스트레이트)

웨이브를 주지 않고 모발을 직모로 펴주는 테크닉으로 긴 모발에 윤기를 주고 짧은 모발에 볼륨을 주면서 스타일을 낸다.

1) 펴기(스트레이트)하기

① 파팅을 4~5 파팅한다.

② 네이프 부분부터 2~3cm 수평 섹션을 나눈다.

③ 두상에서 90° 모근부터 2~3회 모선 방향으로 진행한다.

④ 모발 길이의 절반까지 각도 우지한다.(꼬리빗 : 모발의 흔들림 최소화)

⑤ 각도 서서히 다운시켜 모발 끝까지 천천히 내린다.

⑥ 차례로 사이드 부분 시술한다.

1. 시술하기 전 모습이다.

2. 아이론으로 스트레이트 하는 것은 수분이 없는 상태에서 시작한다.

3. 파팅을 정확히 나눈다.

4. 정확히 탄 판넬을 뿌리에서부터 천천히 내려온다.

5. 판넬의 빗질을 잘 하여 모발의 꼬임이 없도록 한다.

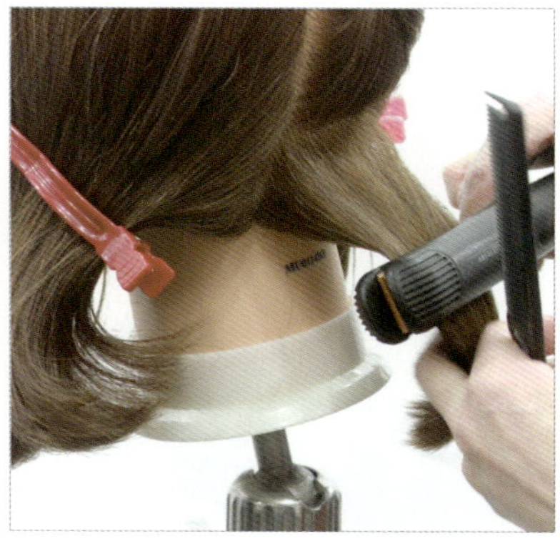

6. 뜸을 들이면서 천천히 내려온다.

7. 모발 끝까지 천천히 내려온다.

8. 두 번째 판넬도 섹션을 정확히 타서 뿌리에서부터 90도로 편다.

9. 뿌리에서 90도로 반복한 후 천천히 모발 끝으로 내려온다.

10. 뜸을 들이면서 천천히 내려온다.

11. 펴기는 모발 끝까지 판넬을 유지시키면서 열을 주도록 한다.

12. 꼬리 빗을 위쪽에서 한 번 잡고 모발 끝을 다시 한 번 펴준다.

13. 완성된 스트레이트의 모습

14. 완성된 스트레이트의 모습

펴기(스트레이트)

4. 안말음(인컬)

1) 안말음 하기

① 파팅을 4~5파팅한다.

② 네이프 부분부터 2~3㎝ 수평 섹션을 나눈다.

③ 모근 쪽에서 모발의 볼륨감과 방향성 설정한다.

④ 모발의 각도 유지하여 아이론 90° 회전하여 훑어준다.

⑤ 모선 끝쪽으로 아이론 회전하여 빗 꼬리로 디자인된 컬을 잡아 조심스럽게 내려놓는다.

⑥ 네이프 – 사이드 부분 순으로 진행한다.

1. 섹션을 정확히 나눈다.

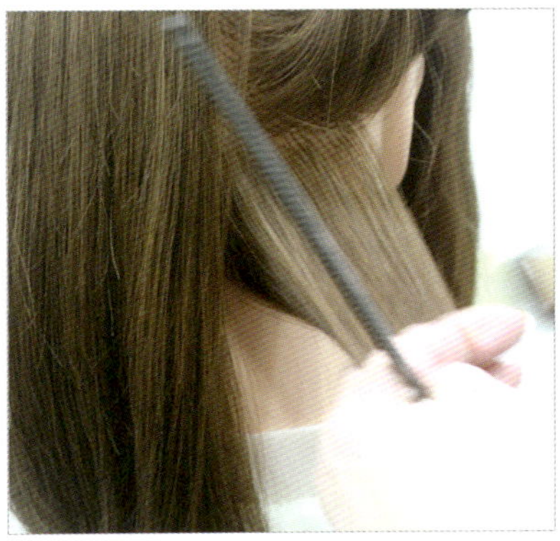

2. 빗질을 정확히 하여 왼손 검지와 중지 사이로 머리를 잡는다.

3. 아이론을 두피에서부터 천천히 내려온다.

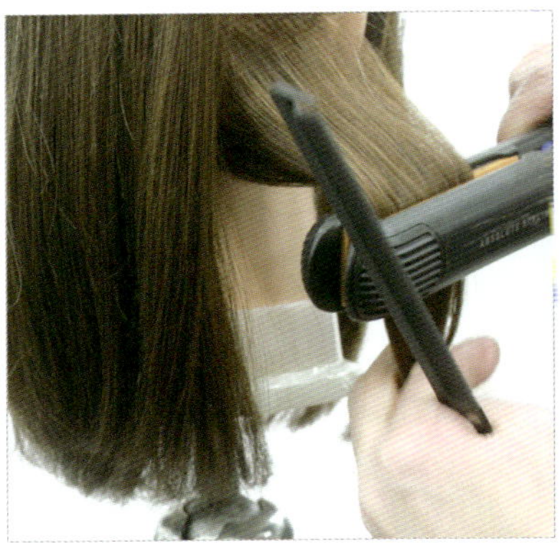

4. 뜸을 들이면서 내려오다가 C컬의 접점에서 잠시 멈추고 아이론을 세운다.

5. 세운 아이론을 반바퀴 안쪽으로 회전한다.

6. 잠시 멈춘 후 열을 주어 뜸을 들인다.

7. 뜸을 들인 후 반 바퀴 회전한 상태에서 모발을 끝까지 뺀다.

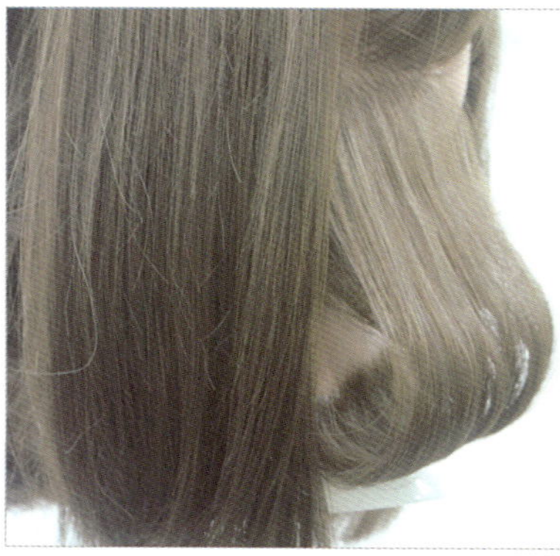

8. 완성된 판넬의 C컬 모습이다.

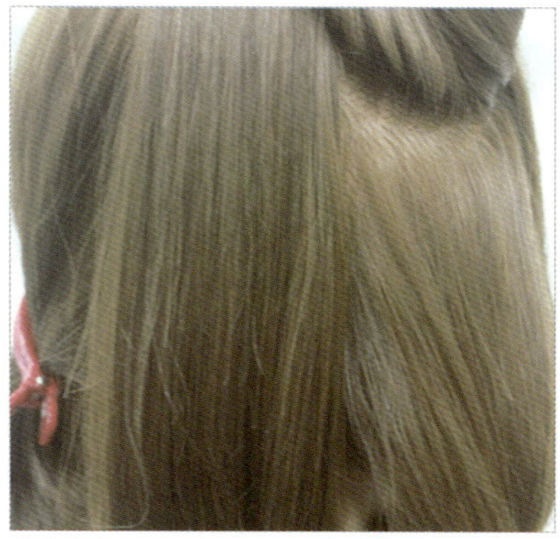

9. 두 번째 판넬의 섹션도 정확히 나뉜다.

10. 빗질을 먼저 잘 하여 각도를 90도로 유지하고 스트레이트로 편다.

11. C컬의 접점에서 아이론을 반 바퀴 회전한다.

12. 회전하여 잠시 멈춘 후 뜸을 들인다.

13. 회전시킨 아이론을 모발 끝까지 내려온다.

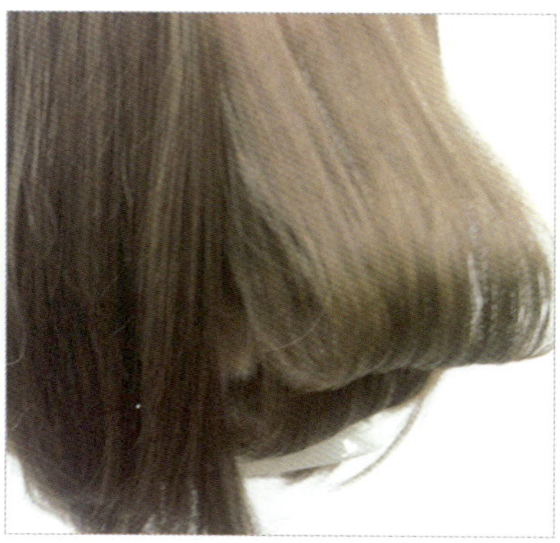

14. 완성된 안말음의 모습

안말음

5. 바깥말음(아웃컬)

처음부터 슬라이스를 떠서 두피에서 1~2cm 띄우고 곱게 2~3회 편다.

1) 바깥말음 하기

① 파팅을 4~5 파팅한다.

② 네이프 부분부터 2~3cm 수평 섹션을 나눈다.

③ 모근쪽에 볼륨감 주면서 가볍게 훑어준다.

④ 모발의 시술각을 낮추고 디자인 위치를 설정한다.

⑤ 아이론 디자인 위치에서 바깥 방향을 향해 내려온다.

⑥ 열을 식히고 빗을 조심스럽게 분리한다.

⑦ 네이프 - 사이드 부분 순으로 진행한다.

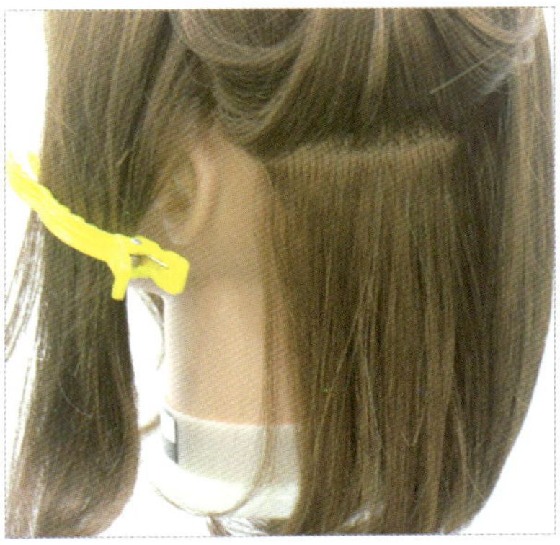

1. 시술하기 전 모습

2. 섹션을 정확히 타고 스트레이트로 편다.

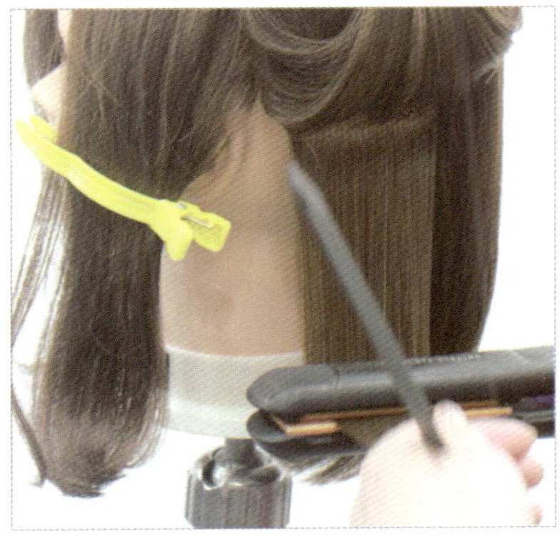

3. 바깥말음을 해야할 접점에서 잠시 멈춘 후 뜸을 주고 아이론을 바깥방향으로 반 바퀴 회전한다.

4. 회전한 아이론을 잠시 멈추고 모발 끝이 구겨지지 않게 끝까지 아이론으로 다려준다.

5. 모발 끝이 구겨지지 않는 것에 주의한다.

6. 완성된 판넬의 모습이다.

7. 두 번째 섹션도 정확히 나눈다.

8. 먼저 스트레이트로 편 후 아웃컬을 해야 하는 위치에서 잠시 멈춘다.

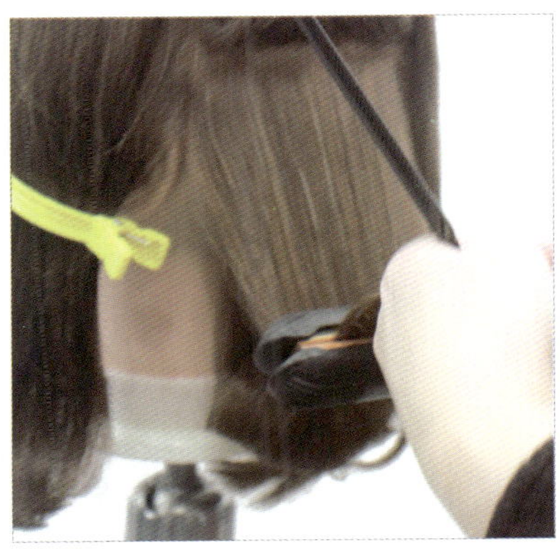

9. 잠시 멈춘 아이론을 바깥방향으로 반 바퀴 회전한다.

10. 회전한 아이론을 뜸을 들이면서 모발 끝까지 내려온다.

11. 모발 끝이 구겨지지 않도록 주의한다.

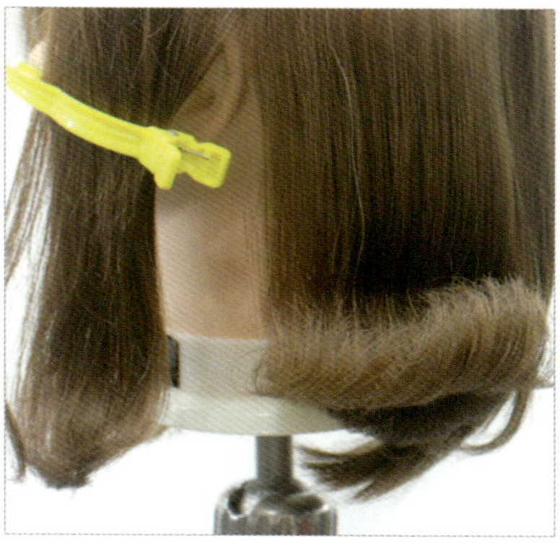

12. 완성된 바깥말음의 모습

13. 완성된 바깥말음의 모습

바깥말음

6. 플랫아이론 웨이브

1) 수평섹션 크로키놀식 와인딩 웨이브

① 우선 스트레이트(펴기)로 가볍게 결정리를 한 후 파팅을 4~5파팅한다.

② 네이프 부분부터 2~3cm 수직섹션을 나눈다.

③ 90˚로 들어 스트레이트로 결을 정리한다.

④ 웨이브 잡을 위치에 아이론을 위치하여 모발을 아이론에 한 바퀴 감고 아이론을 360˚회전(아이론 사이에서 모발 나올 수 있도록)

⑤ 그 상태 그대로 일자로 쭉 분리한다.

⑥ 네이프 - 사이드 부분 순으로 반복 방법으로 진행한다.

1. 드라이 하기 전 모습이다.

2. 섹션을 정확히 타고 빗질을 곱게 한다.

3. 먼저 스트레이트로 살짝 편다.

4. 스트레이트로 편 후 웨이브를 줄 위치에서 잠시 멈춘다.

5. 아이론을 앞쪽으로 한 바퀴 회전 후 모발을 만다.

6. 말은 상태에서 아이론을 반 바퀴 더 돌리며 머리를 천천히 뺀다.

7. 천천히 뜸을 들이며 빼기 시작한다.

8. 모발 끝이 구겨지지 않게 끝까지 하는 것이 중요하다.

9. 모발 끝이 구겨지지 않게 끝까지 하는 것이 중요하다.

10. 모발 끝이 구겨지지 않게 끝까지 하는 것이 중요하다.

11. 열이 식기 전에 웨이브를 손으로 한 번 더 잡아준다.

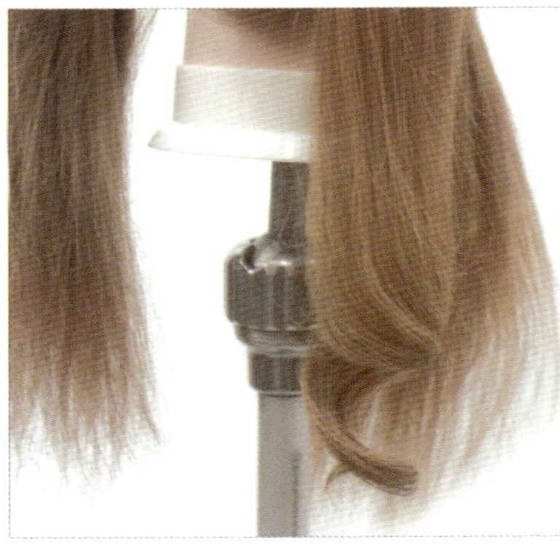

12. 완성된 웨이브의 모습이다.

13. 섹션을 정확히 타고 빗질을 곱게 한다.

14. 스트레이트를 원하는 위치까지 살짝 편다.

15. 플랫 아이론은 수분이 없는 상태에서 해야 하며 웨이브의 위치에서 아이론을 한 바퀴 돌린다.

16. 한 바퀴 돌린 아이론을 뜸을 들이며 천천히 내려온다.

17. 내려오면서 아이론을 반 바퀴 더 돌려준다.

18. 모발 끝이 구겨지지 않도록 끝까지 빗질하여 뜸을 들인다.

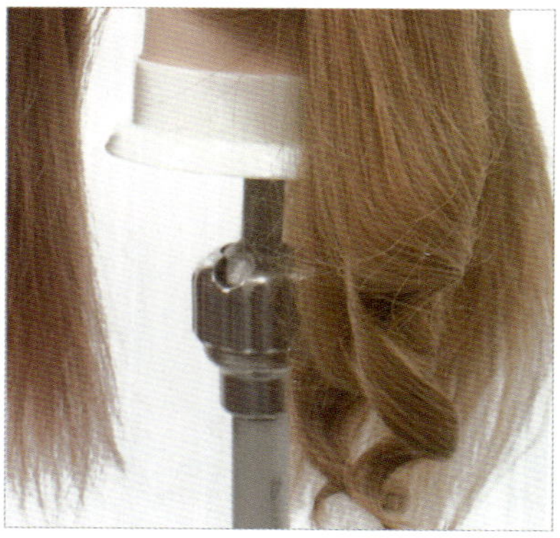

19. 완성된 웨이브의 모습

크로키놀식 웨이브

2) 수평섹션 S형 웨이브 하기

① 우선 스트레이트(펴기)로 가볍게 결정리를 한 후 파팅을 4~5 파팅한다.

② 네이프 부분부터 2~3cm 수평 섹션을 나눈다.

③ 모발 아이론에 한 바퀴 감아서 천천히 한 개의 C컬 나오는 위치에서 식는 동안 C컬의 흐름을 만든다.

④ 릿지 부위 아이론이 한 번 잡아 준다.

⑤ 아이론 넣어 모발 다음 방향으로 빼준다.

⑦ 모발 좌우로 빼며 시술한다.

⑧ 네이프 – 사이드 부분 순으로 반복 방법으로 진행한다.

1. 웨이브 하기 전 모습이다.

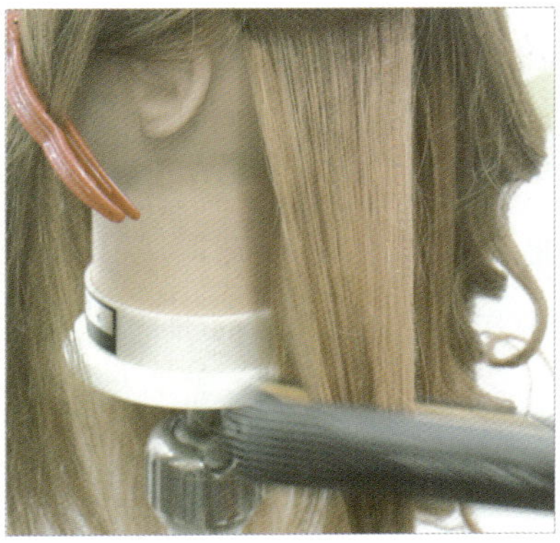

2. 스트레이트로 먼저 살짝 편다.

3. 스트레이트로 살짝 편 후 한 바퀴 말고 잠시 멈춘다.

4. 한 바퀴 만 후 사선으로 2~3cm 내려온다.

5. 왼쪽으로 감았던 모발 끝을 제자리로 돌리고 다시 오른쪽으로 감는다.

6. 텐션을 너무 세게 당기지 말고 다시 제자리로 하여 모발 끝까지 펴준다.

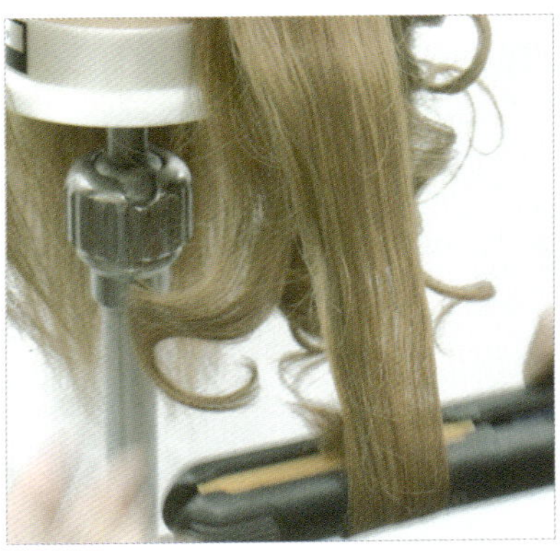

7. 모발 끝까지 펴주는 것이 중요하다.

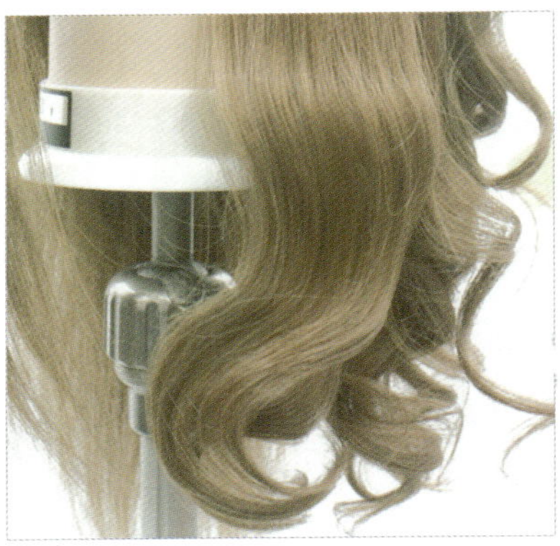

8. 완성된 S형 웨이브의 모습

S형 웨이브

3) 물결 웨이브

① 우선 스트레이트(펴기)로 가볍게 결정리를 한 후 파팅을 4~5 파팅한다.

② 2cm 정도의 폭 네이프부터 시작한다.

③ 전체적으로 미열로 다려준다.

④ 모발 길이에 맞춰 시술한 물결의 방향성을 정한다.

⑤ 섹션을 잡고 있는 왼손의 텐션을 유지한다.

⑥ 자국이 남지 않게 아이론 계속 움직여준다.

⑦ 아이론을 안과 밖의 방향으로 교차하여 회전시켜 웨이브를 완성한다.

- 아이론의 기울기가 웨이브의 깊이를 결정한다.
- 탑으로 올라가면서 반대로 시작해 웨이브가 연결되도록 한다.
- 긴 길이의 모발은 밖으로 뻗히는 방향이 어색할 수 있다.
- 두상이 너무 큰 사람은 두피 가까이에서 시술하지 않도록 한다.
- 층 없는 모발에 더 예쁘게 표현한다.

1. 판넬을 정확히 타고 수분 없이 시작한다.

2. 스트레이트로 살짝 펴서 결을 정리한 후 안쪽으로 먼저 반 바퀴 돌리고 잠시 멈춘다.

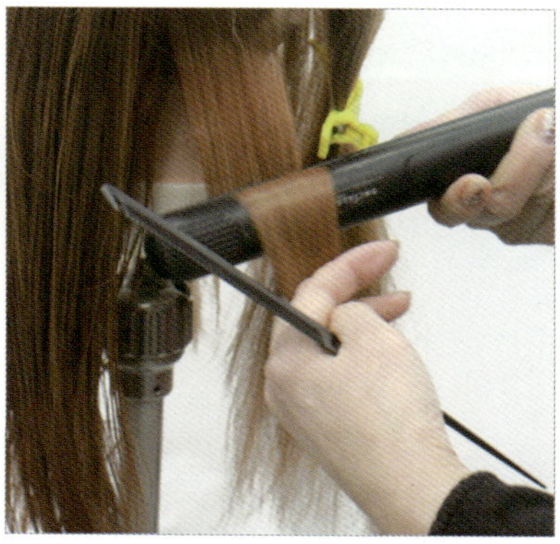

3. 2~3cm 내려오고 다시 바깥쪽으로 반 바퀴 돌린 후 뜸을 들인다.

4. 반복하여 내려온다.

5. 뜸을 들이면서 반복하여 내려온다.

6. 모발 끝까지 천천히 반복하되 모발의 각도는 0도로 한다.

7. 천천히 뜸을 들이면서 반복 작업한다.

8. 모발 끝의 방향이 안쪽으로 향할지, 바깥쪽으로 향할지 예측하며 작업한다.

9. 텐션을 너무 잡아당기면 원하는 웨이브가 느슨해질 수 있으므로 텐션은 가볍게 잡는다.

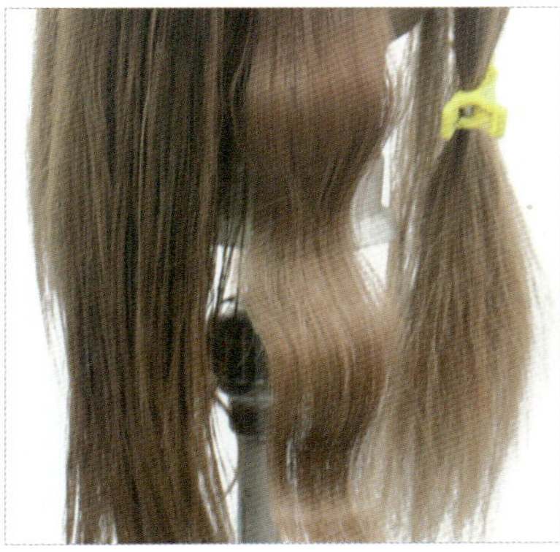

10. 완성된 물결 웨이브의 모습이다.

11. 스트레이트로 먼저 살짝 결처리를 한다.

12. 아래 웨이브에 맞추어 각도를 0도로 유지한 채로 아이론을 반바퀴 안쪽으로 향한다.

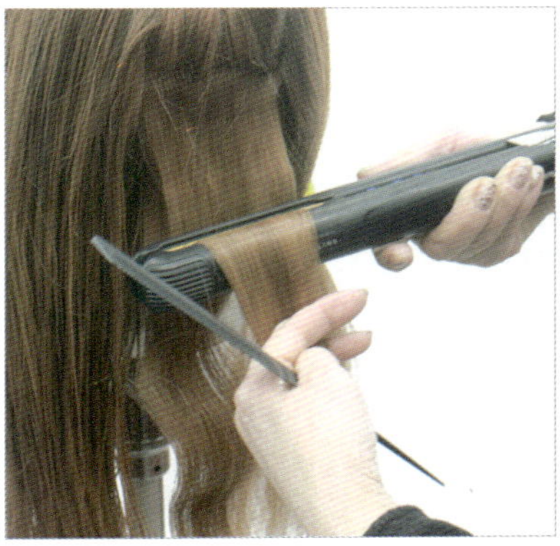

13. 2~3cm 내려온 후 바깥쪽으로 향한다.

14. 이때 텐션은 너무 잡아당기지 않는다.

15. 천천히 뜸을 들이면서 2~3cm씩 반복하여 내려온다.

16. 모발 끝까지 반복 작업한다.

17. 아래 웨이브와 모발 끝을 맞춘다.

18. 모발 끝까지 구겨지지 않도록 주의한다.

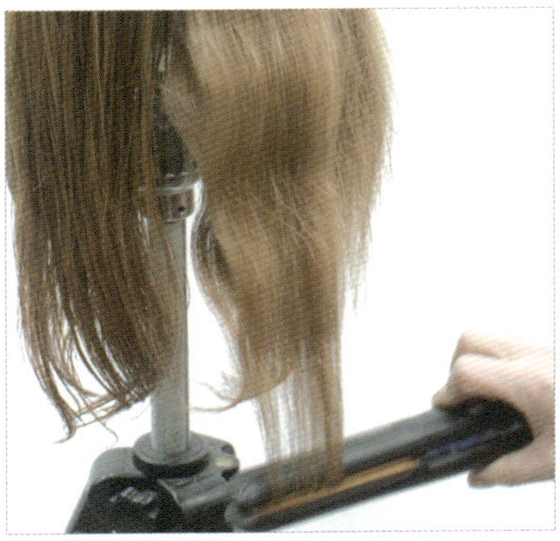

19. 모발 끝을 밑단의 웨이브와 방향이 같게 한다.

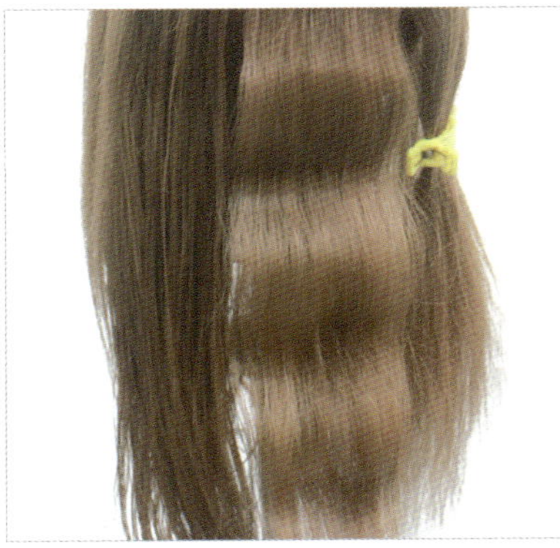

20. 완성된 물결 웨이브의 모습

물결 웨이브

4) Z형 웨이브

① 우선 스트레이트(펴기)로 가볍게 결 정리를 한 후 파팅을 4~5 파팅한다.

② 2cm 정도의 폭 네이프부터 시작한다.

③ 전체적으로 미열로 다려준다.

④ 모발 길이에 맞춰 시술한 물결의 방향성을 정한다.

⑤ 섹션을 잡고 있는 왼손의 텐션을 유지한다.

⑥ 자국이 될 수 있는 한 남지 않게 아이론 계속 움직여준다.

⑦ 아이론을 안과 밖의 방향으로 교차하여 Z형 웨이브를 완성한다.

1. 웨이브 시작 전 모습이다.

2. 스트레이트를 하며 가볍게 결 정리를 한다.

3. 파팅을 반복하며 섹션을 정확히 한다.

4. 스트레이트로 시작하여 원하는 부분에서 아이론을 안쪽으로 돌려 잠시 멈춘다.

5. Z 웨이브는 아이론을 반 바퀴 넘게 회전시켜 웨이브의 구분을 더 확실하게 한다.

6. 회전시켜서 잠시 멈추고 아이론이 잡고 있는 너비만큼 내려와서 반대로 회전시켜 웨이브를 만들어 준다.

7. 바깥쪽으로 회전시키며 반복 작업한다.

8. 모발에 자국이 남지 않도록 아이론을 계속 움직이며 작업한다.

9. 왼손의 텐션은 너무 잡아당기지 않도록 한다.

Z형 웨이브

13. 완성된 Z웨이브의 모습

5) 응용 웨이브(아웃컬 + 물결 웨이브)

① 우선 스트레이트(펴기)로 가볍게 결 정리를 한 후 파팅을 4~5 파팅한다.

② 2cm 정도의 폭 네이프부터 시작한다.

③ 전체적으로 미열로 다려준다.

④ 모발 길이에 맞춰 시술한 물결의 방향성을 정한다.

⑤ 섹션을 잡고 있는 왼손의 텐션을 유지한다.

⑥ 자국이 남지 않게 아이론 계속 움직여준다.

⑦ 아이론을 안쪽으로 회전시켜 큰 물결 웨이브(C컬)를 완성한다.

⑧ 모선은 아이론을 이용해 바깥으로 모발이 뻗치도록 한다.

1. 시작하기 전 파팅을 정확히 나눈다.

2. 결처리를 위하여 스트레이트로 살짝 편다.

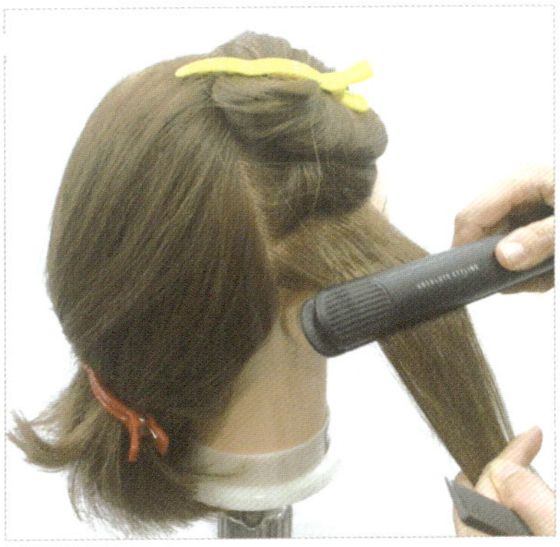

3. 다시 한 번 잡아주되 각도를 90도로 잡아 천천히 내려온다.

응용 웨이브

4. 웨이브의 원하는 시점에서 안쪽으로 살짝 1/4 바퀴 돌려 내려온다.

5. 잠시 멈춘 후 바깥쪽으로 향한다.

6. 끝을 바깥쪽으로 향하여 천천히 펴준다.

7. 1/4 바퀴 돌리고 90도로 회전 후 뜸을 들이고 반대로 1/4 바퀴 돌린다.

8. 먼저 1/4 바퀴 돌린 부분을 빗으로 잡고 고정시켜 아이론을 안으로 밀면서 바깥으로 뺀다.

9. 완성된 판넬의 모습이다.

10. 완성된 판넬의 모습이다.

11. 결을 살짝 정리한다.

12. 90도로 잡고 편 후 웨이브의 원하는 위치에서 1/4 바퀴 돌리고 천천히 내려온다.

13. 1/4 바퀴 돌린 지점을 빗으로 잡고 아이론을 안쪽으로 밀면서 바깥으로 빼준다.

14. 아이론이 모발 끝까지 나가 열이 식을 때까지 빗으로 잡는다.

15. 완성된 S 아웃컬의 모습

7. 컬링 아이론 웨이브

1) 수평섹션 스파이럴 와인딩 웨이브

① 우선 스트레이트(펴기)로 가볍게 결정리를 한 후 파팅을 4~5 파팅한다.

② 2cm 정도의 폭 네이프부터 시작한다.

③ 전체적으로 미열로 다려준다.

④ 모발 길이에 맞춰 시술한 물결의 방향성을 정한다.

⑤ 섹션을 잡고 있는 왼손의 텐션을 유지한다.

⑥ 컬링 아이론에 모발을 감는다.

⑦ 일정 시간이 지난 뒤 와인딩 한 모발을 풀어서 스타일 한다.

1. 웨이브하기 전 모습

2. 섹션을 정확히 타고 결 정리를 위하여 한 번 살짝 편다.

3. 아이론으로 말기 시작한다.

4. 아이론을 열고 모발을 모션으로 만다.

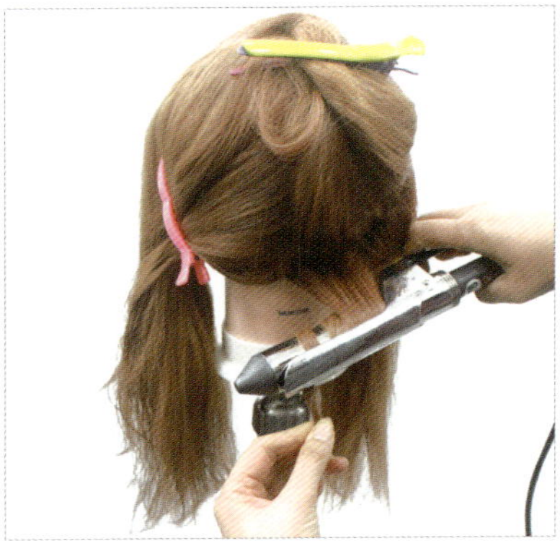

5. 모발 끝까지 말아서 모발 끝이 아이론에 말릴 수 있도록 한다.

6. 5초 정도 멈추어 뜸을 들인다.

7. 손에 쥔 아이론을 컬이 잘 빠질 수 있도록 살살 돌린다.

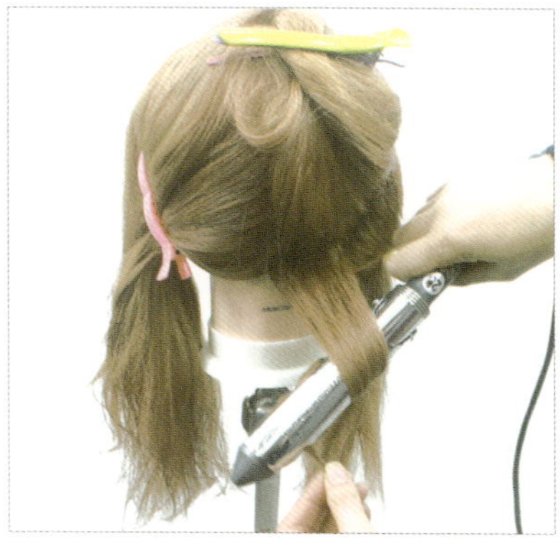

8. 모발 끝까지 열이 충분히 갈 수 있도록 한다.

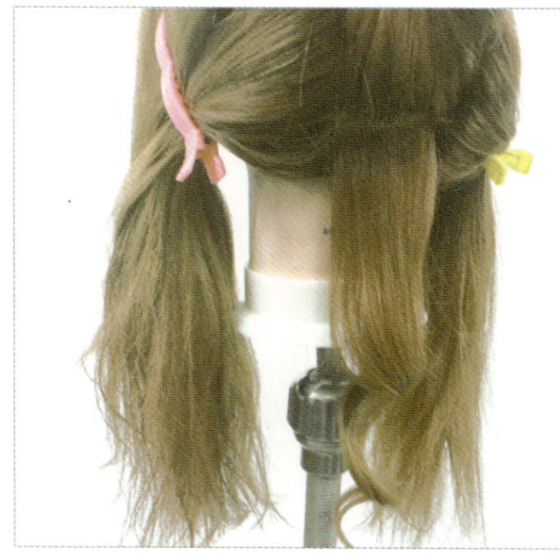

9. 웨이브 진 판넬의 모습이다.

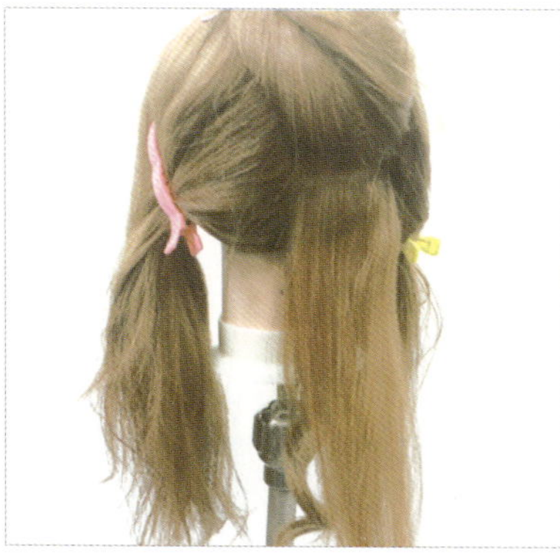

10. 두 번째 판넬도 섹션을 정확히 나눈다.

11. 살짝 열을 주어 다린다.

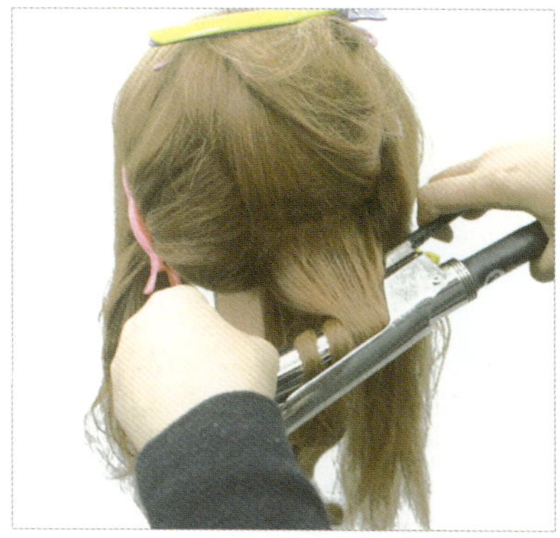

12. 프롱을 열고 모션부터 아이론에 감는다.

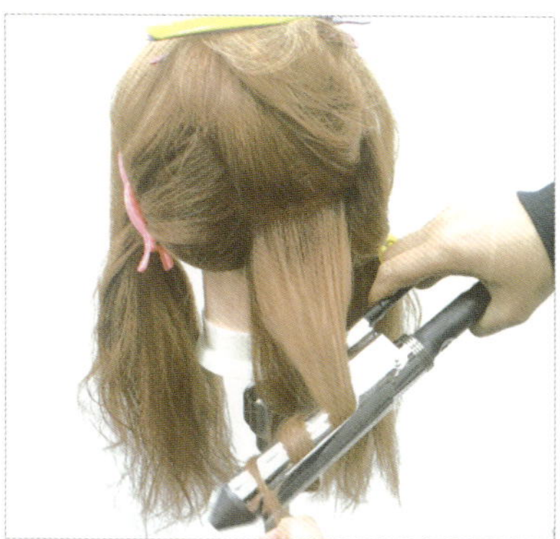

13. 아이론을 돌리면서 모발 끝이 구겨지지 않도록 열을 준다.

14. 완성된 웨이브의 모습

수평섹션 스파이럴 웨이브

2) 수평섹션 S형 웨이브

① 우선 스트레이트(펴기)로 가볍게 결정리를 한 후 파팅을 4~5 파팅한다.

② 네이프 부분부터 2~3cm 수평 섹션을 나눈다.

③ 모발 아이론에 한 바퀴 감아서 천천히 한 개의 C컬 나오는 위치에서 식는 동안 C컬의 흐름을 만든다.

④ 릿지부위 아이론이 한 번 잡아 준다.

⑤ 컬링아이론 넣어 모발 다음 방향으로 빼준다.

⑦ 모발 좌, 우로 빼면서 시술한다.

⑧ 네이프 – 사이드 부분 순으로 반복 방법으로 진행한다.

1. 웨이브하기 전 모습이다.

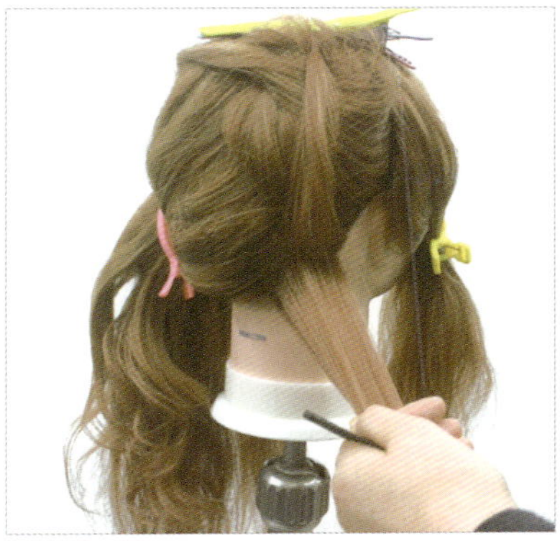

2. 섹션을 정확히 탄다.

3. 열을 주어 살짝 다려 정리한다.

4. 원하는 위치에서 아이론을 한 바퀴 앞쪽으로 감고 멈추어 열을 준다.

5. 멈추어 열을 준 후 아이론에 감겨진 넓이만큼 내려와서 다시 한 바퀴 감고 오른쪽으로 빼준다.

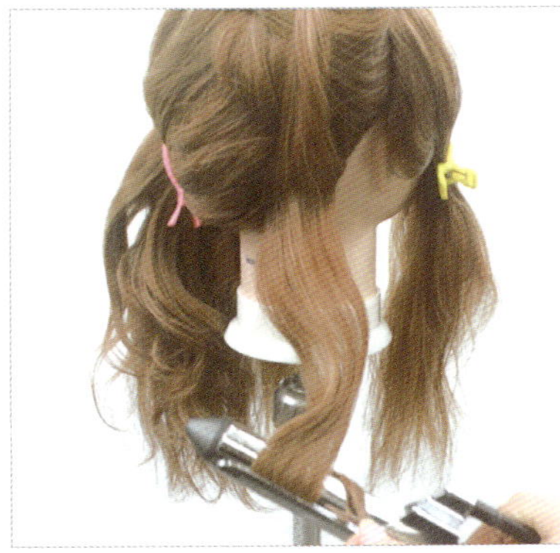

6. 아이론 넓이만큼 다시 내려와서 멈춰 열을 준다. 아이론은 사선으로 한다.

7. 모발 끝까지 반복해서 사선으로 한 바퀴씩 말되, 말 때마다 모발 끝을 반대로 한다.

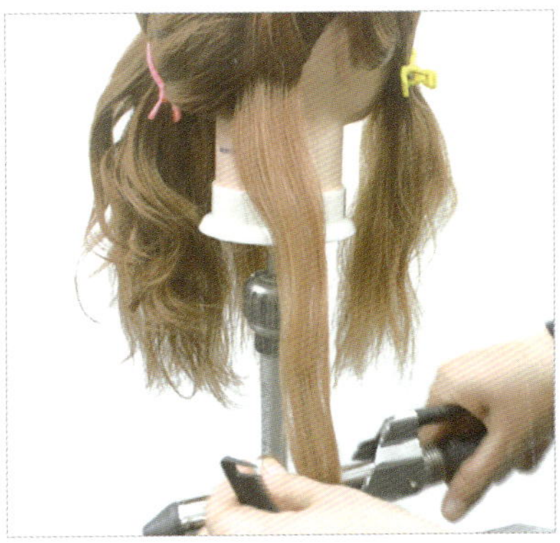

8. 모발 끝까지 반복 작업한다.

9. 완성된 S웨이브의 모습이다. 다른 웨이브에 비해 열을 충분히 주어 뜸을 들여야 한다.

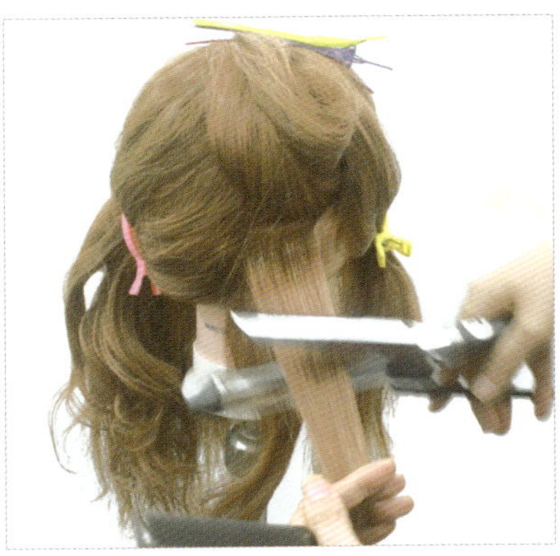

10. 살짝 모발 정리한다.

11. 원하는 웨이브의 높이에서 한 바퀴 감고 내려오면서 반대 방향으로 감는다.

12. 완성된 S웨이브의 모습이다. 웨이브의 흐름이 전 판넬과 같도록 주의한다.

수평섹션 S형 웨이브

3) 수평섹션 스파이럴 웨이브

① 우선 스트레이트(펴기)로 가볍게 결정리를 한 후 파팅을 4~5 파팅한다.

② 네이프 부분부터 2~3cm 수평 섹션을 나눈다.

③ 모발 아이론에 한 바퀴 감아서 천천히 한 개의 C컬 나오는 위치에서 식는 동안 C컬의 흐름을 만든다.

④ 릿지부위 아이론이 한 번 잡아 준다.

⑤ 컬링아이론 넣어 모발 다음 방향으로 빼준다.

⑦ 모발을 다시 빼면서 컬을 잡고 다시 감아준다.

⑧ 반복한다.

1. 웨이브하기 전 모습

2. 섹션을 정확히 타고 모발을 살짝 정리한다.

3. 아이론을 반대로 하여 모발을 잡는다.

4. 한 바퀴 감고 뜸을 들인다.

5. 이미 뜸이 들여진 모발을 아이론을 한 바퀴를 풀면서 남은 모발을 감는다.

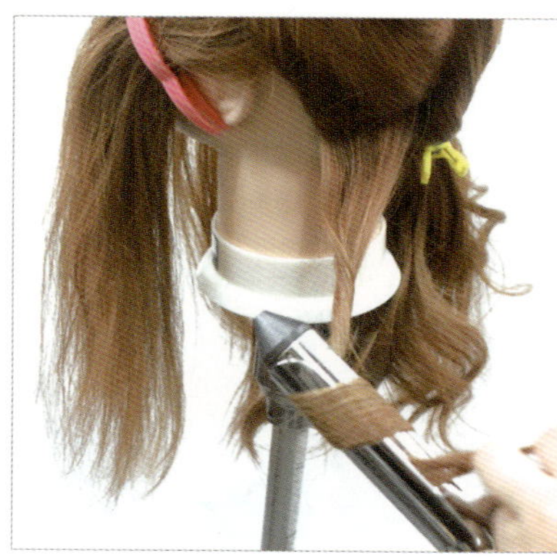

6. 감아진 모발에 뜸을 들인다.

7. 뜸 들인 모발을 풀고 반복하여 다시 감는다.

8. 완성된 웨이브의 모습이다.

9. 다음 판넬도 살짝 감는다.

10. 아이론을 반대로 하여 모발을 한 바퀴 감는다.

11. 감아진 모발을 뜸 들이고 한 바퀴 풀면서 나머지 모발을 감는다.

12. 모발 끝이 구겨지지 않도록 주의하면서 끝까지 반복 작업한다.

13. 끝까지 반복하되 텐션은 너무 잡아당기지 않도록 한다.

14. 완성된 수평섹션 스파이럴 웨이브의 모습

수평섹션 스파이럴 웨이브

4) 수평섹션 크로키놀식 와인딩 웨이브

① 우선 스트레이트(펴기)로 가볍게 결정리를 한 후 파팅을 4~5 파팅한다.

② 네이프 부분부터 2~3cm 수직섹션을 나눈다.

③ 90°로 각도 들어 스트레이트로 결정리 한다.

④ 웨이브 잡을 위치에 아이론 위치하여 모발 아이론에 한 바퀴 감고 아이론 360°회전(아이론 사이에서 모발 나올 수 있도록)

⑤ 그 상태 그대로 일자로 쭉 분리한다.

⑥ 네이프 – 사이드 부분 순으로 반복 방법으로 진행한다.

1. 웨이브 하기 전 모습

2. 결정리를 살짝 한다.

3. 원하는 높이에서 아이론을 한 바퀴 만다.

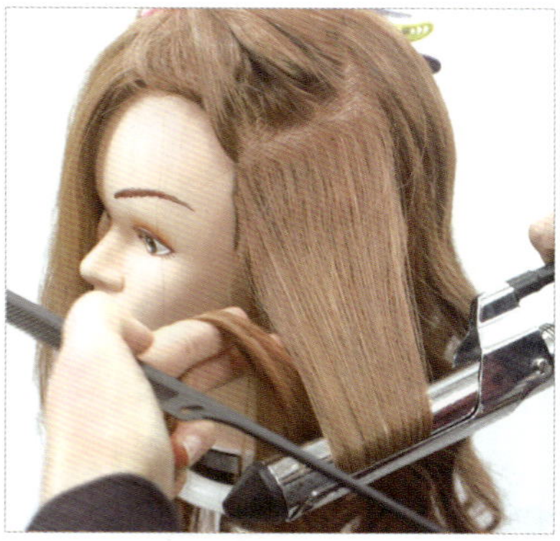
4. 한 바퀴 말고 뜸을 들인다.

5. 뜸을 들이면서 천천히 밑으로 내려온다.

6. 모발 끝까지 뜸을 들인다.

7. 뜸을 들이면서 천천히 밑으로 내려온다.

8. 모발 끝까지 아이론에 모발이 감길 수 있도록 한다.

9. 완성된 모습

수평섹션 크로키놀식 와인딩 웨이브

5) 방향에 따른 웨이브

(1) 리버스 방향 웨이브

① 옆머리 섹션을 나눈다.

② 90˚로 각도 들어 스트레이트로 결 정리 한다.

③ 모발이 아이론의 바깥방향으로 와인딩한다.

④ 웨이브 잡을 위치에 아이론 위치하여 모발 아이론에 한 바퀴 감고 아이론을 360˚회전한다.

⑤ 그 상태 그대로 일자로 쭉 분리한다.

⑥ 같은 방법으로 시술한다.

1. 웨이브하기 전 모습

2. 모발을 먼저 결처리 해준다.

3. 모발을 돌리지 말고 면을 이용하여 아이론에 그대로 감는다.

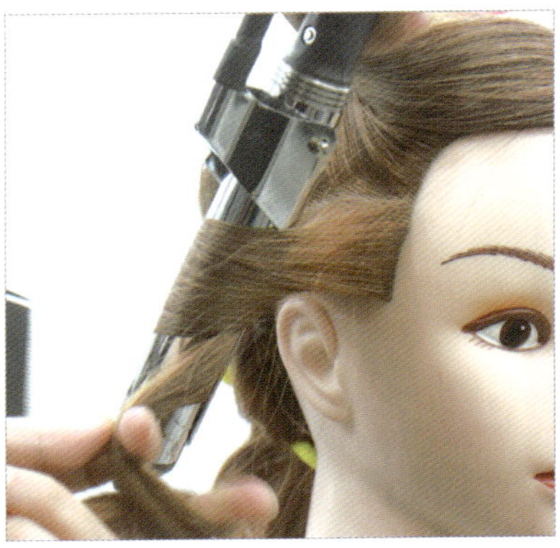

4. 뜸을 들인다.

5. 뜸을 들이면서 천천히 내려온다.

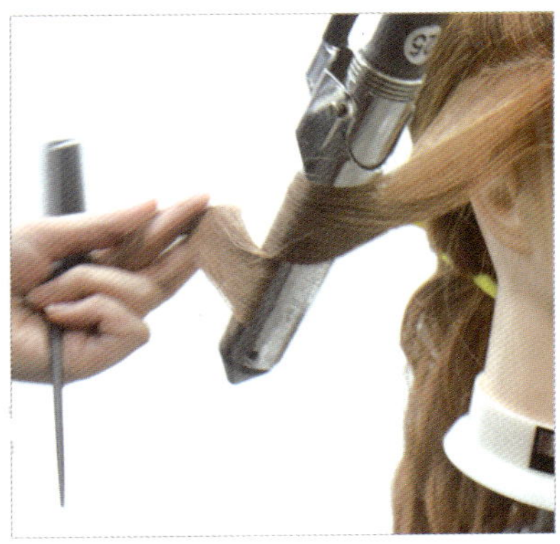

6 모발을 잡은 왼손은 갈 방향으로 머리를 당겨준다.

7. 뜸을 들이면서 천천히 내려오되, 모발 끝이 구겨지지 않도록 손으로 끝까지 잡아서 아이론에 감아준다.

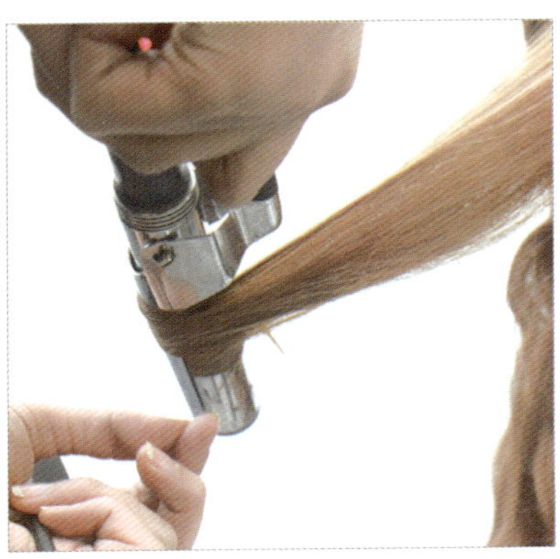

8. 끝이 빠지지 않도록 중간에 손을 놓지 않고 아이론을 회전하면서 빼준다.

9. 완성된 웨이브의 모습이다.

10. 두 번째 판넬도 결 처리를 먼저 살짝한다.

11. 면을 이용하여 아이론에 감되 오른쪽은 아이론을 위에서 아래로 향하도록 한다.

12. 면을 이용하여 아이론을 감은 후 충분히 뜸을 들인다.

13. 뜸을 들이면서 내려오되 아이론을 웨이브의 방향으로 회전한다.

14. 모발 끝까지 뜸을 들이면서 내려온다.

15. 완성된 리버스 방향 웨이브의 모습

리버스 방향 웨이브

(2) 포워드 방향 웨이브

① 옆머리 섹션을 나눈다.

② 90°로 각도 들어 스트레이트로 결정리 한다.

③ 모발이 아이론의 안쪽 방향으로 와인딩한다.

④ 웨이브 잡을 위치에 아이론을 위치하여 모발 아이론에 한 바퀴 감고 아이론을 360°회전한다.

⑤ 그 상태 그대로 일자로 쭉 분리한다.

⑥ 같은 방법으로 시술한다.

1. 시술하기 전 모습

2. 섹션을 정확히 타고 결 처리를 살짝 한다.

3. 원하는 위치까지 아이론을 스트레이트로 편다.

4. 원하는 위치에서 아이론을 한 바퀴 감고 뜸을 들인다.

5. 천천히 뜸을 들이면서 내려온다.

6. 얼굴 방향 쪽으로 당기면서 내려온다.

7. 완성된 모습이다.

8. 두 번째 판넬도 결 처리 하고

9. 원하는 위치에서 아이론을 한 바퀴 감고 뜸 들인다.

10. 천천히 뜸을 들이면서 내려온다.

11. 얼굴 방향 쪽으로 당기면서 내려온다.

12. 모발 끝까지 뜸을 들이며 천천히 내려온다.

13. 완성된 모습이다.

14. 완성된 리버스 포워드 사진

포워드 방향 웨이브

학습·수행내용 2

앞머리 아이론 스타일

hair Iron

1. 옆가르마 스타일 시술하기

1) 스타일 낼 부분을 정한다.

2) 섹션을 1~2cm 나눈다.

3) 롤을 두피 가까이 대고 드라이 바람을 주면서 먼저 스타일을 연출한다.

4) 아이론을 사용하여 스타일 시술을 한다.

1. 아이론하기 전 모습이다.

2. 드라이로 먼저 수분을 말린다.

3. 방향을 설정하여 드라이로 바람을 준다.

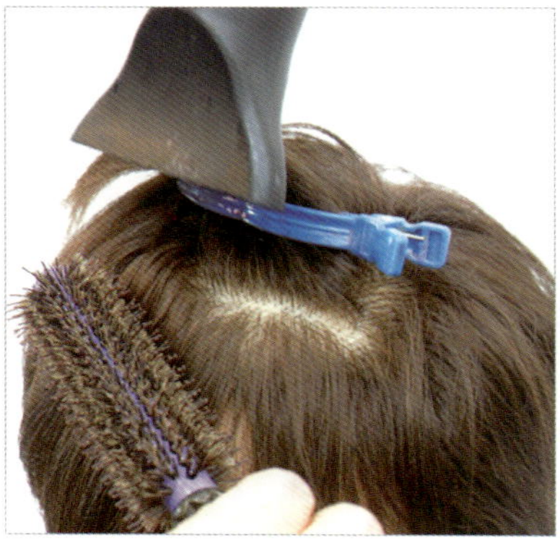

4. 뿌리를 드라이로 먼저 잡는다.

5. 앞머리를 드라이로 살짝 방향을 준다.

6. 바람을 끝까지 주며 방향을 설정한다.

7. 뿌리를 먼저 잡고 방향을 튼다.

8. 롤을 뿌리 쪽으로 밀면서 방향을 잡고 살짝 드라이 한다.

9. 살짝 드라이 한다.

10. 먼저 드라이로 방향을 잡아준다.

11. 왼쪽 머리도 뿌리를 먼저 잡는다.

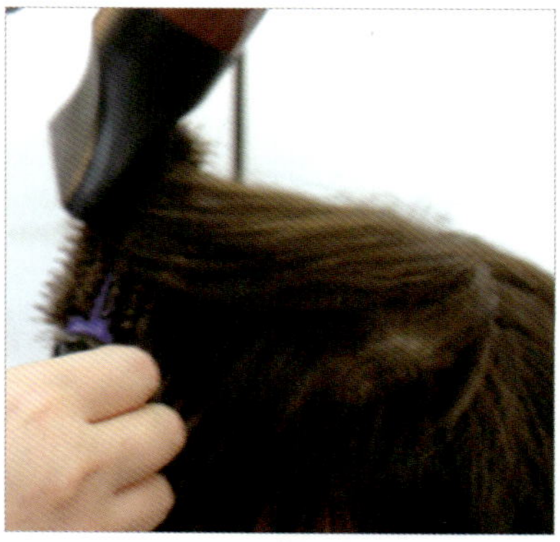

12. 드라이로 방향을 잡아준다.

13. 앞머리 먼저 아이론으로 다려준다.

14. 가르마의 방향에 따라 아이론을 빼는 각이 달라진다.

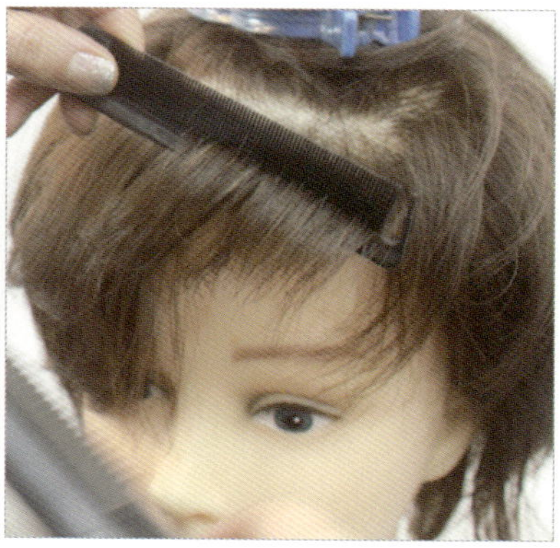

15. 아이론을 뺀 후 빗으로 잠시 잡고 끝까지 빗질하면서 뺀다.

16. 드라이로 미리 뿌리를 잡아두었으므로, 뿌리까지 아이론을 사용하지 않아도 된다.

17. 빗으로 먼저 잡은 후 아이론을 한다.

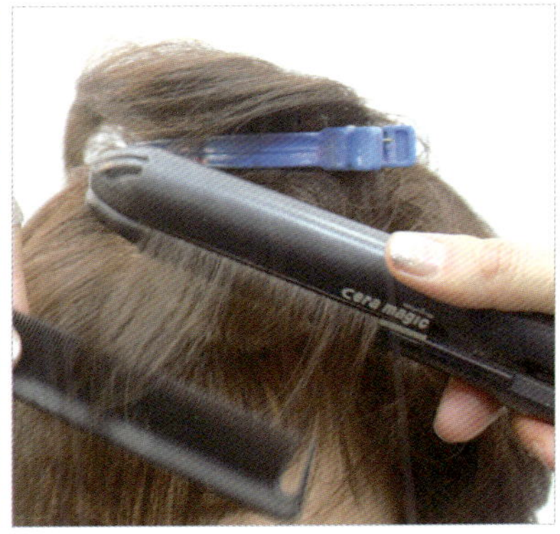

18. 두 번째 판넬도 첫 번째 판넬과 연결하여 아이론 한다.

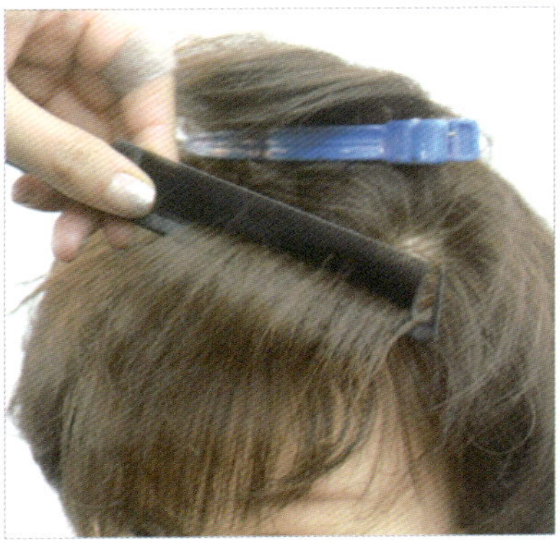

19. 두 번째 판넬도 드라이로 이미 뿌리가 잡혀있으므로 뿌리까지 아이론 하지 않는다.

20. 볼륨을 위해서 아이론의 각도를 90도로 한다.

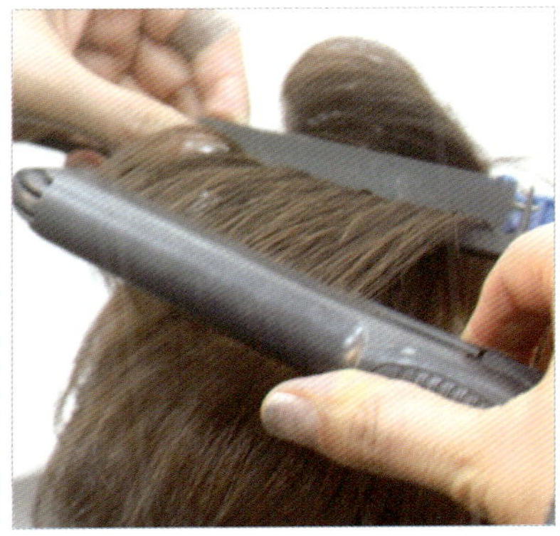

21. 90도로 유지하여서 아이론하면 C컬이 나온다.

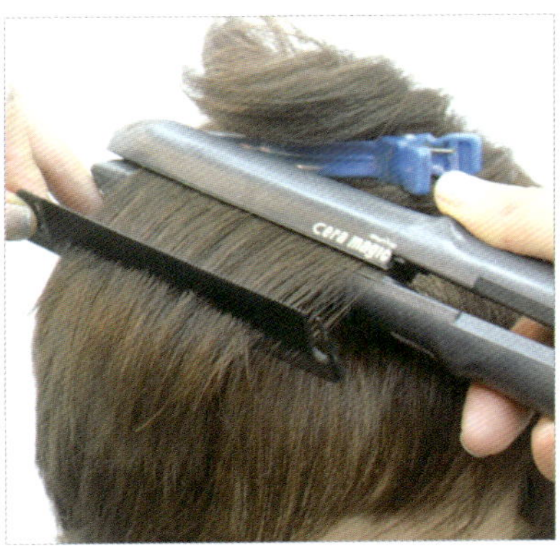

22. 오른쪽 사선으로 약 2cm 섹션하여 뜸을 들이면서 아이론한다.

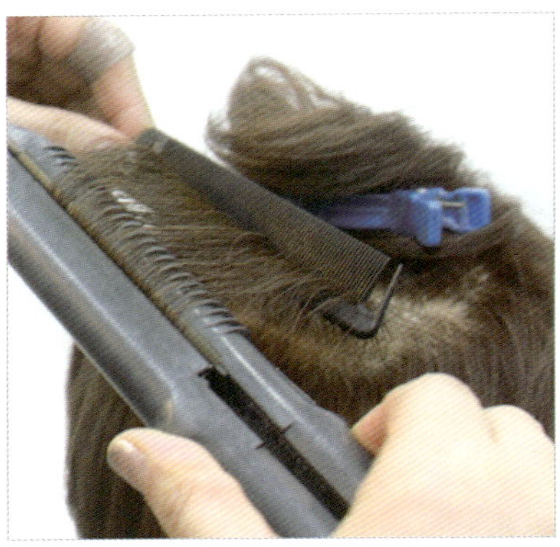

23. 아이론을할 때에는 모발 끝까지 뜸을 들인다.

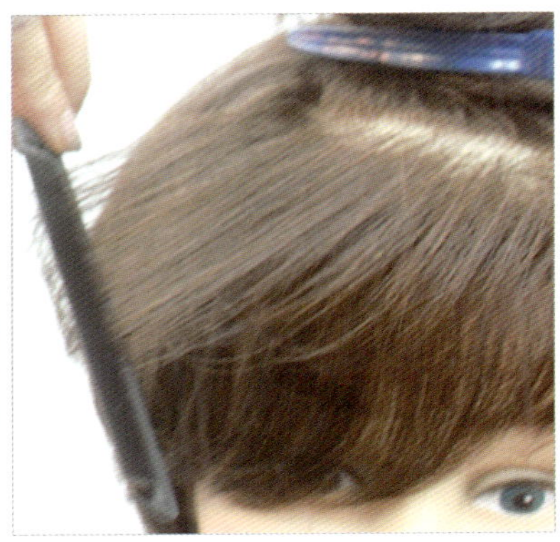

24. 아이론을 빼고 난 후 빗으로 열을 식히면서 모발 끝까지 빗어준다.

25. 90도로 아이론 했을 때의 볼륨이다.

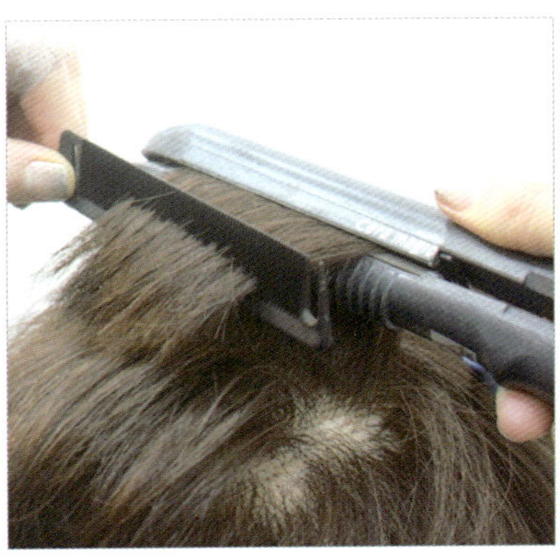

26. 탑 부분으로 갈수록 각도에 유의한다.

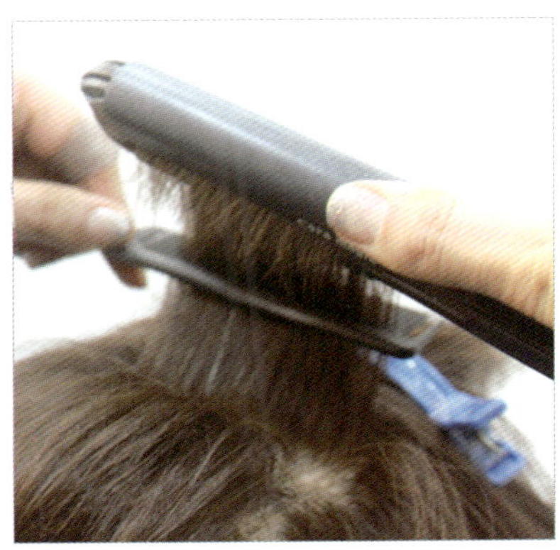

27. 각도를 유지한 채로 끝까지 갔을 때에 자연스러운 C컬이 생긴다.

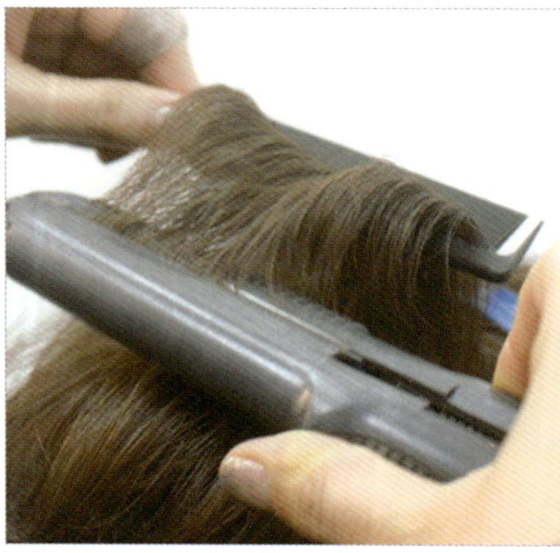

28. 아이론이 모발 끝부분으로 왔을 때는 빗으로 판넬의 중간을 다시 잡는다.

29. 다시 반복하여 다림질한다.

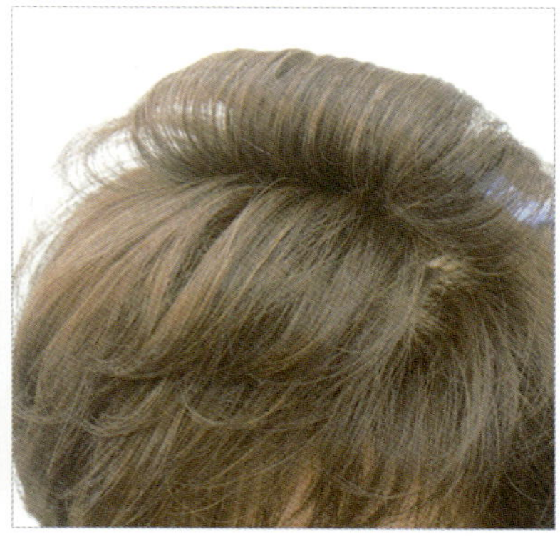

30. 탑 부분 C컬의 모습이다(각도를 유지함에 따라 C컬의 모양이 달라진다).

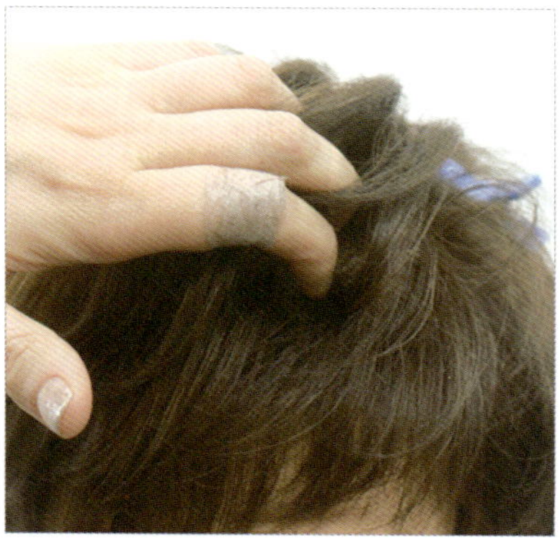

31. 핸드드라이하여 방향을 잡는다.

32. 완성된 모습

옆가르마 스타일

2. 노가르마(방향성) 시술하기

1) 스타일 낼 부분을 정한다.

2) 섹션을 1~2cm 나눈다.

3) 롤을 두피 가까이 대고 드라이 바람을 주면서 스타일을 연출한다.

4) 아이론을 사용하여 스타일 시술을 한다.

1. 시술하기 전 모습이다.

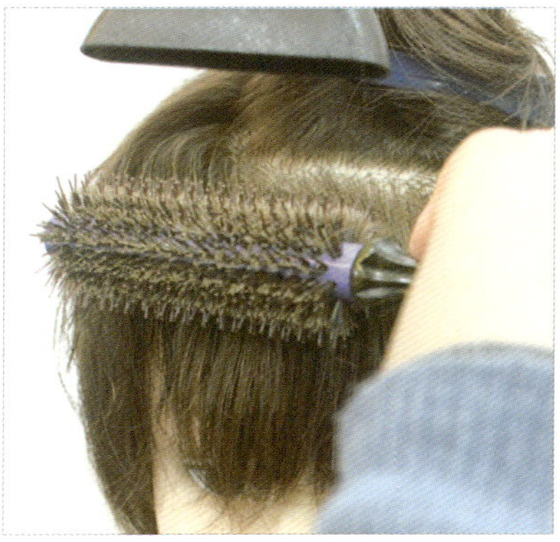

2. 드라이를 사용하여 뿌리를 먼저 노가르마 방향으로 잡는다.

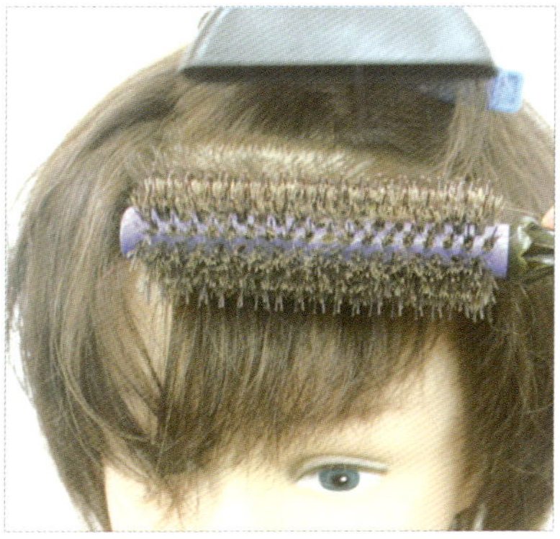

3. 뿌리를 잡는 모습이다.

4. 사이드 부분이 갈라지지 않도록 롤로 텐션을 조절하여 바람을 준다.

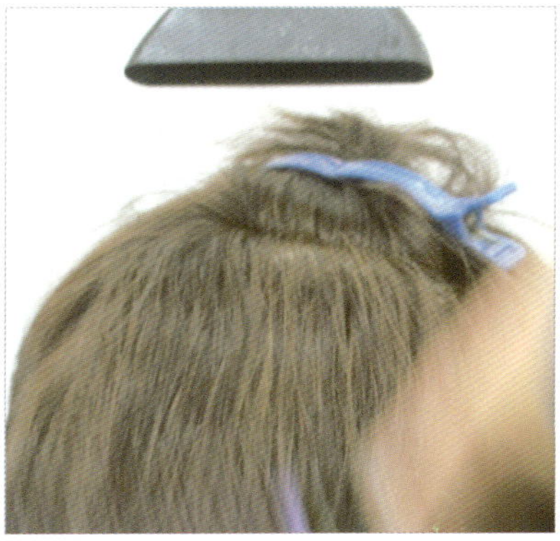

5. 다음 판넬도 드라이로 뿌리의 방향을 잡는다.

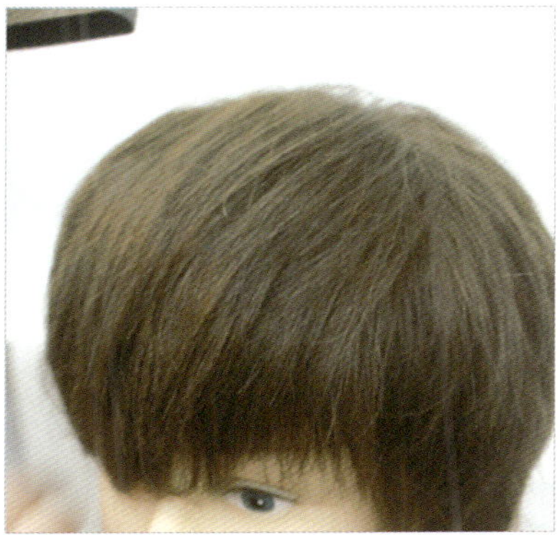

6. 방향을 다 잡은 후의 모습이다.

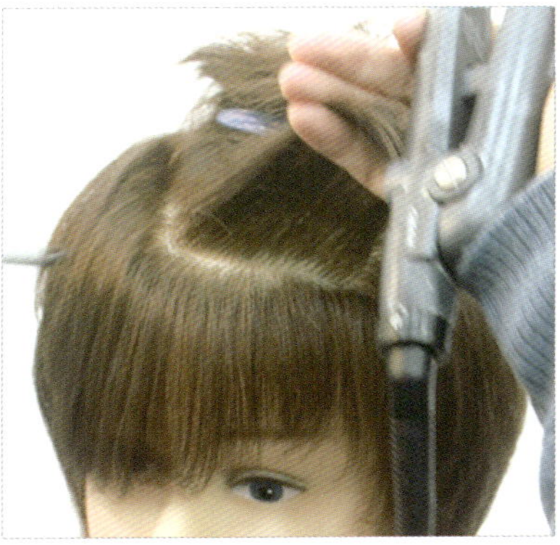

7. 섹션을 탈 때, 프린지 앞머리는 양을 줄여서 탄다.

8. 두 번째 판넬부터는 노가르마이지만 방향성을 약간 주고자 하므로 아이론을 약간 사선으로 한다.

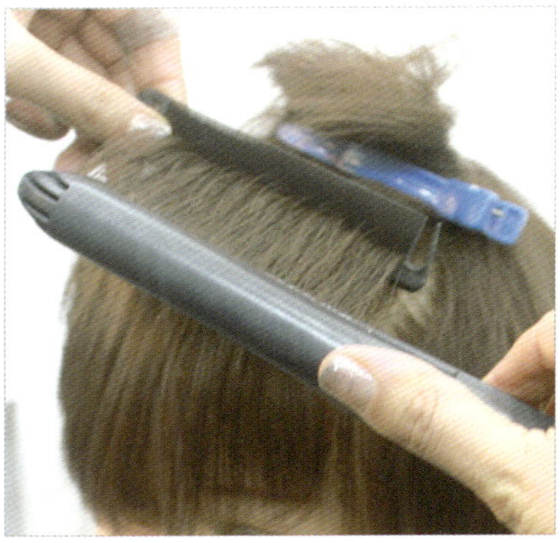

9. 모발 끝까지 아이론을 하며 빗으로 잠시 잡았다가 끝까지 빗으면서 내려온다.

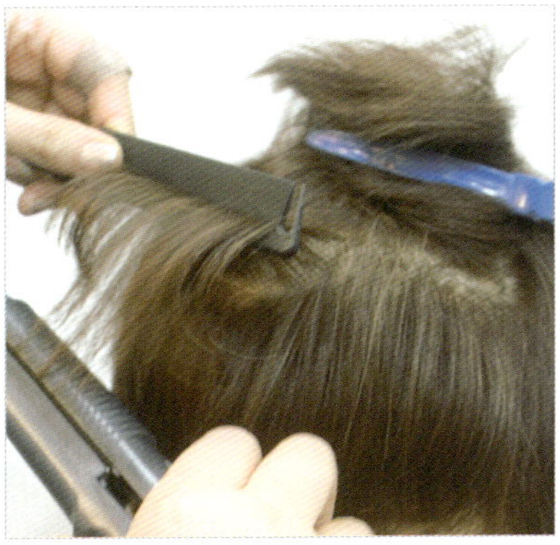

10. 먼저 아이론한 부분과 연결하여서 시술한다.

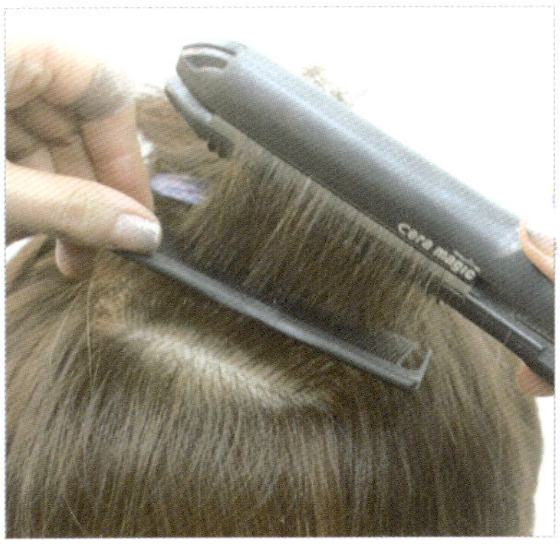

11. 탑 부분으로 갈수록 각도를 더 높인다.

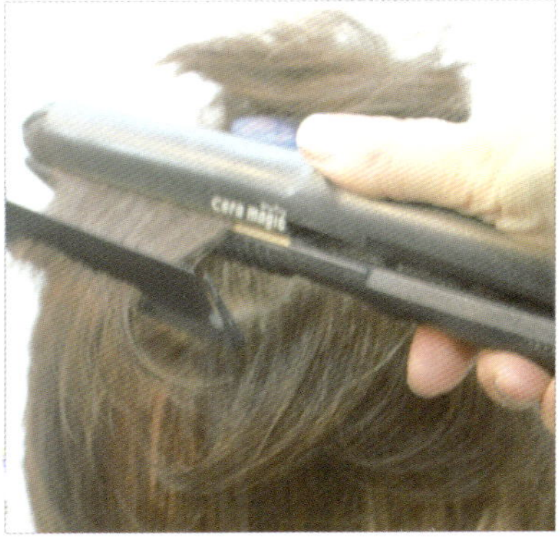

12. 각도를 유지한 채로 모발 끝까지 뺀다.

13. 각도를 유지하여 모발 끝까지 빼면 각도에 따라 C컬이 달라진다.

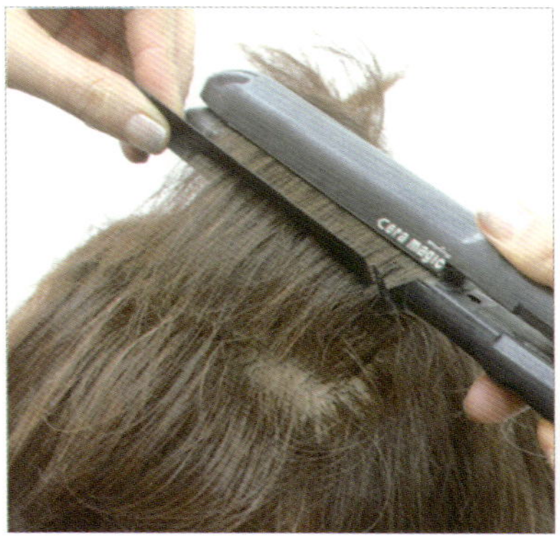

14. 각도를 유지하여 판넬의 중간까지 왔을 때, 잠시 멈추어서 뜸을 들인다.

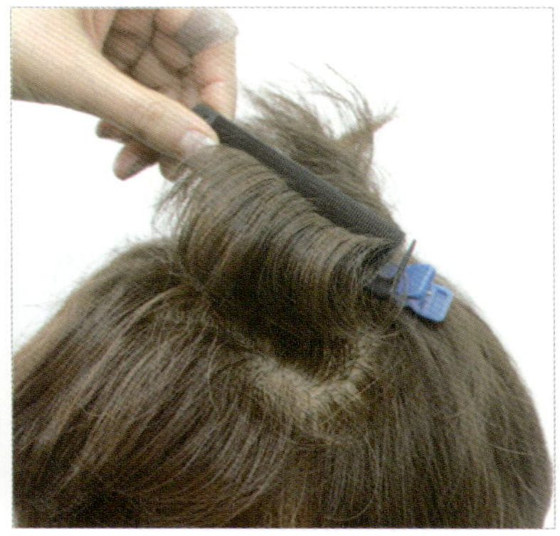

15. 끝까지 각도를 유지한 채로 아이론한 다음, 빗으로 모발의 중간 정도를 잡고 잠시 식힌다.

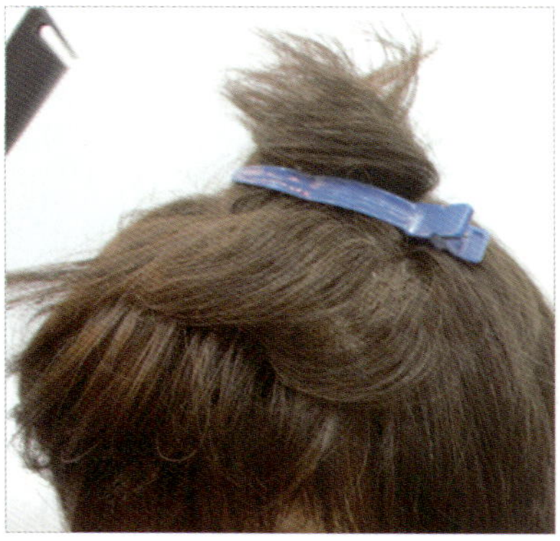

16. 빗으로 뺄 때, 방향을 약간 왼쪽으로 하여 뺀다.

17. 탑으로 갈수록 각도를 높여서 드라이하고, C컬의 원하는 부분에서 잠시 멈춘다.

18. 모발 끝이 구겨지지 않도록 끝까지 아이론한다.

19. 탑으로 갈수록 C컬의 컬링감을 느낄 수 있다.

20. 탑 부분은 섹션을 사선으로 뜨고, 각도를 유지한 채로 아이론한다.

21. 아이론이 끝나면 빗으로 잡아준다.

22. 탑으로 갈수록 컬링을 주어 볼륨을 높인다.

23. 완성된 모습

노가르마(방향성) 스타일

3. 노가르마 시술하기

1) 스타일 낼 부분을 정한다.

2) 섹션을 1~2cm 나눈다.

3) 롤을 두피 가까이 대고 드라이 바람을 주면서 스타일을 연출한다.

4) 아이론을 사용하여 스타일 시술을 한다.

1. 시술하기 전 모습이다.

2. 드라이로 먼저 뿌리를 잡으면서 방향을 준다.

3. 드라이를 살짝 한다.

4. 반복 시술 한다.

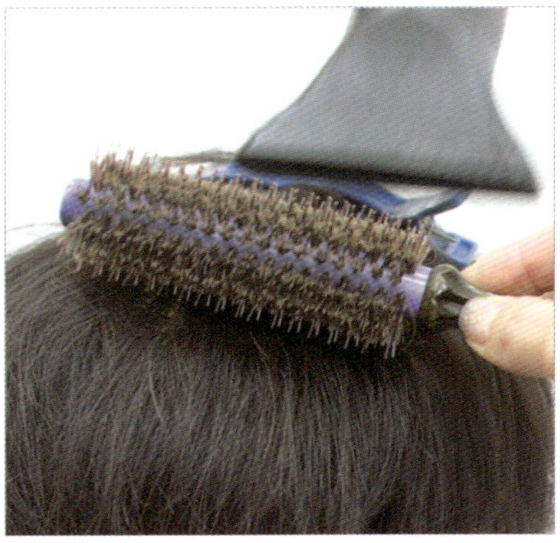

5. 드라이를 통해서 뿌리의 볼륨과 방향을 잡는다.

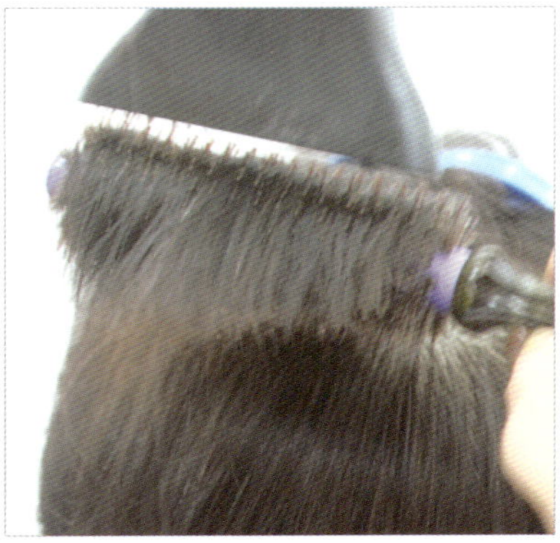

6. 살짝 에벌 드라이한다.

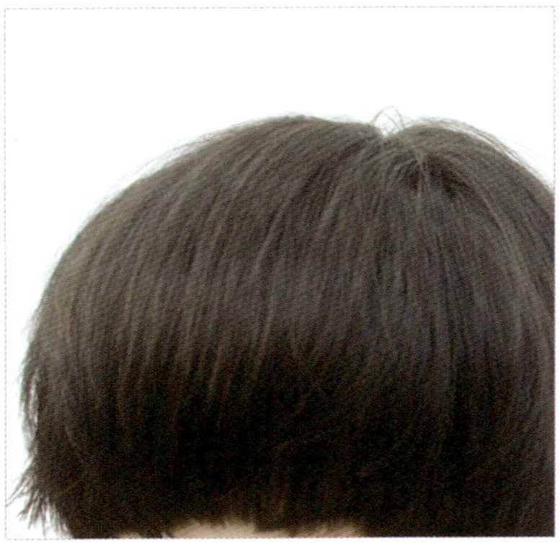

7. 살짝 드라이한 모습이다.

8. 앞머리 섹션의 모습이다.

9. 빗으로 잡으면서 아이론하되, 앞머리가 번쩍 들리지 않도록 아이론 각도를 다운한다.

10. 아이론을 뺄 때에는 빗으로 섹션의 중간부분을 잡는다.

11. 아이론을 끝까지 뺀다.

12. 뿌리는 이미 드라이로 잡았기 때문에, 뿌리까지는 들어가지 않아도 된다.

13. 아이론을 모발 끝까지 잘 다린 후 빗으로 잡고 식힌다.

14. 앞머리 아이론 된 모습이다.

15. 두 번째 판넬도 각도에 유의하면서 천천히 시술한다.

16. 반복하여 시술한다.

17. 빗으로 모발 끝까지 머리를 잡아주고 빗을 뺀 다음, 아이론이 모발 끝에 오면 다시 빗으로 섹션 중간을 잡는다.

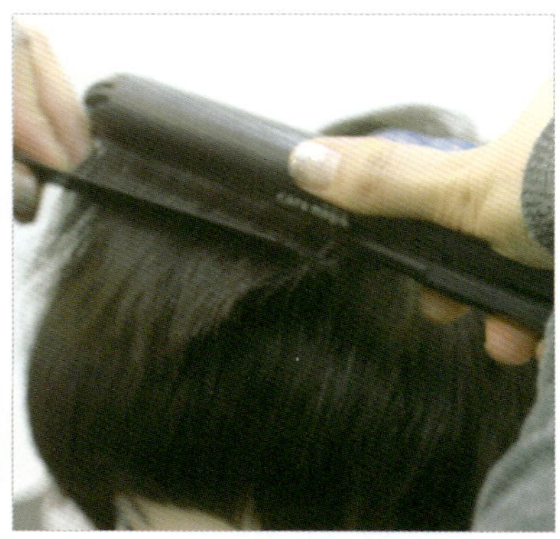

18. 빗과 아이론을 같이 움직여 준다.

19. 빗으로 잠시 잡은 후 끝까지 빗질한다.

20. 완성된 노가르마의 모습

노가르마 스타일

4. 옆가르마 올백스타일 시술하기

1) 스타일 낼 부분을 정한다.

2) 섹션을 1~2cm 나눈다.

3) 롤을 두피 가까이 대고 드라이 바람을 주면서 스타일을 연출한다.

4) 아이론을 사용하여 스타일 시술을 한다.

1. 시술하기 전 모습이다.

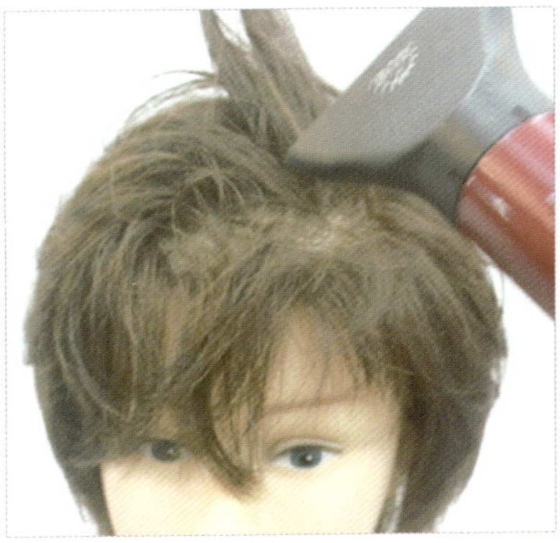

2. 적당한 수분을 남기고 수분을 말린다.

3. 탑부터 드라이로 방향성을 준다.

4. 드라이 롤에 머리를 사선으로 감아서 바람을 주고 잠시 멈춘다.

5. 드라이 한 모습이다.

6. 두 번째 판넬도 드라이 롤에 머리를 감은 후 바람을 반듯이 뿌리에 주어야 한다.

7. 바람을 준 후 잠시 식히면서 뜸을 들인다.

8. 롤을 뺀 후 롤로 머리를 잡고 뿌리에 바람을 준다.

9. 프린지 앞머리도 롤에 머리를 감는다.

10. 롤을 회전하면서 바람을 준다.

11. 롤은 반드시 사선으로 감고, 회전시키며 바람을 준다.

12. 뿌리에 바람을 반드시 준다.

13. 드라이로 뿌리를 잡은 모습이다.

14. 앞머리의 절반을 사선으로 타서 앞쪽으로 아이론한다.

15. 아이론이 끝나면 반듯이 빗으로 잡고 열을 식힌다.

16. 두 번째 판넬의 섹션은 거의 일자가 되도록 사선으로 뜬다.

17. 아이론을 각도를 유지하면서 끝까지 뺀다.

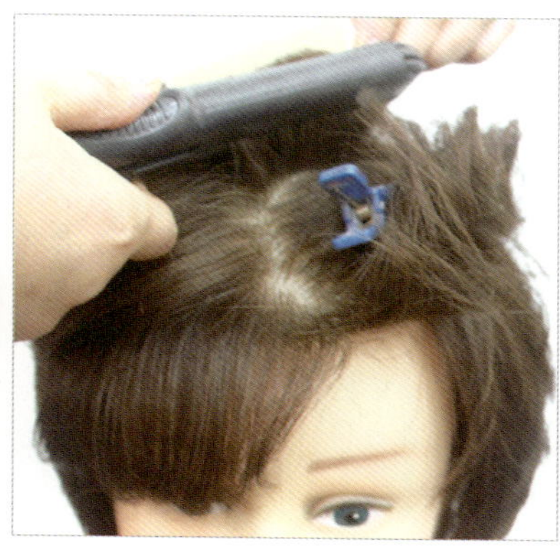

18. 탑 부분부터 아이론한다.

19. 뿌리는 드라이로 미리 잡아두었으므로, 뿌리쪽까지는 컨트롤 하지 않아도 된다.

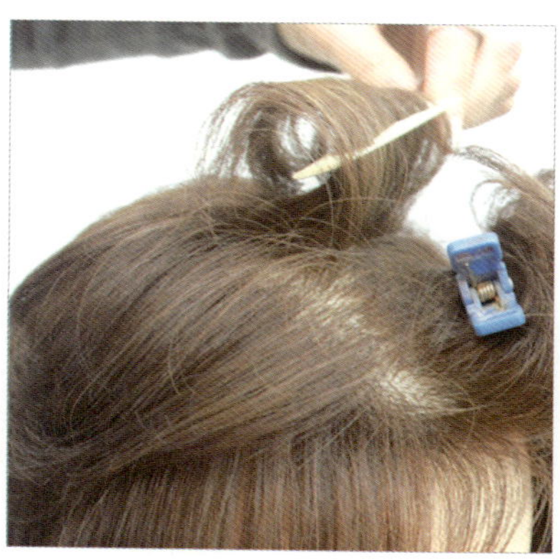

20. 각도를 120도로 유지한 채로 끝까지 빼면 원통형의 C컬이 된다.

21. 두 번째도 같은 방법으로 시술한다.

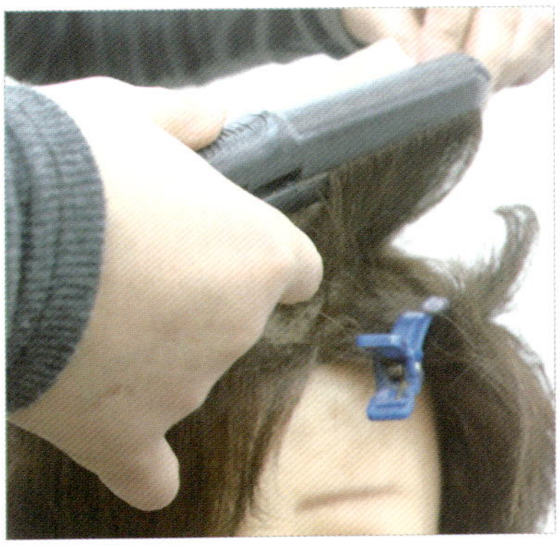

22. 바디 포지션을 뒤에서 옆으로 움직인 후 아이론한다.

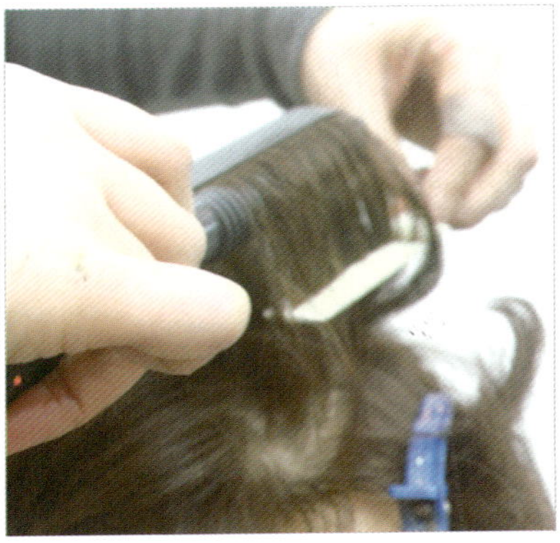

23. 뿌리를 잡을 때에는 손바닥이 하늘을 향하고, 끝으로 올수록 손바닥이 땅을 향한다.

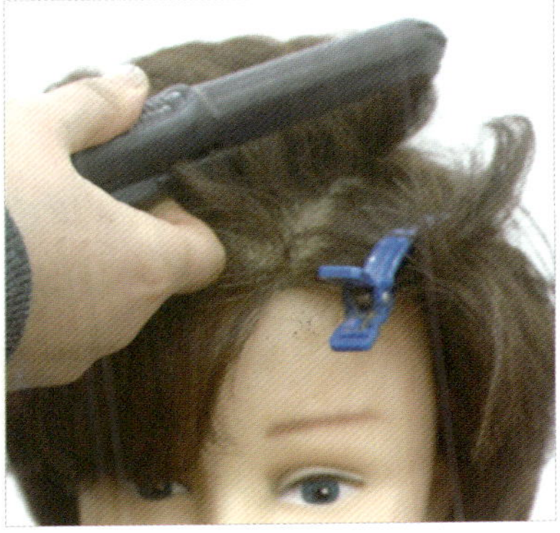

24. C컬의 접점에서 아이론을 잠시 멈춘다.

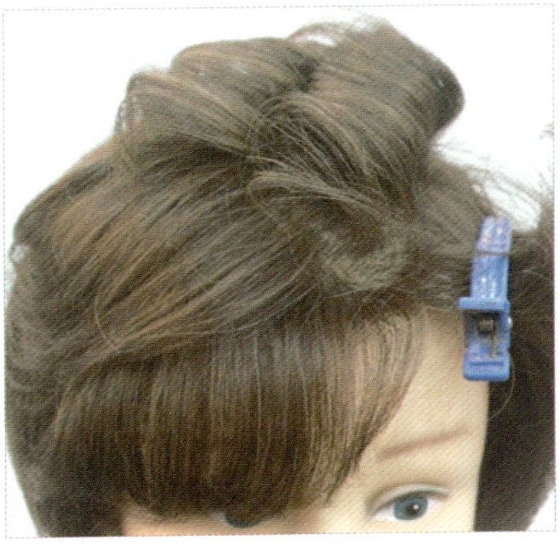

25. 아이론 된 모습이다.

26. 프린지 앞머리는 빗으로 먼저 모발을 잡은 후 뿌리 쪽에서 아이론을 댄다.

27. 빗과 아이론의 방향은 사선으로 한다.

28. 아이론이 모발 끝으로 나오면 빗을 다시 안쪽으로 댄다.

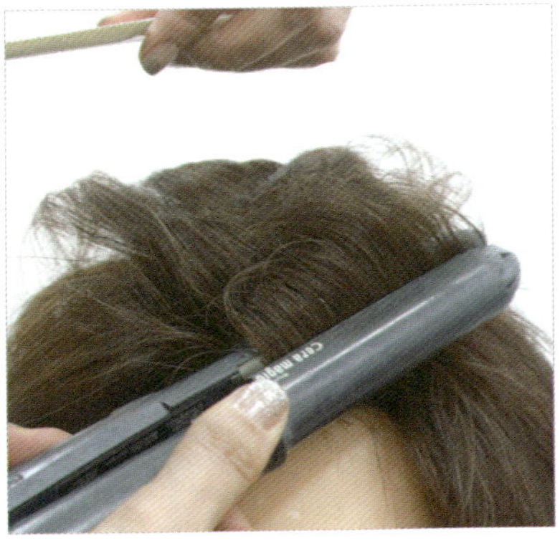

29. 빗과 아이론이 다 빠져나온 후 아이론으로 다시 한 번 C컬의 접점과 뿌리에 열을 준다.

30. 아이론 된 모습이다.

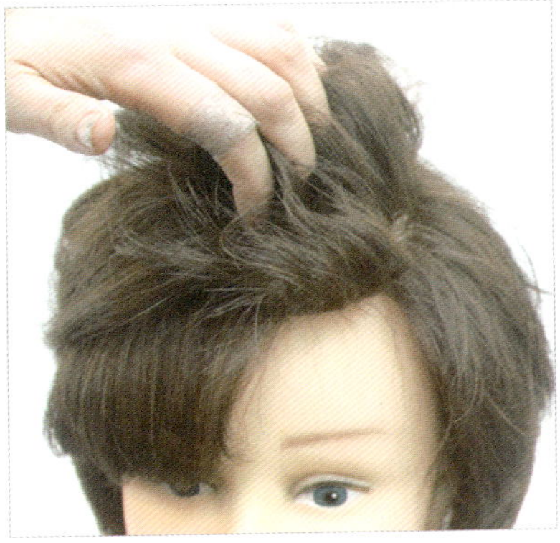

31. 핸드드라이로 방향성을 준다.

32. 다시 한 번 뿌리 쪽에 아이론을 준다.

33. 프린지 앞머리는 드라이로 다시 한 번 잡는다.

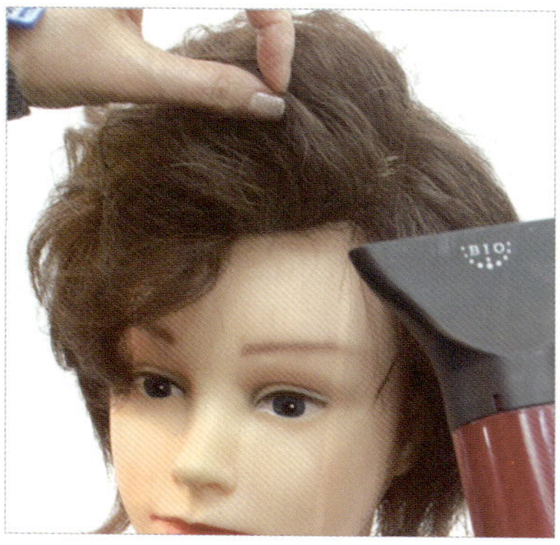

34. 드라이로 잡는 모습이다.

35. 자연스로운 연결을 위하여 앞머리도 앞쪽으로 드라이 한다.

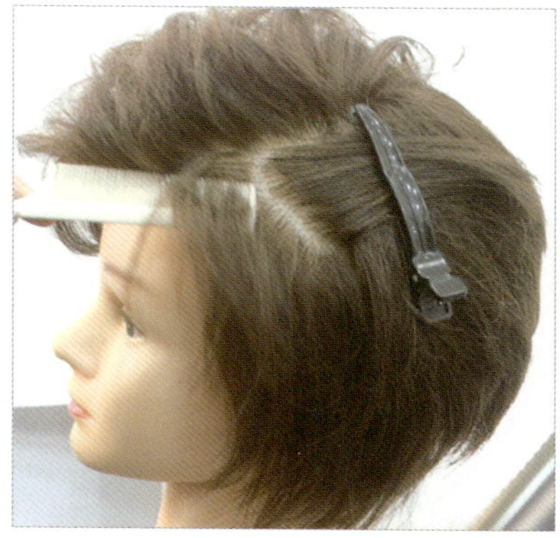

36. 왼쪽 앞머리는 포워드로 섹션을 나눈다.

37. 아이론을 뿌리 쪽에서 C컬 방향으로 포워드로 시작하여 리버스로 뺀다.

38. 섹션된 모습과 컬의 방향성이다.

39. 뿌리를 아이론으로 한 번 더 잡는다.

40. 시술된 앞머리의 모습이다.

41. 두 번째 판넬은 평행 섹션하여 볼륨을 위해 각도에 유의한다.

42. 각도를 유지한 채로 끝까지 아이론한다.

43. 아이론이 끝나면 빗으로 잠시 식힌다.

44. 빗을 뺄 때에는 끝까지 살며시 뺀다.

45. 세 번째 섹션은 앞머리의 볼륨 높이에 따라 각도를 준다.

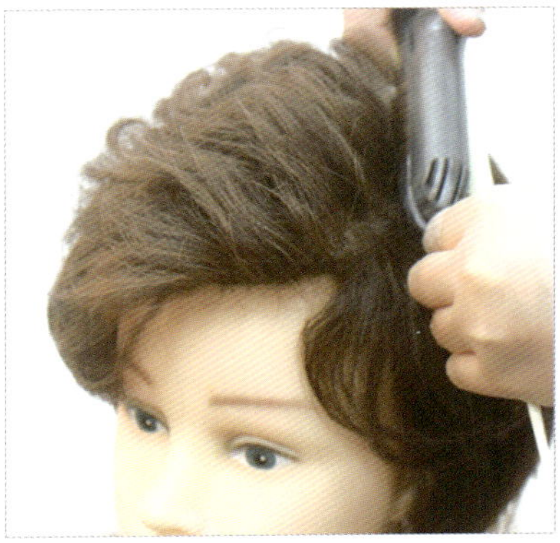

46. 아이론으로 반복시술한다.

47. 아이론으로 반복시술한다.

48. 가르마가 갈라지는 것을 방지하기 위하여 양쪽 섹션을 합쳐서 탄다.

49. 뿌리를 다시 한 번 잡는다.

50. 가르마가 갈라지는 것을 방지하기 위해서 각도를 유지한 채로 아이론한다.

51. C컬의 접점에서 한 번 더 잡는다.

52. 완성된 옆 올백 앞머리

53. 완성된 옆모습

54. 완성된 옆모습

옆가르마 올백스타일

5. 올백스타일 시술하기

1) 스타일 낼 부분을 정한다.

2) 섹션을 1~2cm 나눈다.

3) 롤을 두피 가까이 대고 드라이 바람을 주면서 스타일을 연출한다.

4) 아이론을 사용하여 스타일 시술을 한다.

1. 시술하기 전 모습이다.

2. 드라이를 이용하여 스타일할 방향으로 수분을 말린다.

3. 탑에서부터 머리를 롤에 감는다.

4. 롤에 모발을 감은 후 드라이 바람을 뿌리에 주고, 롤을 회전한다.

5. C컬의 접점에서 드라이 바람을 준다.

6. 드라이 바람을 준 후 잠시 식힌다.

7. 식힌 후 롤을 뺀다.

8. 다음 판넬도 롤에 머리를 감고 뿌리부터 바람을 준다.

9. C컬의 접점에서 드라이 바람을 잠시 멈춘다.

10. 프린지 앞머리도 드라이 롤에 머리를 감은 후 뿌리에 바람을 준다.

11. 롤을 회전하여 바람을 준다.

12. 드라이를 먼저 살짝 한 모습이다.

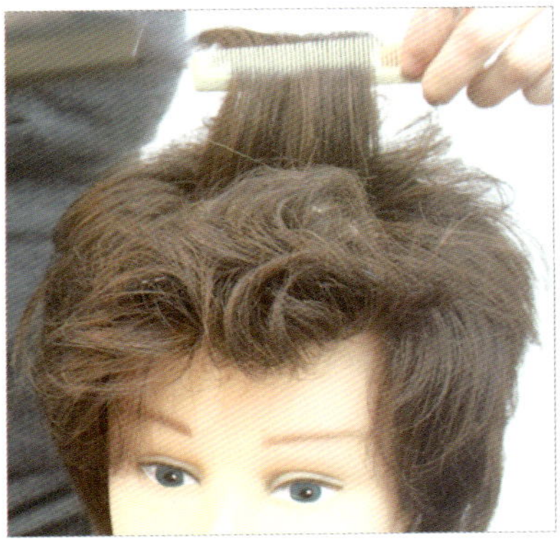

13. 다시 탑부터 아이론하기 위하여 모발을 빗으로 잡는다.

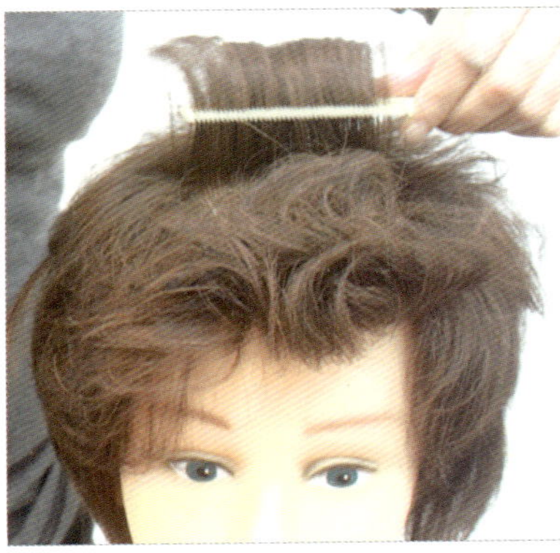

14. 빗을 잡고 아이론을 뿌리로 넣는다.

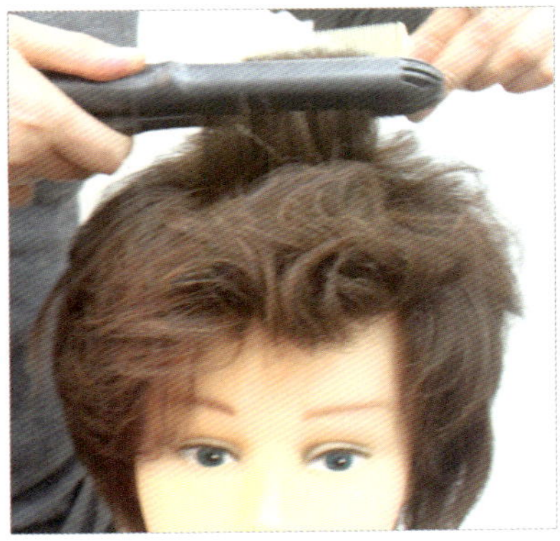

15. 뿌리에 아이론을 넣을 때, 드라이로 뿌리를 미리 잡아놓았기 때문에 깊게 들어가지 않아도 된다.

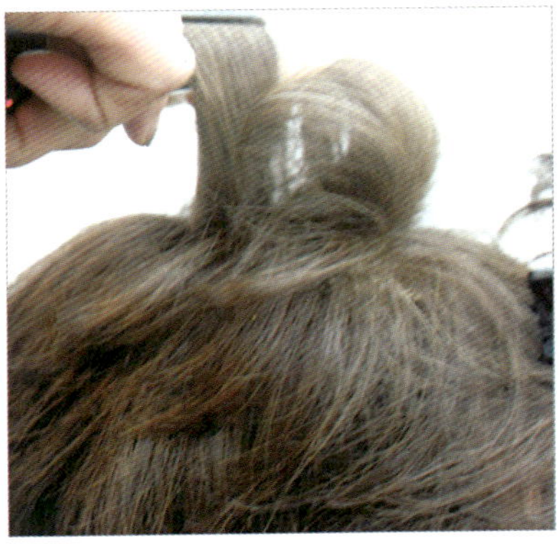

16. 모발의 연결을 위하여 뒤쪽도 아이론한다.

17. 앞쪽으로 올수록 각도를 120도 이상 유지한다.

18. 아이론이 뿌리로 들어가는 모습이다.

19. 뿌리부터 아이론을 잡고 각도를 유지한다.

20. 각도를 유지해서 천천히 뺀다.

21. 프린지 앞머리도 빗으로 잡고 아이론을 뿌리로 넣는다.

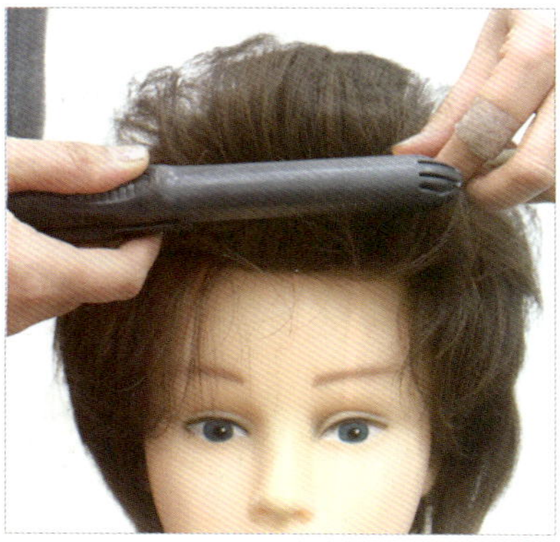

22. 뜸을 들이면서 천천히 뺀다.

23. 완성된 앞머리 모습이다.

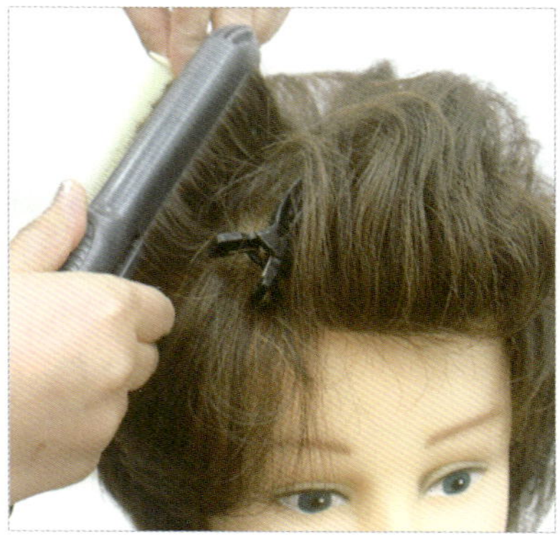

24. 모발의 연결을 위하여 사선으로 섹션을 나눈 후 아이론한다.

25. 옆머리와 탑머리의 연결을 위하여 양쪽 머리의 중앙을 잡는다.

26. 섹션을 왼쪽 사선으로 타서 아이론한다.

27. 오른쪽 앞머리는 섹션을 사선으로 타서 앞쪽으로 아이론한다.

28. 왼쪽도 오른쪽 사선 섹션하여 뒤쪽으로 아이론 한다.

29. 빗으로 탑과 사이드 머리의 연결을 위하여 양쪽 머리를 잡고 아이론 한다.

30. 반복하여 아이론 한다.

31. 왼쪽 앞머리는 섹션을 앞쪽으로 나눈 후 포워드로 뿌리를 잡은 후 뒤쪽으로 뺀다.

32. 드라이로 앞머리를 살짝 만진다.

33. 바람을 주고 식힌 후 롤을 뺀다.

34. 올백 앞머리의 모습

올백 스타일

학습·수행내용 3

길이에 따른 스타일

쇼트 스타일

1. 펴기란?

아이론은 고열에 의해서 일시적으로 모발의 구조에 변화를 주어 스타일링을 형성하는 방법으로써 모발 내부의 측쇄 결합 중 수소결합과 염결합을 이용한 것이다.

모발 내부 수소결합과 염결합은 고열에 의해 수분이 감소하면서 재결합 배열을 이루고, 이러한 원리를 기본으로 아이론을 사용하여 재결합이 이루어지기 전에 모발을 스트레이트로 편다.

이때, 아이론으로 한 번 스타일링에 실패한 모발을 다른 형태로 바꿀 때에는 반드시 수분을 주고 다시 건조시켜 스타일링 한다.

1) 시술

① 네이프 부분부터 2~3cm 수평 섹션을 나눈다.

② 두상에서 90° 모근부터 모선 방향으로 진행한다.

③ 모발 길이의 절반까지 각도 유지한다.(꼬리빗 : 아이론의 동선을 따라다닌다)

④ 텐션은 너무 강하게 하지 않고 부드럽게 작업한다.

⑤ 각도를 서서히 다운시켜 모발 끝까지 천천히 내린다.

2) 시술 순서

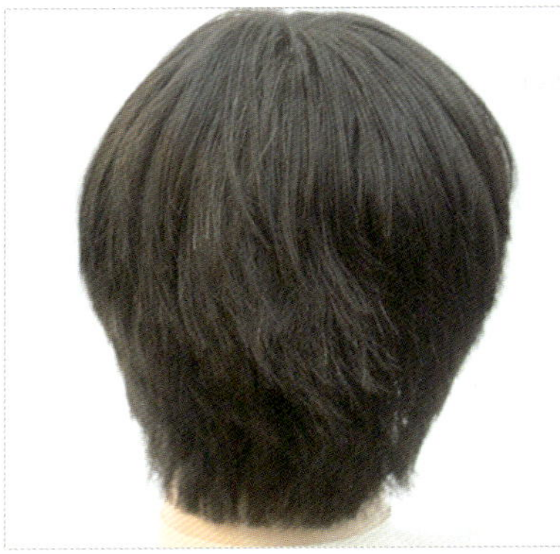

1. 아이론 하기 전 모습이다.

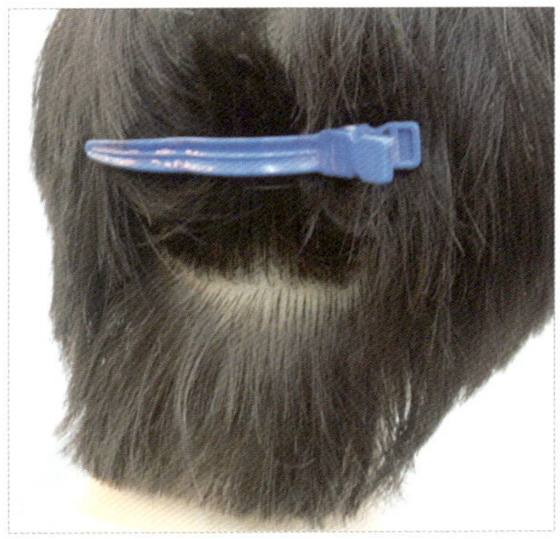

2. 짧은 모발일 경우에는 특별히 브로킹을 하지 않고 네이프부터 시작한다.

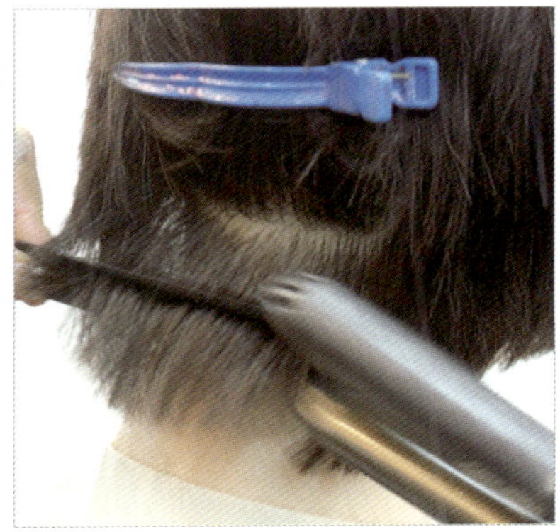

3. 모발이 짧을 때에는 빗으로 섹션을 뜬다.

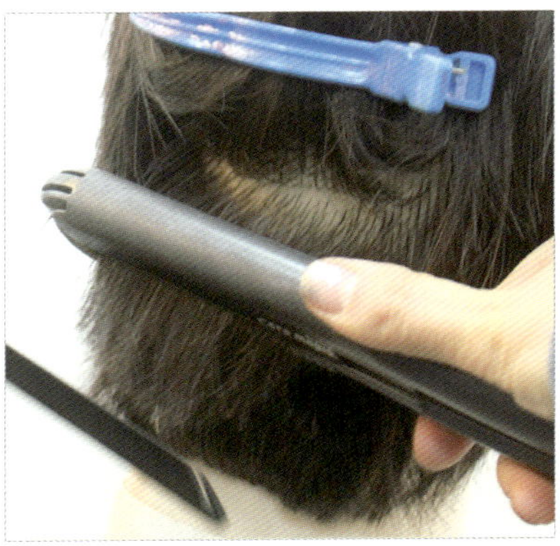

4. 빗을 먼저 두피에 대고 아이론을 한다.

5. 빗을 먼저 두피에 대고 아이론을 한다.

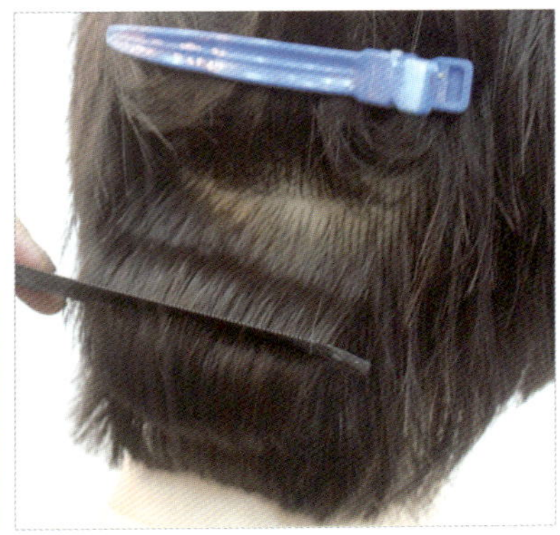

6. 아이론으로 다 폈을 때에는 빗으로 열을 잠시 식힌 후에 내려놓는다.

7. 백 포인트에서부터는 각도를 90도로 든다.

8. 펴기는 아이론을 모발 끝까지 펴주는 것이 중요하다.

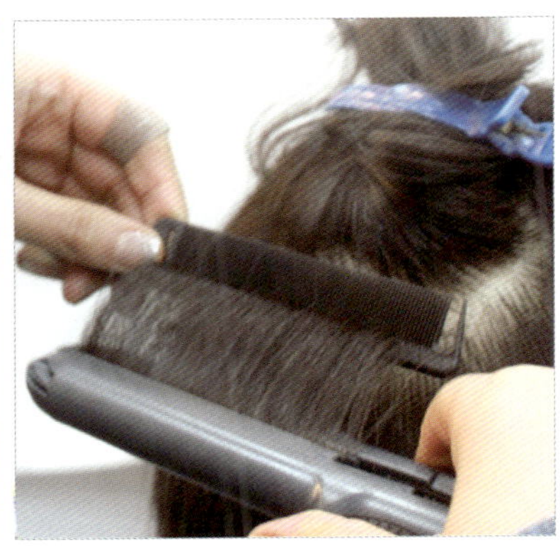

9. 모발 끝에서는 뜸을 조금 더 들인다.

10. 반복하여 작업한다.

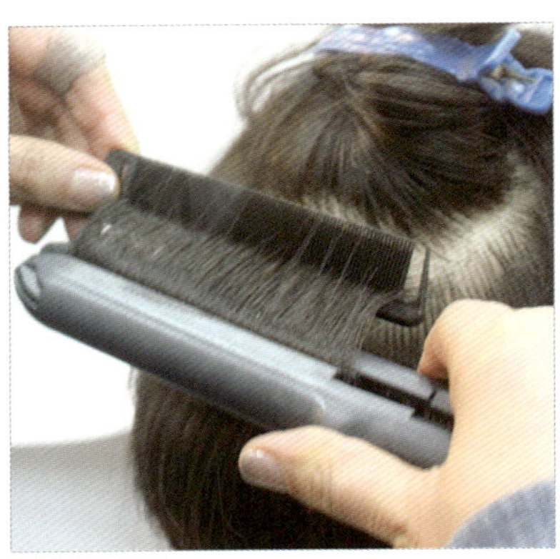

11. 탑에서는 볼륨을 위하여 각도를 조금 더 높인다.

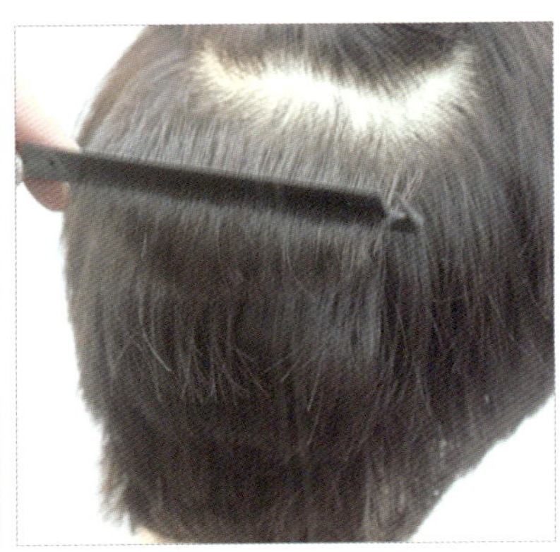

12. 아이론이 끝나면 빗으로 열을 식힌 후에 빗을 뺀다.

13. 탑에서는 각도를 위하여 120도로 아이론을 하되, 잠시 멈추어 뜸을 들인다.

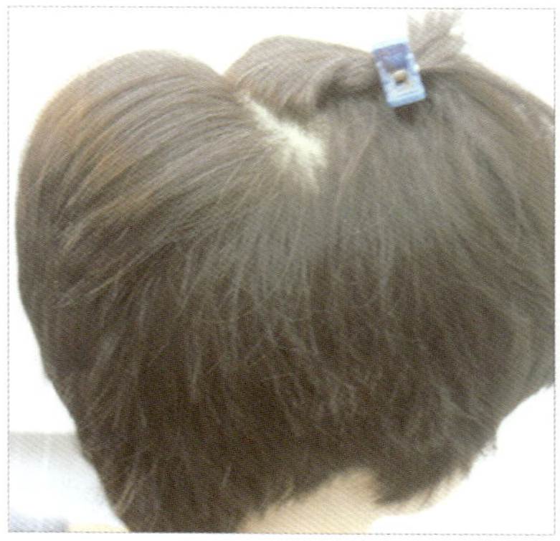

14. 탑에서 아이론을 하여 볼륨을 준 모습이다.

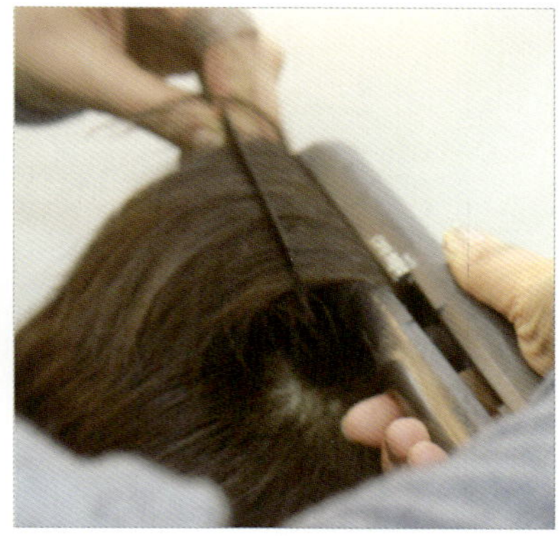

15. 반복하여 작업하되, 볼륨에 주의하도록 한다.

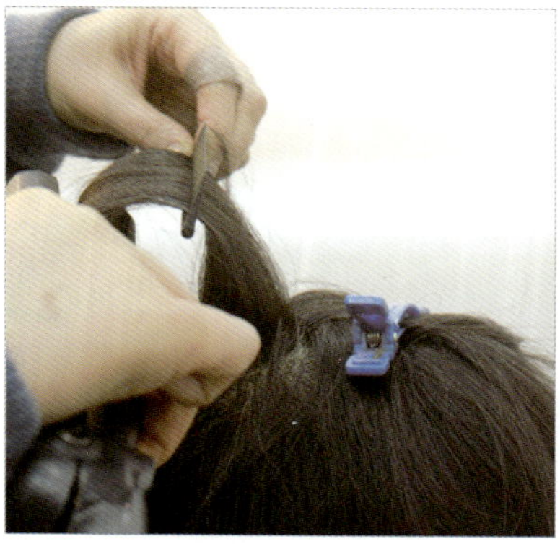

16. 각도를 높인 후에는 이를 유지하면서 편다.

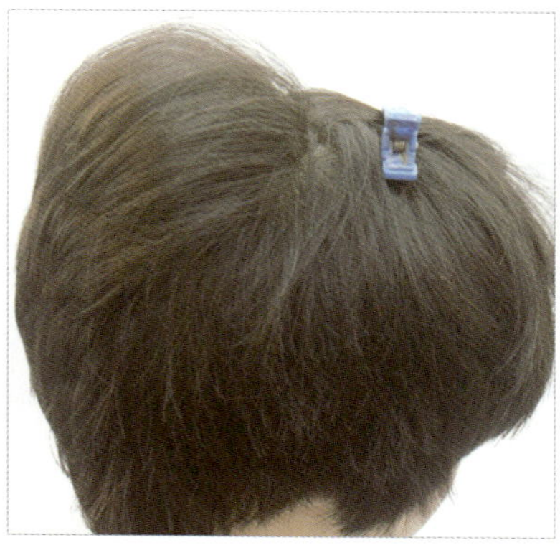

17. 완성된 탑 포인트의 모습이다.

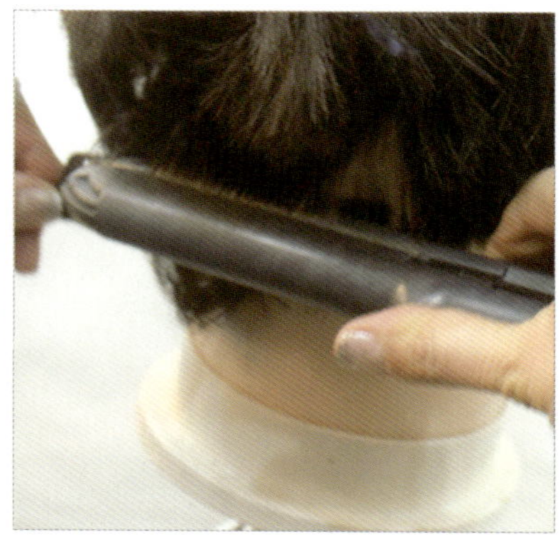

18. 네이프 사이드는 두피에 빗을 먼저 대로 아이론을 시작한다.

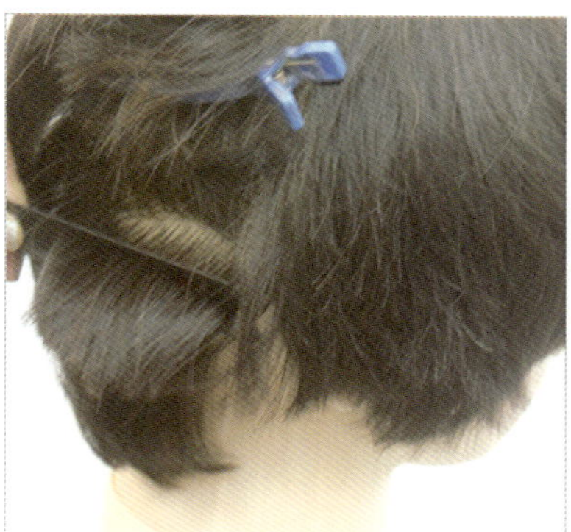

19. 빗을 먼저 대어야만 열이 두피에 직접 전달되는 것을 막아준다.

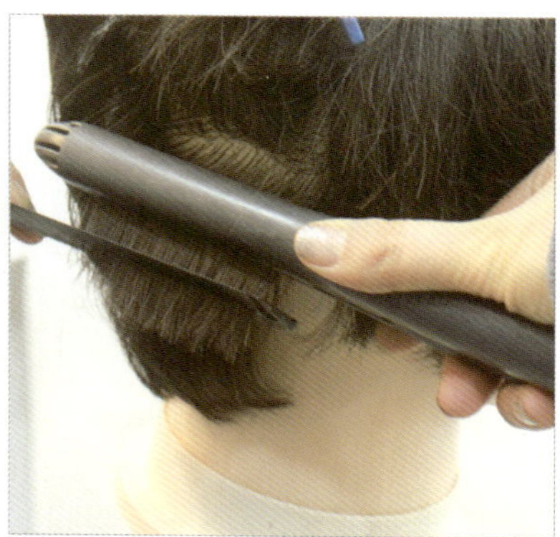

20. 아이론을 빗과 교차하면서 편다.

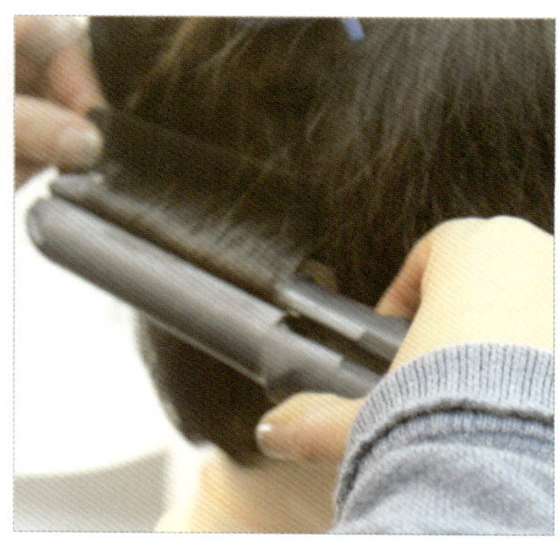

21. 뜸을 충분히 들이면서 모발 끝까지 편다.

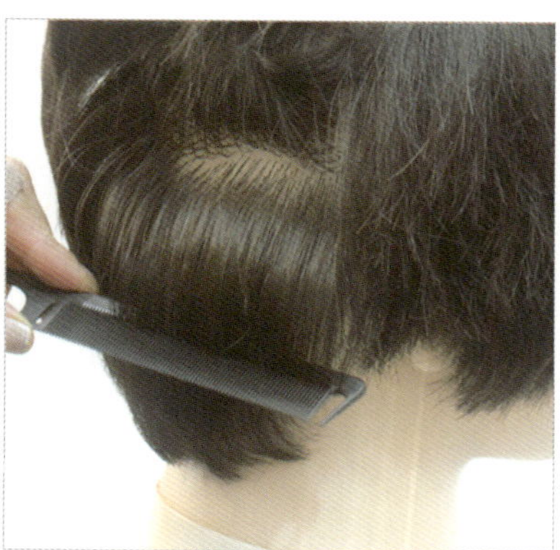

22. 열을 주고 식힐 때에는 빗을 슬며시 모발 끝까지 다스려 준다.

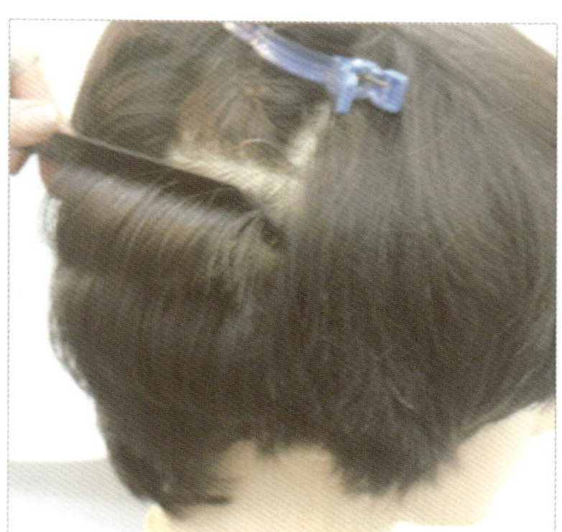

23. 사이드 백 부분은 백 부분의 볼륨과 맞추어서 한다.

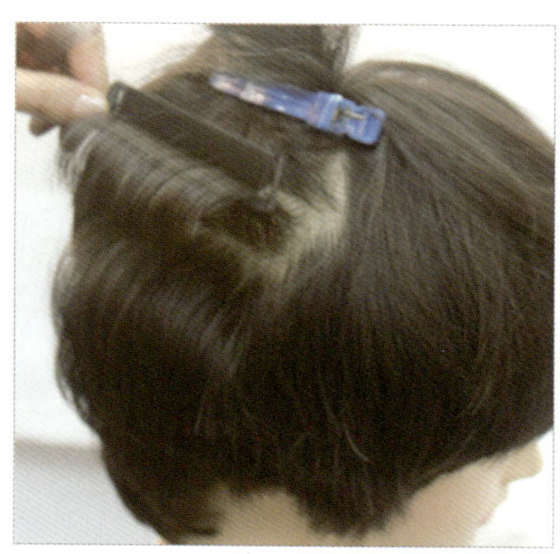

24. 볼륨을 생각하면서 반복 작업한다.

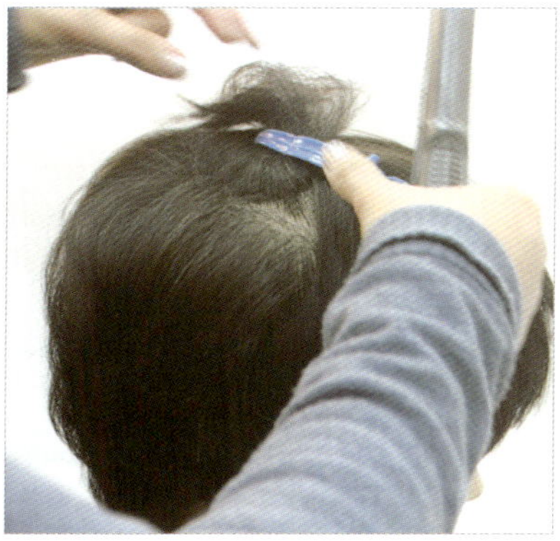

25. 탑 부분은 120도로 각도를 유지한다.

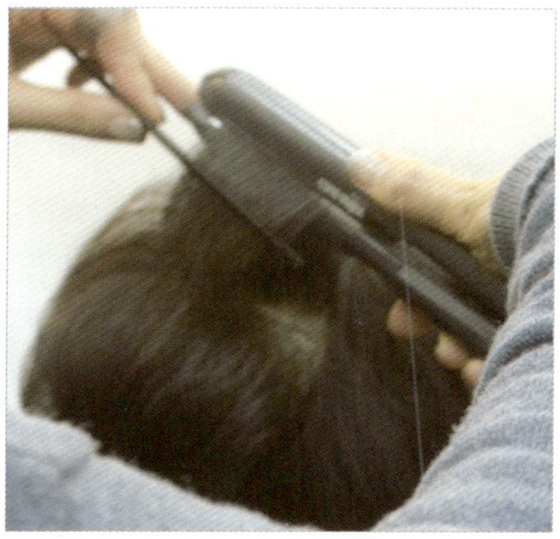

26. 각도를 유지하면서 모발 끝까지 편다.

27. 사이드의 브로킹 모습이다.

28. 모발이 짧을 때에는 항상 빗을 먼저 두피에 대어준다.

29. 빗을 두피에 대고 아이론을 모발 끝까지 뺄 때, 빗도 같이 따라와 준다.

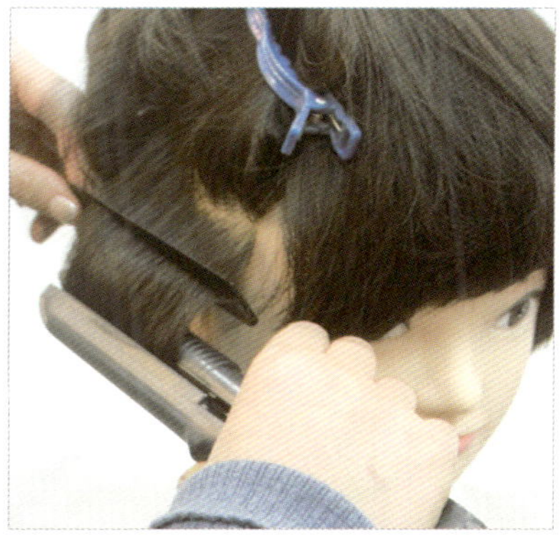

30. 모발 끝도 천천히 뜸을 들여 준다.

31. 섹션의 넓이는 아이론 크기 만큼 잡는다.

32. 아이론으로 열을 주고 빗은 아이론을 따라서 모발 끝까지 간다.

33. 앞머리를 빼고 사이드 부분을 반복하여 작업한다.

34. 완성된 사이드의 모습이다.

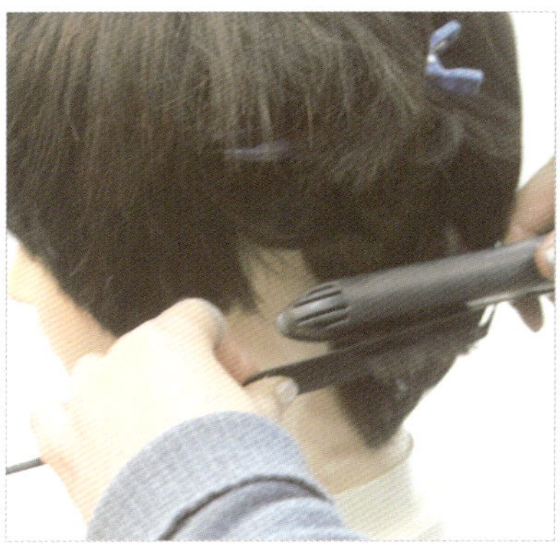

35. 왼쪽 네이프 사이드도 오른쪽과 같이 한다.

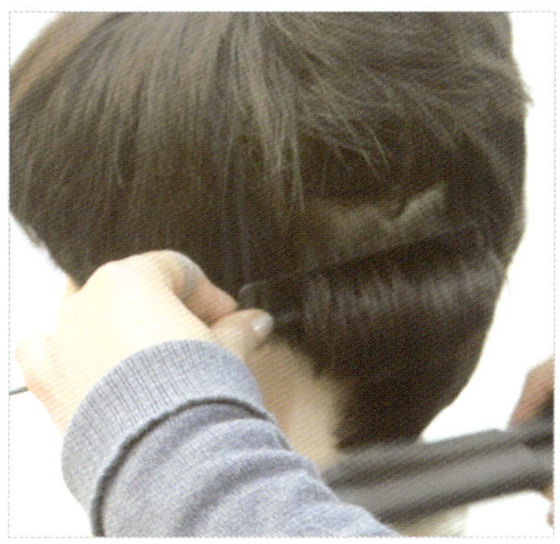

36. 네이프 시술시 모발이 짧을 때에는 빗을 먼저 두피에 대어준다.

37. 백 포인트의 볼륨과 같이 각도에 맞게 반복 시술한다.

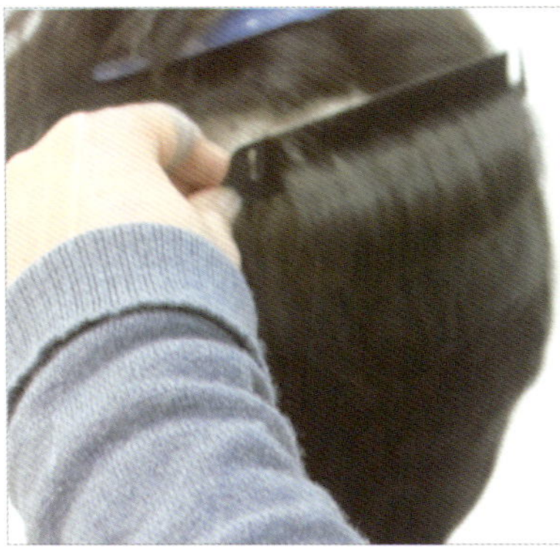

38. 아이론이 끝나면 빗으로 잠시 멈추었다가 뺀다.

39. 사이드 시작하기 전 모습이다.

40. 네이프 사이드도 모발이 짧을 경우에는 빗을 먼저 대고 시작한다.

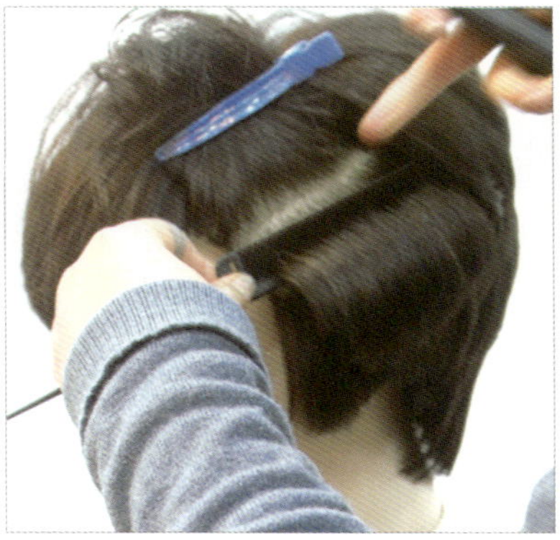

41. 아이론으로 열을 준 다음에 빗을 잠시 멈추어 뺀다.

42. 빗을 잠시 멈추는 이유는 열을 식히는 과정에서 스타일을 잡아주기 때문이다.

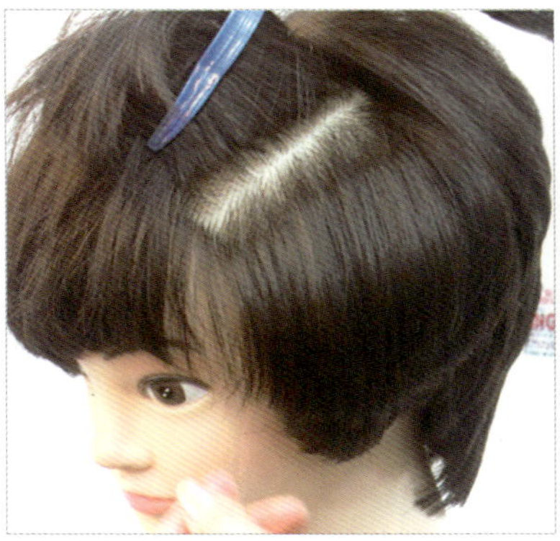

43. 완성된 사이드의 모습이다.

44. 앞머리 섹션은 갈 방향에 맞추어 탄다.

45. 앞머리 역시 모발이 짧기 때문에 빗으로 판넬을 먼저 들고 시작한다.

46. 아이론으로 열을 준 후에 빗으로 끝까지 잡은 후 빼고 빗질을 한다.

47. 앞머리가 넓을 때에는 섹션을 나누어서 한다.

48. 진행 방향을 생각하며 아이론 한다.

49. 열을 식힌 후 뺀다.

50. 두 번째 섹션도 첫 번째 섹션과 마찬가지로 하되, 볼륨을 주기 위하여 각도를 조금 더 들어준다.

51. 반복 작업한다.

52. 아이론을할 때에는 적당한 텐션이 중요하다.

53. 손에 힘 조절이 필요하며 볼륨을 생각하면서 반복한다.

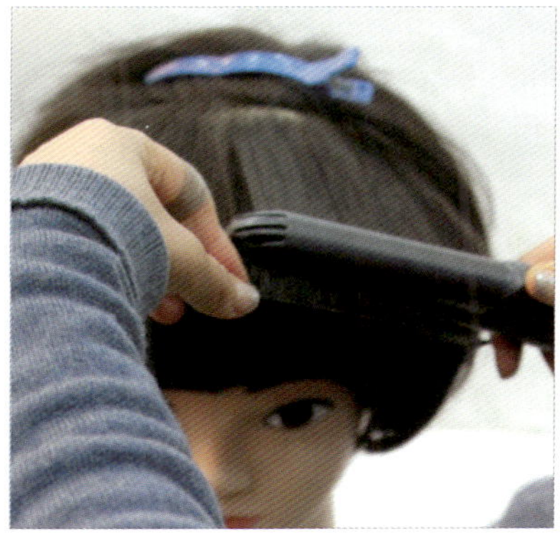

54. 모발 끝까지 천천히 내려온다.

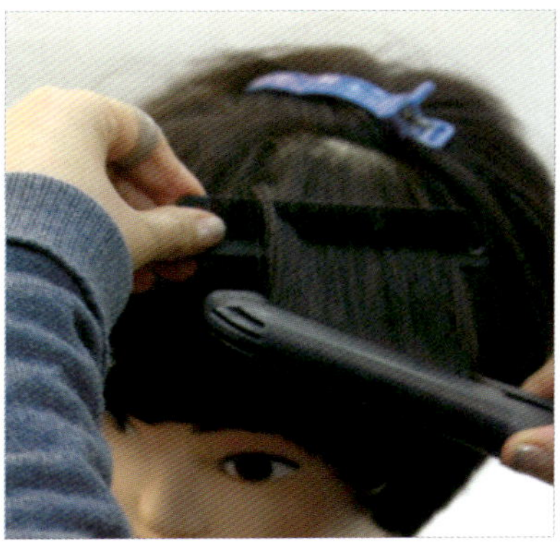

55. 모발 끝까지 천천히 내려오되, 아이론이 끝나면 빗으로 따라 내려온다.

56. 탑 부분도 마찬가지로 반복작업한다.

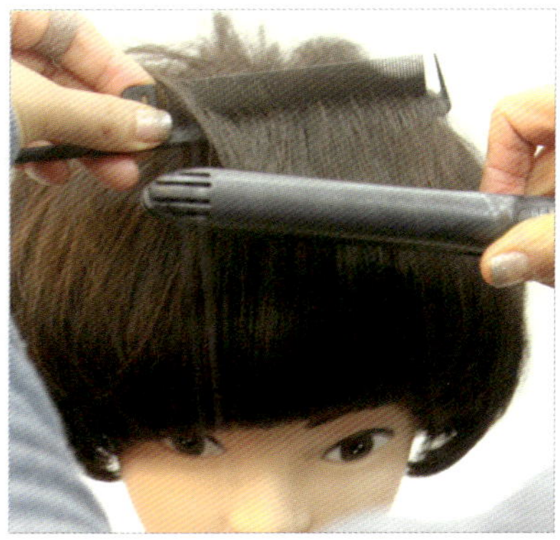

57. 열을 주고 식히며 텐션을 주는 것까지 생각하며 한다.

58. 완성된 앞모습

59. 완성된 옆모습

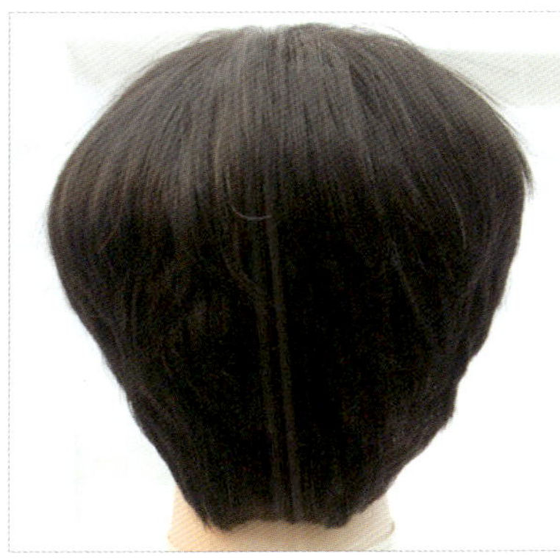

60. 완성된 뒷모습

펴기

61. 완성된 옆모습

2. C컬(안말음)

열을 이용하여 뿌리를 먼저 잡은 후에 시작하며 모발의 길이에 따라 아이론을 선택하되, 여기서는 모발이 짧기 때문에 아이론을 이용하여 모발 끝을 머리 안쪽으로 바로 만다(전체적인 스타일을 생각하면서 볼륨을 준다).

1) 시술

① 네이프 부분부터 2~3cm 수평 섹션을 나눈다.

② 모근 쪽에서 모발의 볼륨감과 방향성을 설정한다.

③ 모발의 각도 유지하여 아이론 90° 회전하여 훑어준다.

④ 모선 끝 쪽으로 아이론 회전하여 빗 꼬리로 디자인된 컬을 잡아 조심스럽게 내려놓는다.

⑤ 네이프 – 사이드 부분 순으로 진행한다.

2) 시술 순서

1. 아이론하기 전 모습이다.

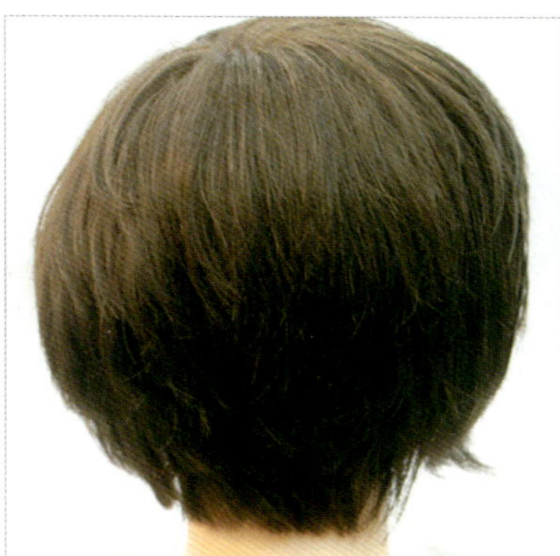

2. 먼저 수분을 말린다.

3. 네이프부터 시작한다.

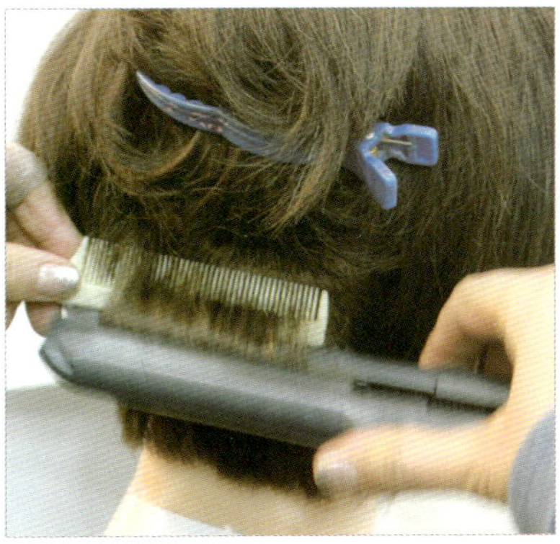

4. 네이프에 모발에 짧을 때에는 빗을 두피에 먼저 대고 아이론을 시작한다.

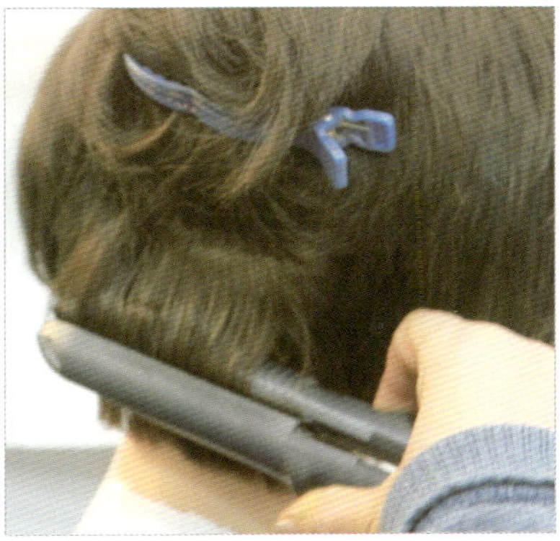

5. 두피에 아이론이 들어갈 때에는 손바닥을 위로 향하게 하여 들어간다.

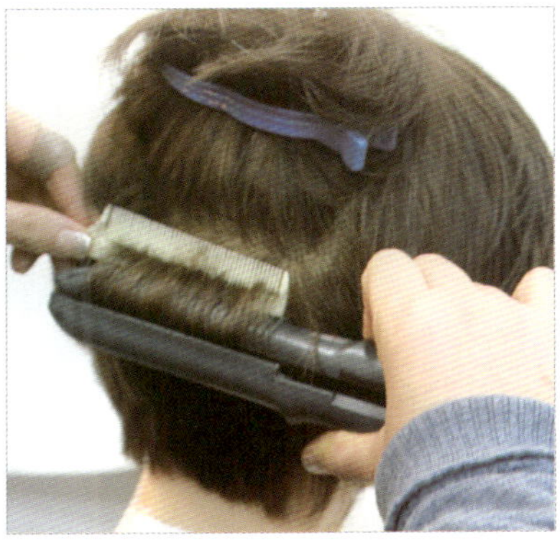

6. 모발 끝에서 아이론이 나올 때에는 손바닥이 바닥을 향하도록 회전시킨다.

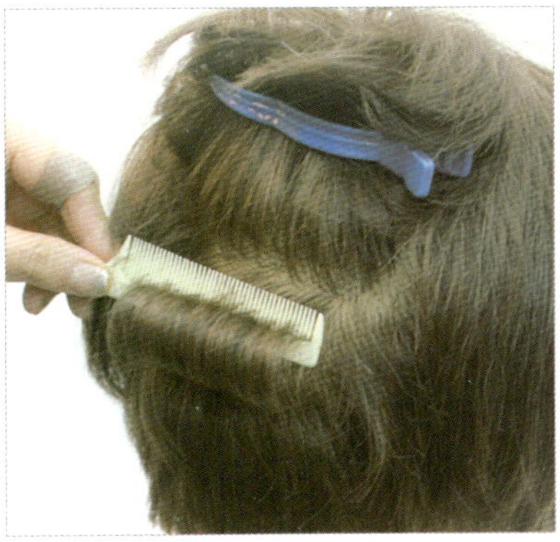

7. 아이론을 빼고 열이 있는 상태에서 빗으로 잠시 멈추었다가 뺀다.

8. 백 포인트에서 부터는 각도를 90도 이상으로 높인다.

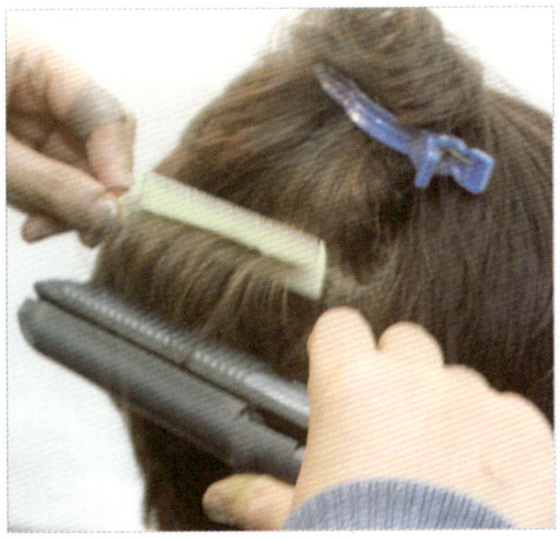

9. 모발 끝까지 아이론을 천천히 뺀다.

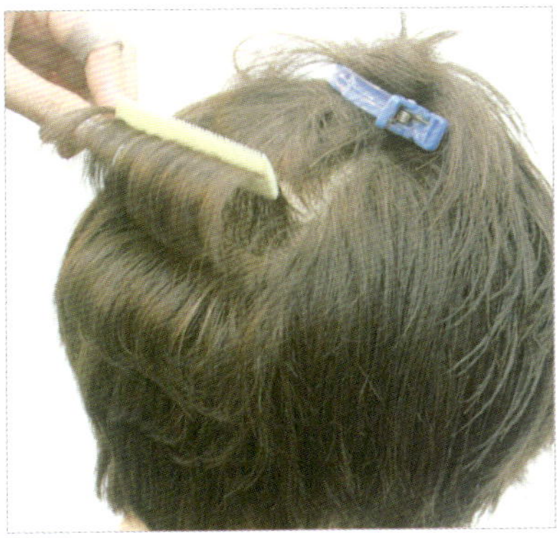

10. 빗으로 열을 식히고 있는 모습이다.

11. 모발 길이가 길어질수록 회전하는 원을 크게 그리면서 뺀다.

12. 탑 부분으로 갈수록 아이론의 각도를 120도로 높인다.

13. 부리는 손바닥이 하늘을 향하게 하고, 각도는 120도로 한다.

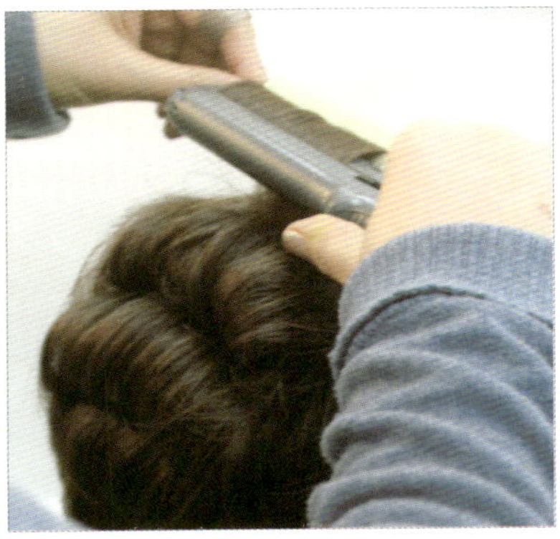

14. 모발 끝으로 와서는 손바닥이 바닥을 향하고 아이론을 더 천천히 뺀다.

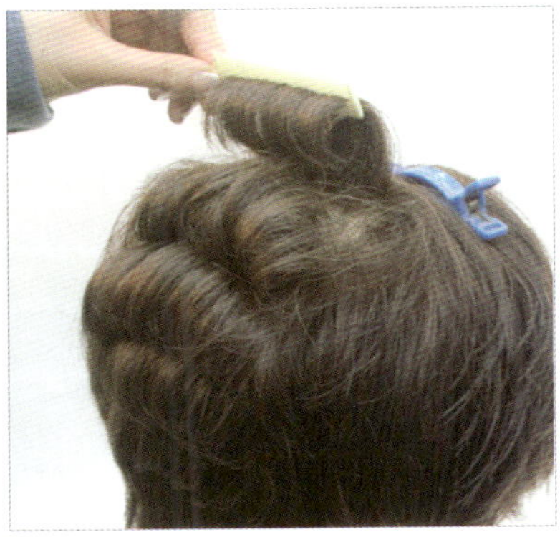

15. 아이론을 뺀 후에는 빗으로 잡고 열을 식힌 후 뺀다.

16. 완성된 뒷모습이다.

17. 네이프 사이드에서는 모발이 짧으니 두피에 빗을 대도록 한다.

18. 반복하여 작업한다.

19. 볼륨을 높이지 않기 위해 각도를 낮추고 스트레이트에 가깝도록 C컬을 한다.

20. 각도를 백 포인트에 맞춘다.

21. 섹션을 정확히 나눈다.

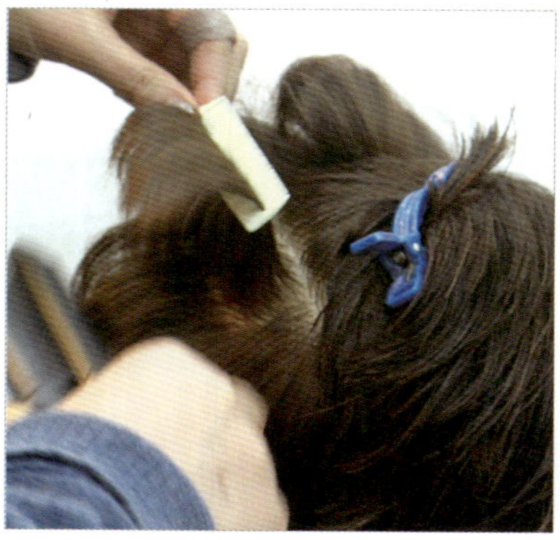

22. 각도는 120도로 한다.

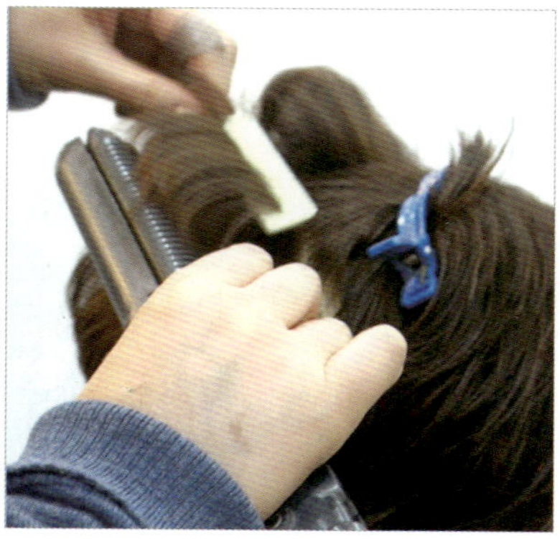

23. 각도를 유지한 채로 텐션을 주면서 천천히 뺀다.

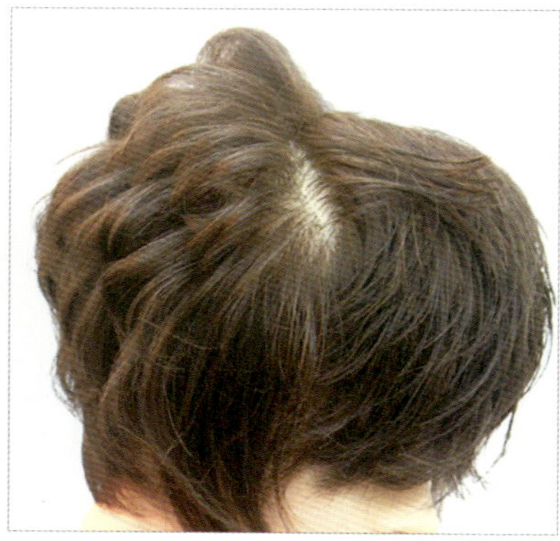

24. 완성된 백 포인트의 모습이다.

25. 섹션을 나눈 사이드의 모습이다.

26. 사이드는 머리가 좀 길어지기 때문에 각도를 너무 주지 않으면서 끝까지 뺀다.

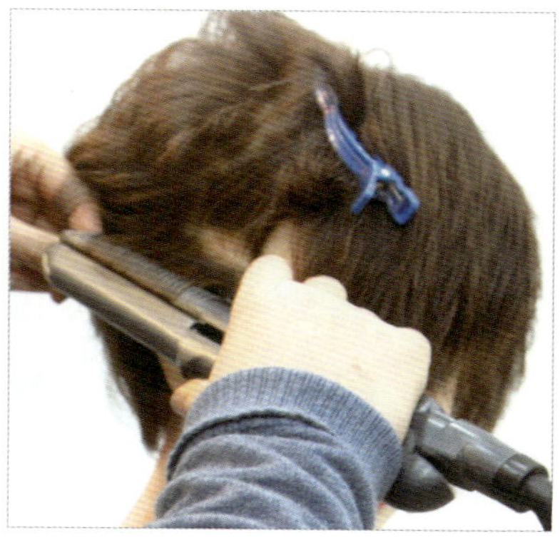

27. 반복 작업한다.

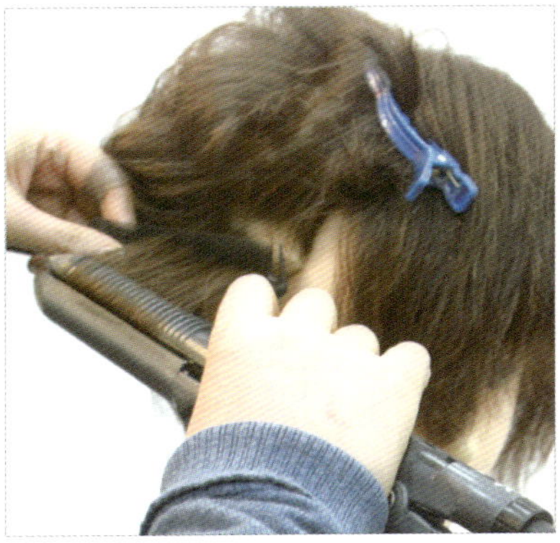

28. 아이론의 방향에 주의하여 앞쪽으로 아이론을 뺀다.

29. 아이론을 빼고 빗으로 잠깐 잡는다.

30. 열을 식힌 후 천천히 앞쪽으로 뺀다.

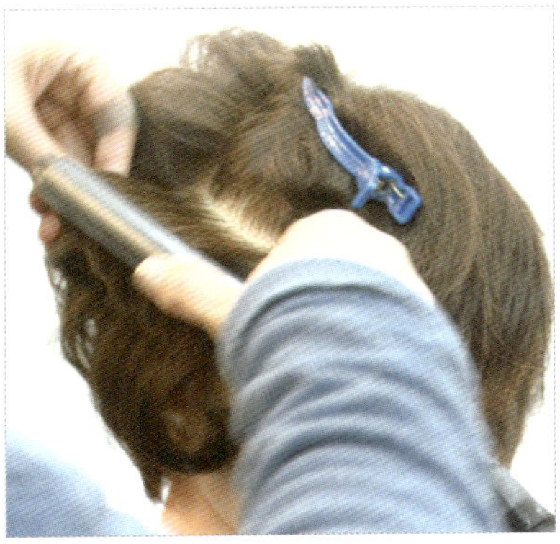

31. 각도를 유지하면서 천천히 작업한다.

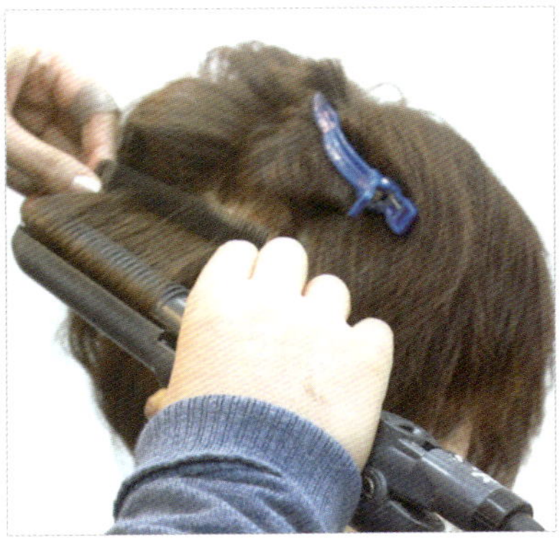

32. 반복 작업한다.

33. 앞쪽으로 빼는 이유는 얼굴이 커 보이지 않게 하기 위해서이다.

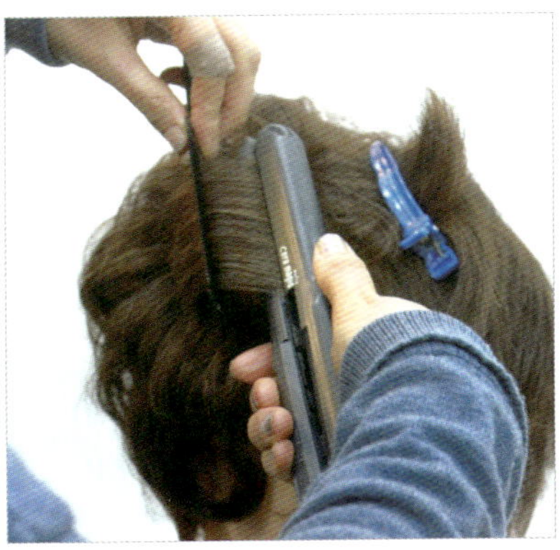

34. 사이드 각도는 얼굴형을 생각하면서 조절한다.

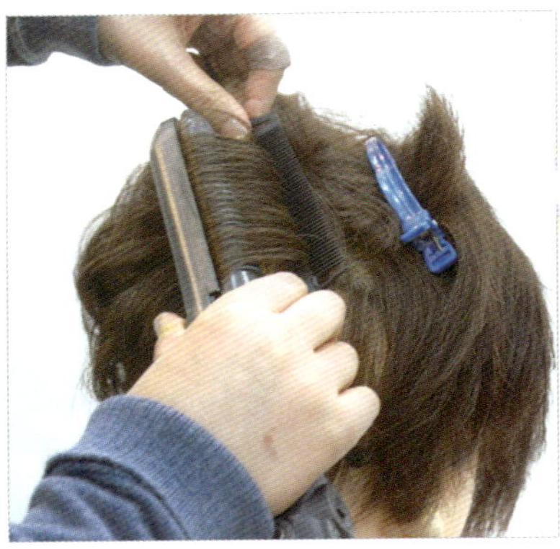

35. 모발 끝까지 아이론으로 다려주되, 빗과 아이론을 같이 움직인다.

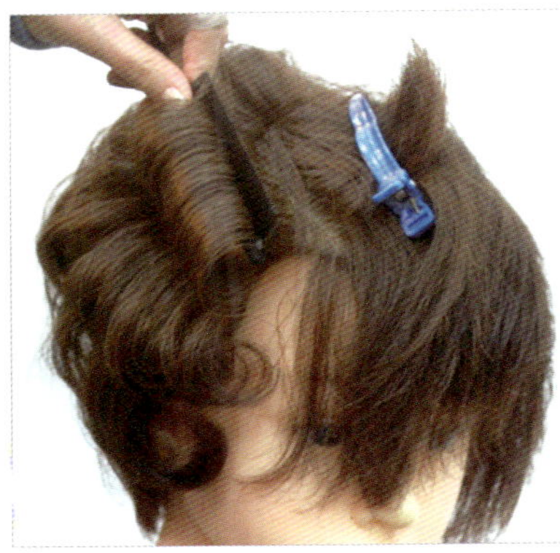

36. 아이론을 뺀 후 빗을 잠시 잡으면서 열을 식힌다.

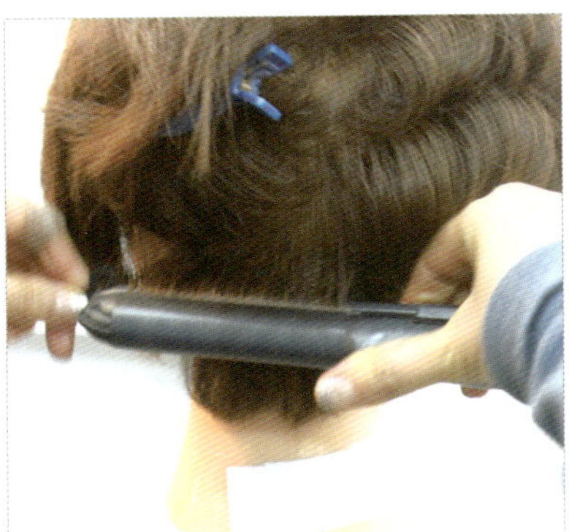

37. 왼쪽 네이프 사이드는 모발이 짧기 때문에 빗을 두피에 대고 아이론으로 살짝 대려준다.

38. 빗으로 잠시 잡은 후 빗질하면서 내려놓는다.

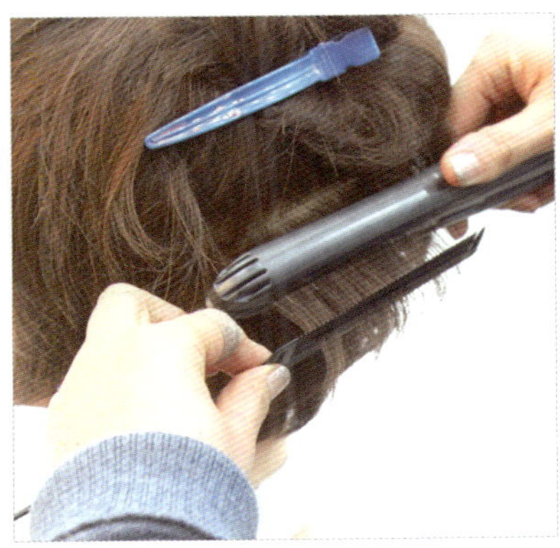

39. 반복하여 작업하되, 끝 모발을 끝까지 놓치지 않고 다려준다.

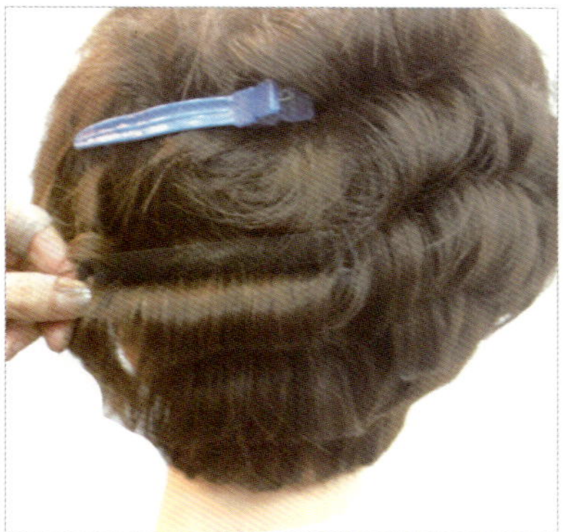

40. 빗으로 잡고 열을 잠시 식힌 후 뺀다.

41. 반복 작업한다.

42. 반복 작업한다.

43. 각도에 유의하여 아이론의 텐션을 적당히 유지하며 뺀다.

44. 탑 부분에서는 각도와 텐션을 함께 조절한다.

45. 완성된 C컬의 뒷모습이다.

46. 왼쪽 사이드는 섹션을 정확히 타고 빗을 두피에 먼저 대어 아이론을 시작한다.

47. 아이론을 뺀 후에 빗으로 잡고 열을 식힌다.

48. 빗을 앞쪽으로 빗으면서 뺀다.

49. 각도는 90도로 하며 두피에 빗을 먼저 대고 아이론을 한다.

50. 아이론을 뺀 후 빗으로 열을 식히면서 잡는다.

51. 각도는 120도로 잡는다.

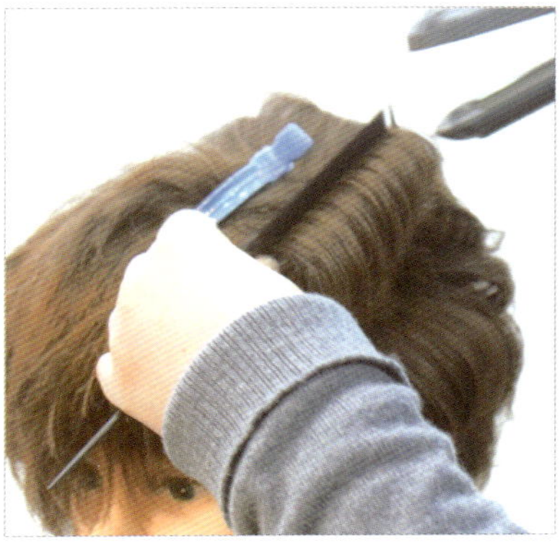

52. 반복하여 시술한다.

53. 사이드 부분의 앞머리는 앞머리의 스타일링을 미리 생각하면서 한다.

54. 각도를 생각하면서 반복 시술한다.

55. 앞머리는 갈 방향으로 섹션을 사선으로 나눈다.

56. 왼쪽 가르마는 섹션을 오른쪽 사선으로 타고 오른쪽으로 아이론을 뺀다.

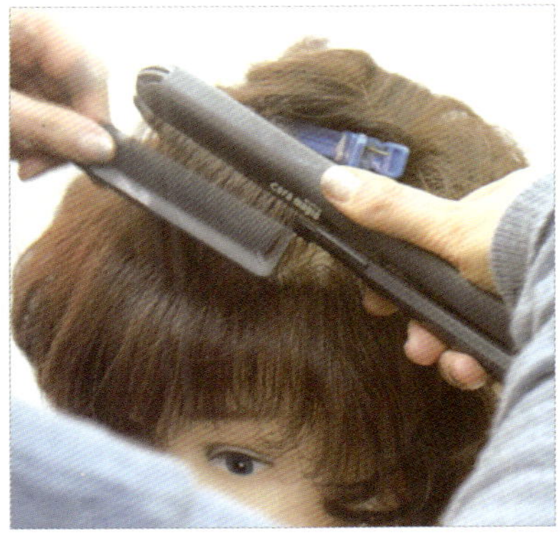

57. 두 번째 섹션은 볼륨을 주면서 왼쪽에서 오른쪽으로 뺀다.

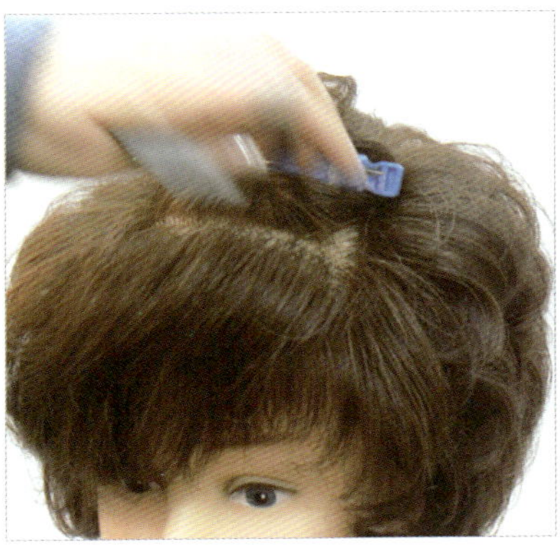

58. 그 다음 섹션도 볼륨을 높이고 오른쪽으로 뺀다.

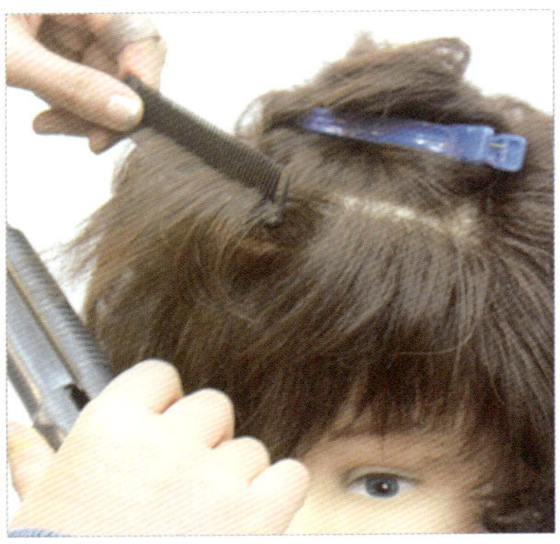

59. 모발 끝까지 아이론을 빼준다.

60. 앞머리의 탑 부분은 각도를 120도로 하고 뒷 머리의 탑과 밸런스를 맞춘다.

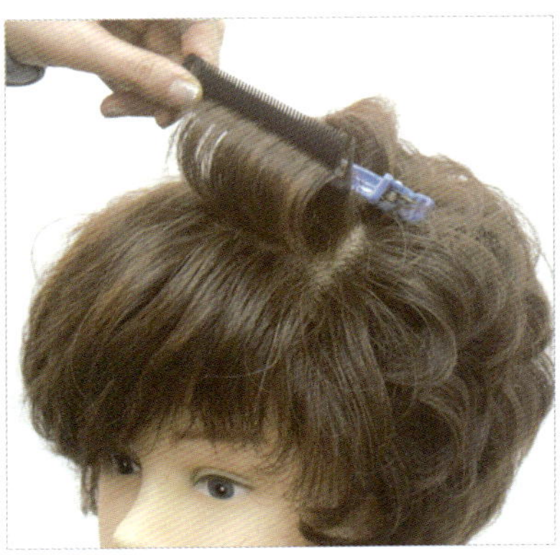

61. 아이론을 뺀 후에 잠시 멈추고 열을 식힌다.

62. 열을 식힐 때에는 열이 식기 전에 빗으로 방향을 조절한다.

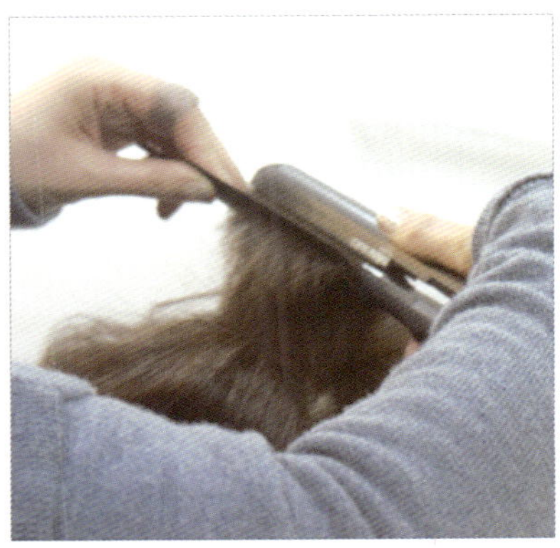

63. 탑 부분과 밸런스가 맞도록 각도를 살려 천천히 다림질한다.

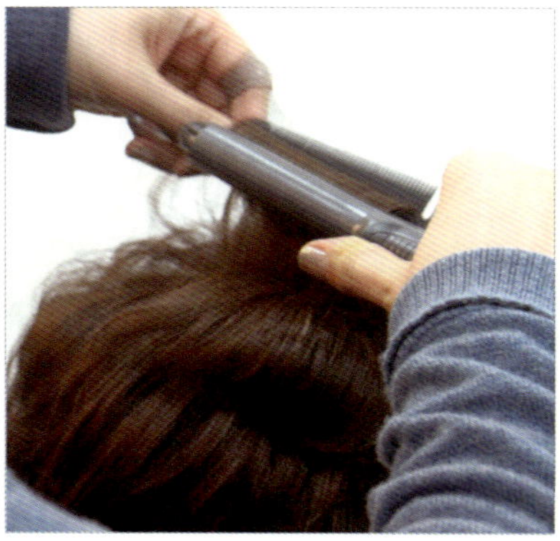

64. 강한 C컬을 한다.

65. 아이론으로만 말아놓은 모습이다.

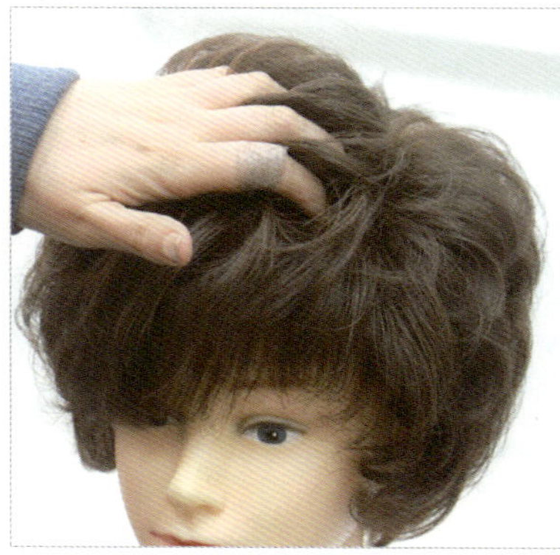

66. 손으로 핸드 드라이하여 스타일링을 한다.

67. 탑부분의 볼륨 크기에 따라 얼굴이 크거나 작아보이기도 한다.

68. 완성된 사이드 모습

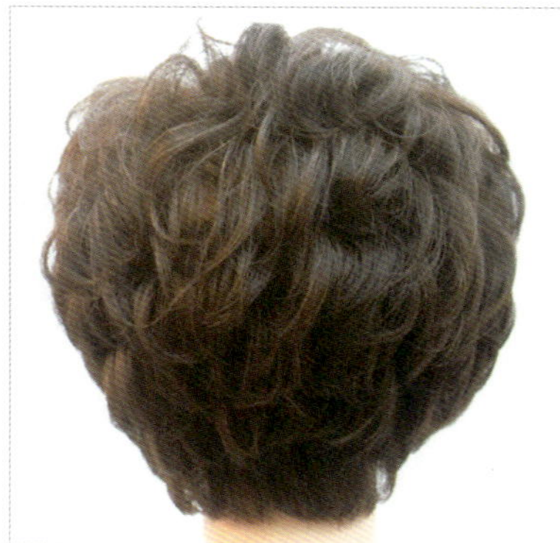

69. 완성된 뒷모습

70. 완성된 사이드 모습

71. 완성된 앞모습

쇼트 안말음(C컬)

3. C컬(바깥말음)

열을 이용하여 뿌리를 잡은 후에 안말음과 반대 방향으로 아이론을 C컬을 해야 하는 부분에서 잠시 멈추고 바깥으로 뺀다. 이때, 아웃컬이 생기게 된다.

1) 시술

① 짧은 모발일 경우에는 바깥말음하기에 길이가 짧으므로 인컬하고, 바깥말음이 되는 시점부터 아웃컬 한다.

② 네이프 부분부터 2~3cm 수평 섹션을 나눈다.

③ 모근 쪽에서 모발의 볼륨감과 방향성을 설정한다.

④ 모발의 각도를 유지하여 아이론 90° 회전하여 훑어준다.

⑤ 모선 끝 쪽으로 아이론 회전하여 빗 꼬리로 디자인된 컬을 잡아 조심스럽게 내려놓는다.

⑥ 네이프 – 사이드 부분 순으로 진행한다.

2) 시술 순서

1. 백 포인트는 모발이 짧아서 인컬로 시작한다.

2. 사이드 부분에서부터 섹션을 나눈다.

3. 빗으로 판넬을 잡는다.

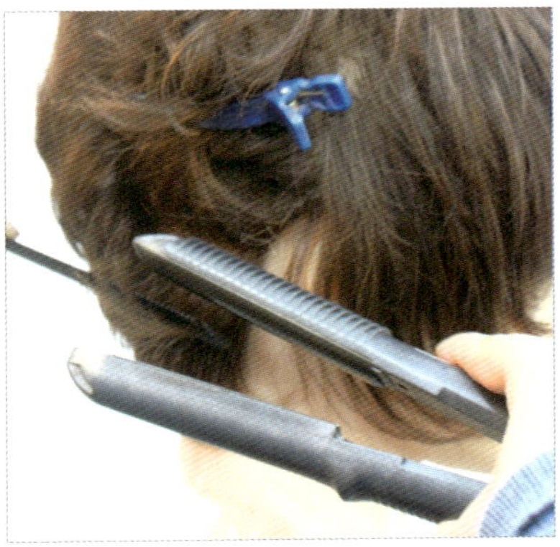

4. 아이론의 프롱이 밑으로 가도록 잡는다.

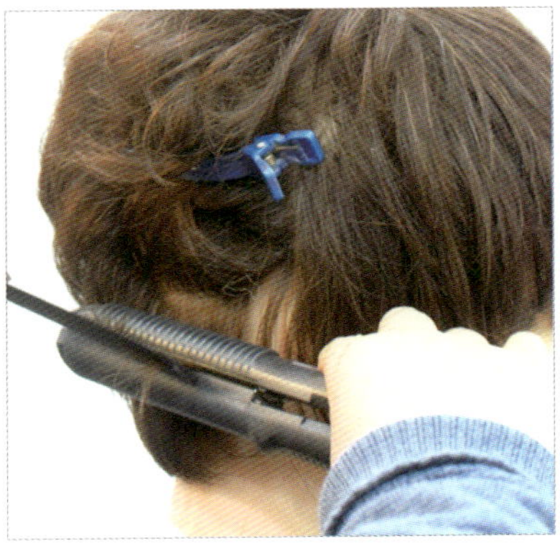

5. 아웃컬을 해야 하는 부분에서 아이론을 가져다 놓는다.

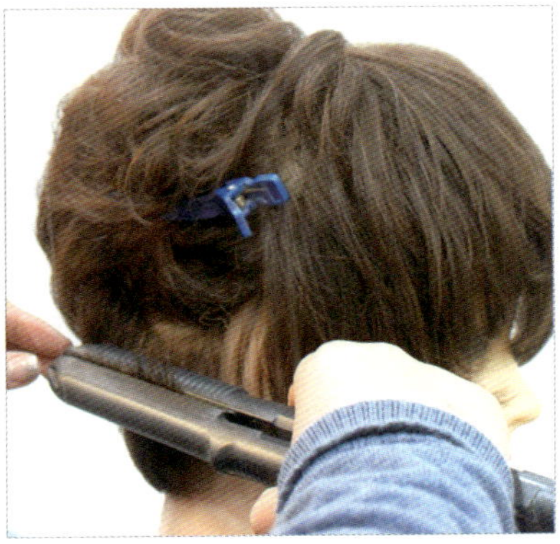

6. 아이론에 열을 주면서 천천히 바깥으로 뺀다.

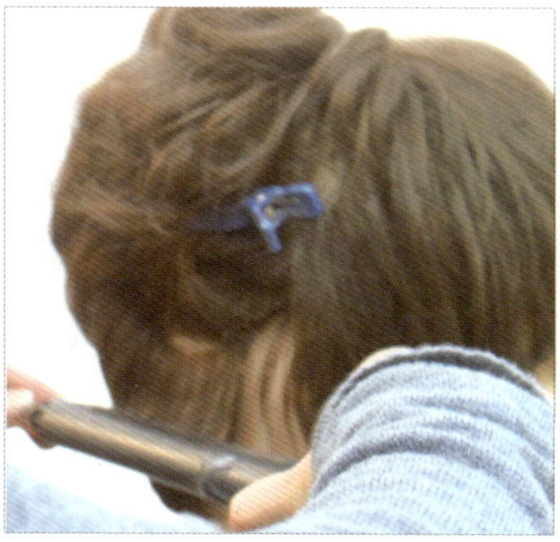

7. 두 번째 판넬도 뿌리를 먼저 잡는다.

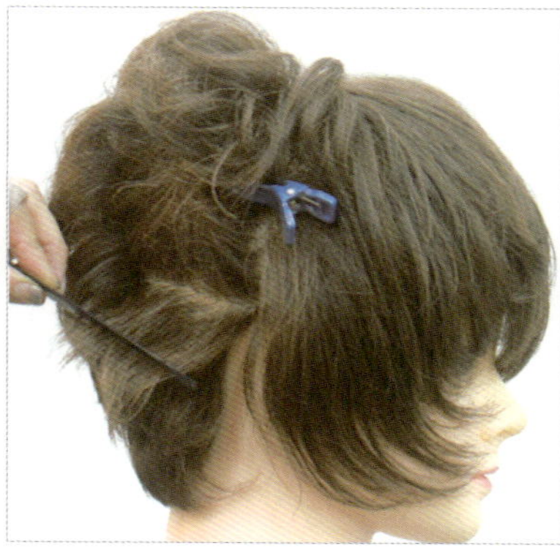

8. 아웃컬을 하고자 하는 부분에 빗으로 먼저 잡는다.

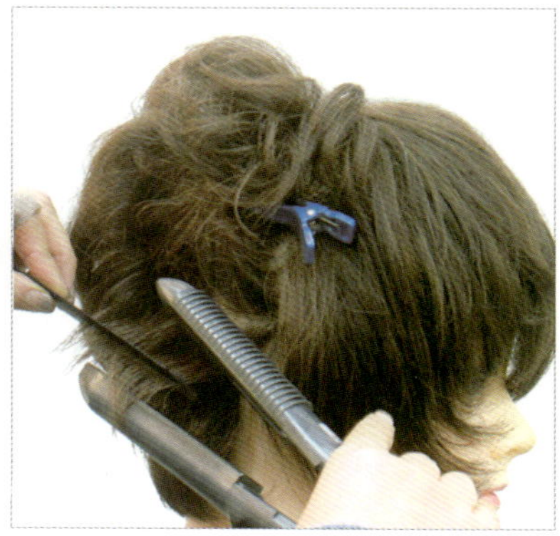

9. 빗으로 잡은 부분에 빗 안쪽으로 아이론을 가져다 댄다.

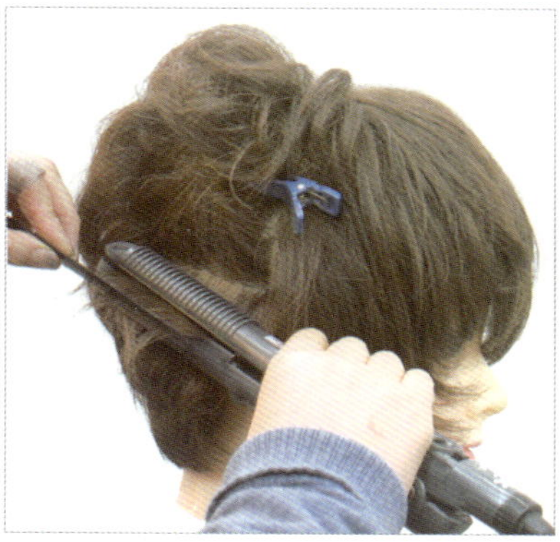

10. 빗으로 빗으면서 아이론을 빗에 따라 바깥으로 움직인다.

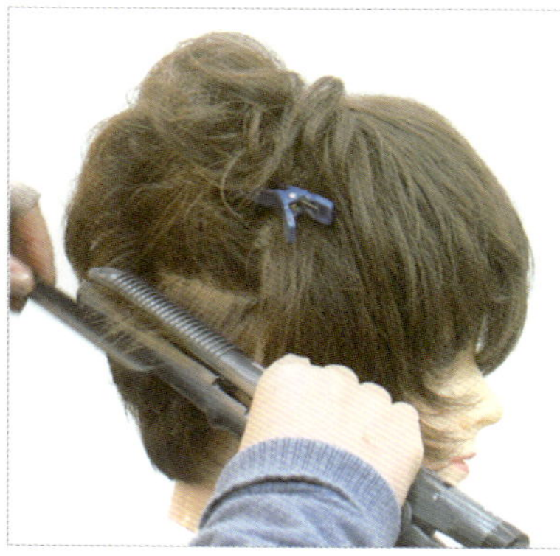

11. 아이론을 모발 끝이 구겨지지 않도록 끝까지 뺀다.

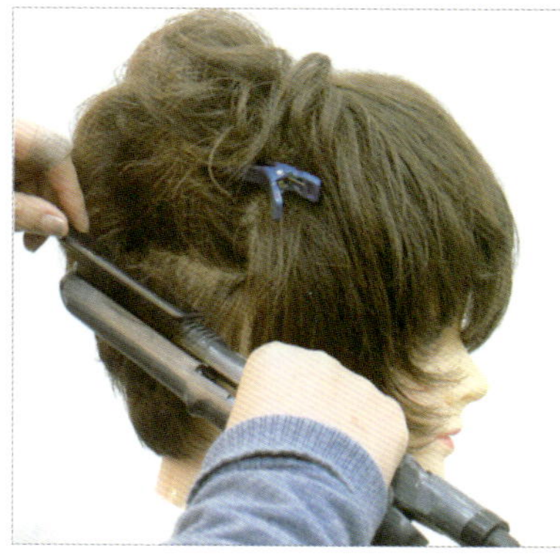

12. 끝에서는 뜸을 조금 더 들인다.

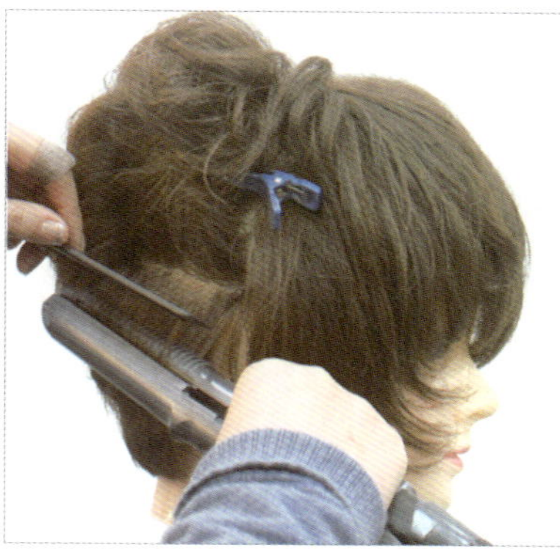

13. 모발 끝까지 빗을 잡고 간다.

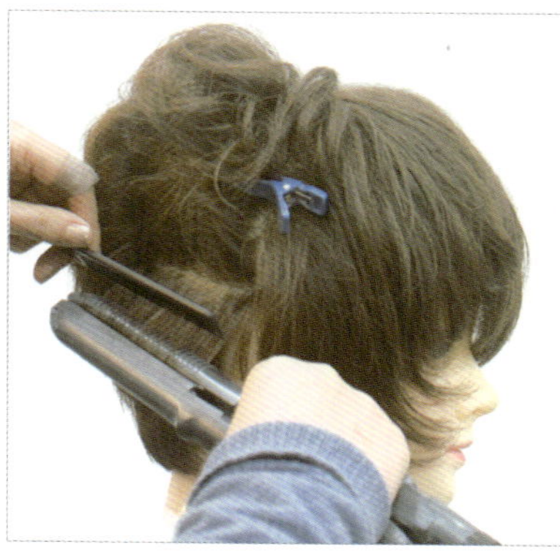

14. 아이론이 모발 끝에 왔을 때에는 빗을 아이론 안쪽에 대어준다.

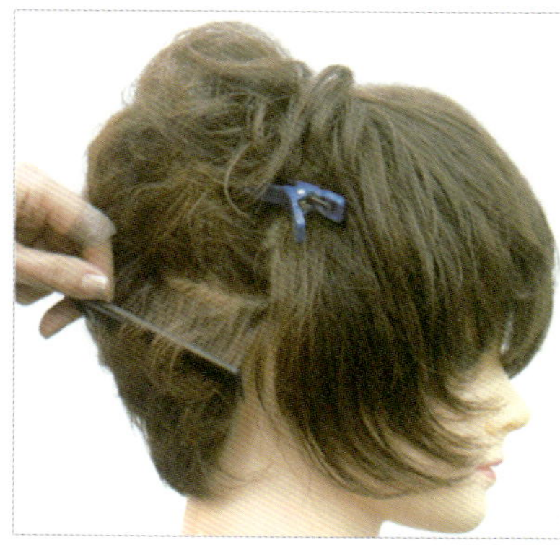

15. 아이론으로 뺀 모발이 너무 들리지 않도록 열이 식기 전에 빗으로 한 번 눌러준다.

16. 완성된 모습이다.

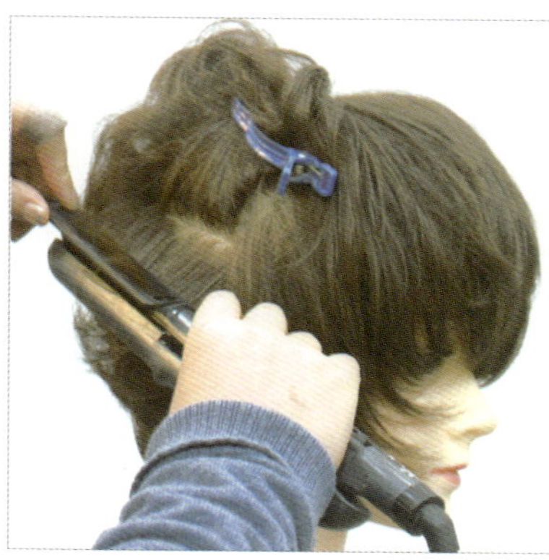

17. 섹션을 2cm 정도 타고 뿌리를 먼저 잡는다.

18. 아웃컬로 해야 하는 위치에 빗으로 잡고 빗 안쪽으로 아이론을 댄다.

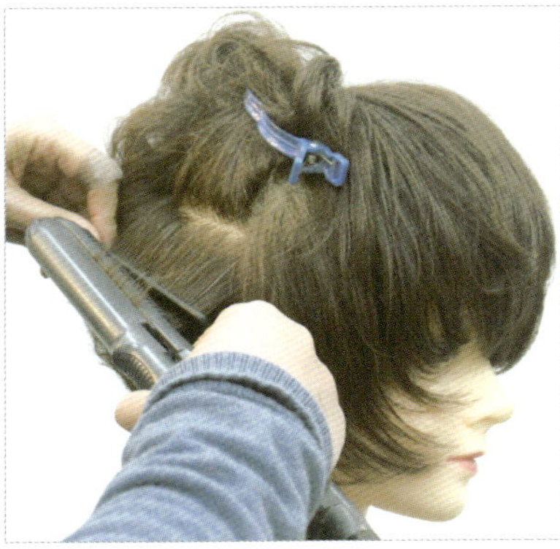

19. 반복하여 작업한다.

20. 머리가 너무 들리지 않도록 열이 식기 전에 빗으로 지긋이 눌러준다.

21. 완성된 C컬의 모습이다.

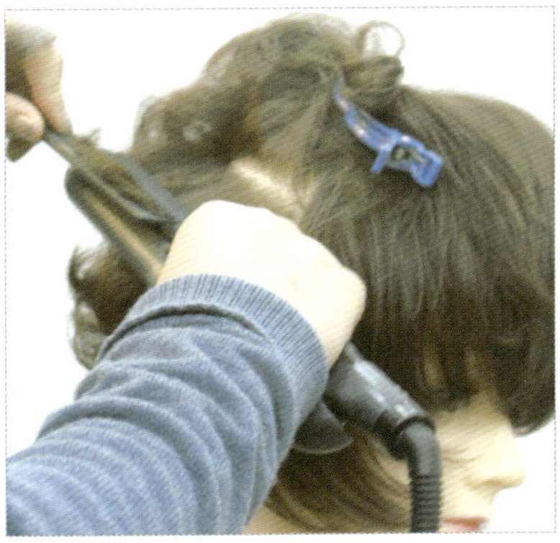

22. 각도를 백 포인트와 맞춰서 먼저 뿌리를 잡는다.

23. 뿌리를 잡은 후에 원하는 위치에서 아웃컬 한다.

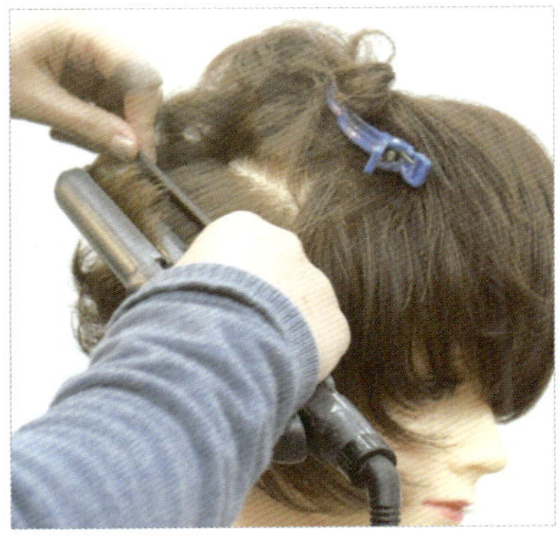

24. 모발 끝이 구겨지지 않도록 끝까지 다려준다.

25. 볼륨을 주기 위해서 아웃컬이 시작하는 부분에 열이 식기 전에 빗으로 지긋이 눌러준다.

26. 탑 부분으로 올라 갈수록 모발 뿌리의 볼륨을 C컬로 주고 끝을 아웃컬 한다.

27. 모발이 레이어드 되어있을 경우, C컬을 크게 돌려 마무리 한다.

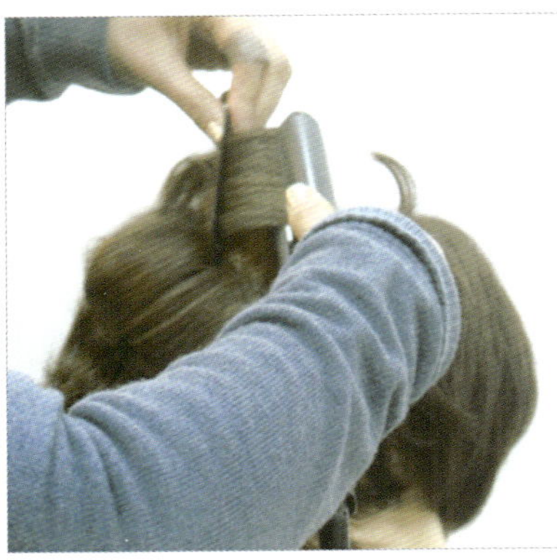

28. 앞쪽으로 갈수록 아웃컬과 무관하게 C 컬한다.

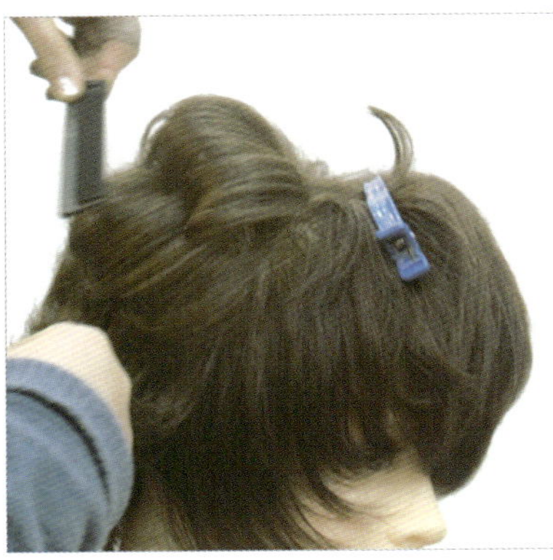

29. 탑은 C컬로만 한다.

30. 완성된 뒷모습이다.

31. 사이드는 2cm 정도 섹션을 타고, 뿌리를 잡고 원하는 부분에서 바깥말음 한다.

32. 바깥말음이 들리지 않도록 열이 식기 전에 중간 정도에서 빗으로 지긋이 눌러준다.

33. 반복하여 시술한다.

34. 앞쪽은 갈 방향을 생각하여 한다.

35. 앞머리는 약간 사선으로 섹션을 타고 아이론을 뺄 때 뒤쪽으로 뺀다.

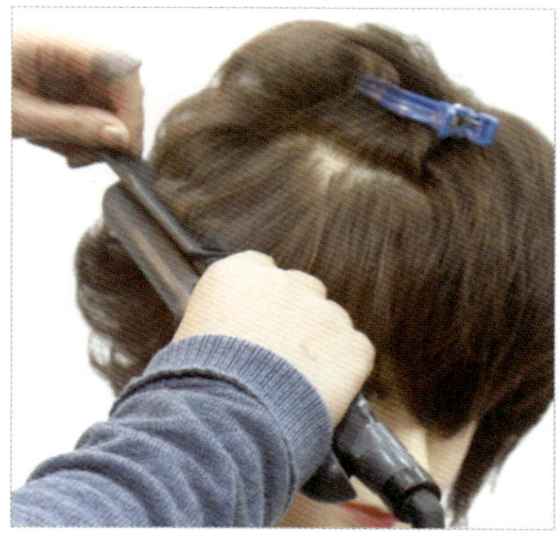

36. 뿌리를 먼저 잡고 앞머리와 밸런스를 맞춰서 아웃컬 한다.

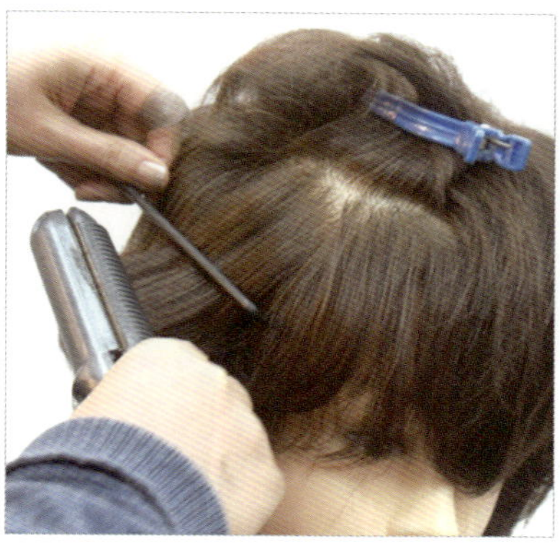

37. 아웃컬할 때 빗을 안쪽에 잡으면서 뺀다.

38. 아이론을 앞쪽에서 뒤쪽 사선방향으로 아웃컬 한다.

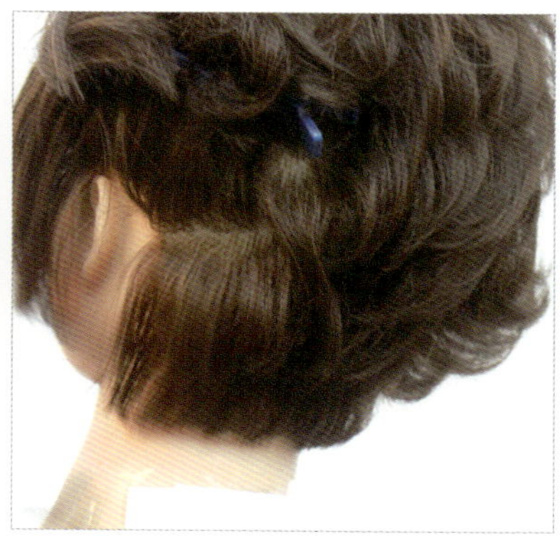

39. 왼쪽 사이드는 모발이 짧으므로 인컬한다.

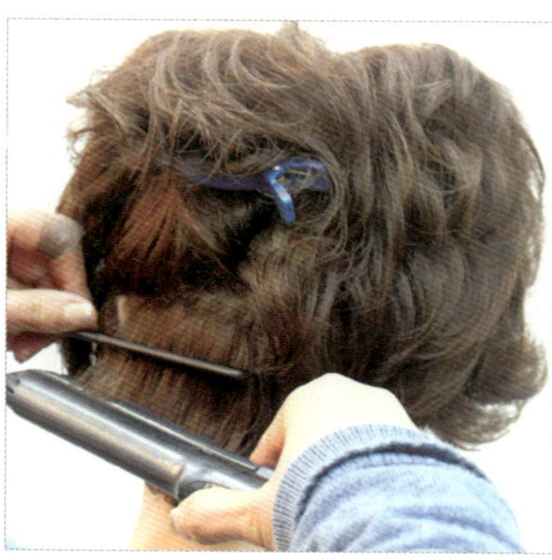

40. 두 번째 섹션부터 아웃컬 하되, 오른쪽과 동일하게 한다.

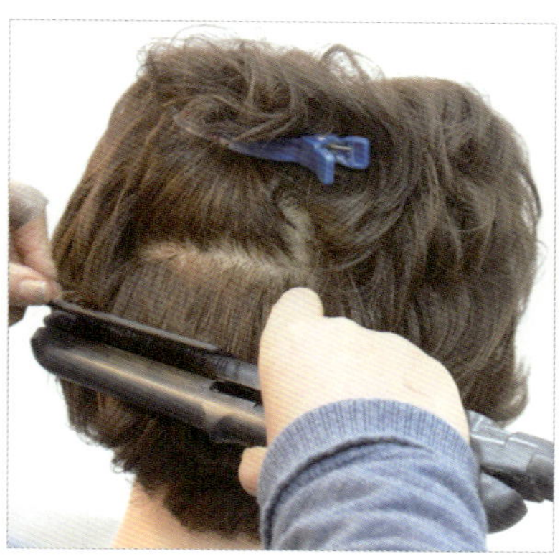

41. 뿌리를 먼저 잡고 원하는 위치에서 아웃컬 한다.

42. 열이 식기 전에 아웃컬 하는 접점에서 텐션을 안으로 밀어주며 지긋이 눌러준다.

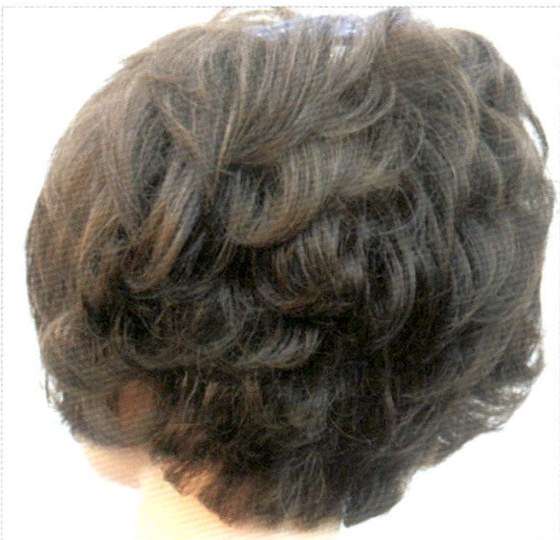

43. 완성된 뒷모습이다.

44. 사이드는 섹션을 2cm 정도 타서 아이론을 앞쪽 사선으로 하여 끝까지 뺀다.

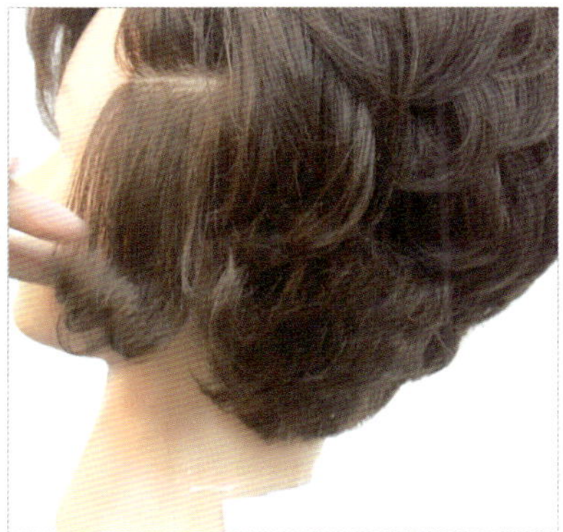

45. 완성된 사이드의 아웃컬 모습이다.

46. 아웃컬의 모습이 약간 뒤쪽으로 향하도록 한다.

47. 두 번째 판넬도 뿌리를 잡는 쪽이 C컬이 되도록 한다.

48. 뿌리 볼륨을 약간 잡으면서 아웃컬 하는 모습이다.

49. 약간 뒤쪽을 향하고 있는 아웃컬의 모습이다.

50. 앞머리는 뿌리를 앞쪽으로 한 번 잡은 후에 아웃컬 한다.

51. 앞머리는 오른쪽 사선으로 타고 빗으로 머리를 잡는다.

52. 오른쪽 사선으로 아이론을 한다.

53. 앞머리는 인컬하도록 한다.

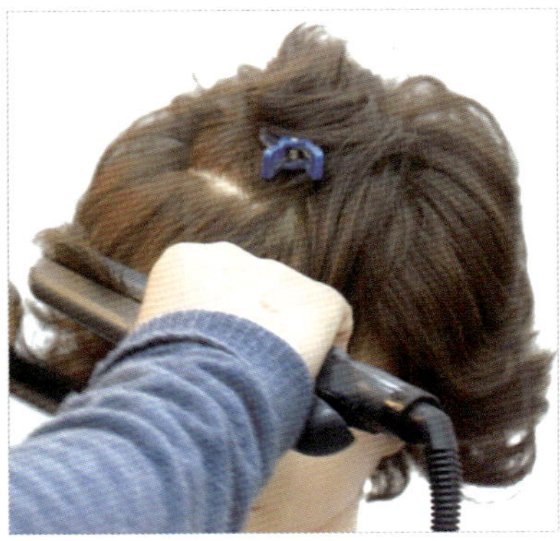

54. 인컬하여 뺀 후 모발의 길이에 따라 바깥으로 말면서 오른쪽으로 빼 준다.

55. 머리를 모발 끝까지 빗으로 잡아준다.

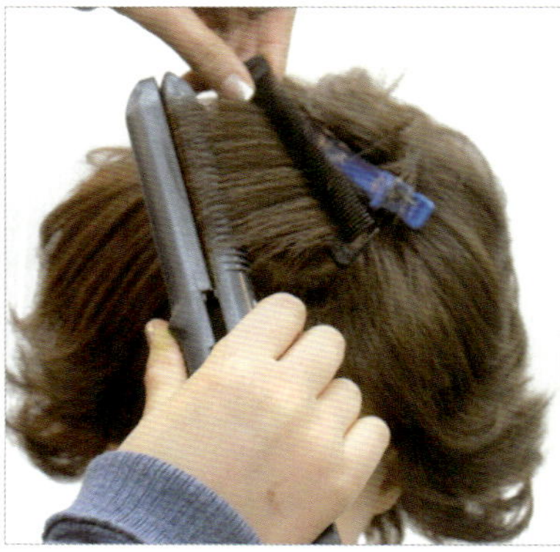

56. 두 번째 판넬도 왼쪽에서 오른쪽으로 향해서 뿌리를 잡고 끝까지 빼준다.

57. 빗으로 끝까지 잡고 빼주는 모습이다.

58. 전체적인 앞머리의 하모니가 이루어지도록 한다.

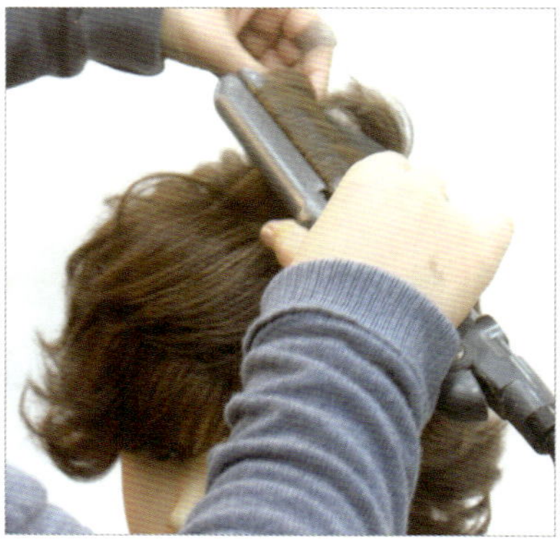

59. 탑 부분으로 갈수록 뿌리를 120도로 하고 아이론으로 C컬로 만다.

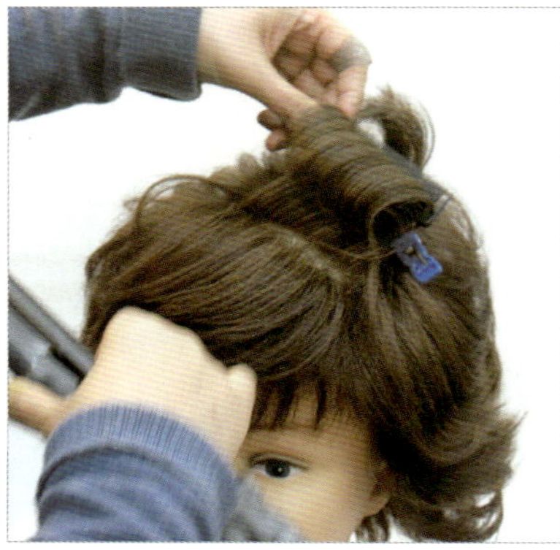

60. 빗으로 잠시 잡은 후 모발을 뺀다.

61. 모발 끝까지 빗으로 빗으면서 뺀다.

62. 탑은 뒷 머리와 앞부분이 잘 조화되도록 볼륨을 조절한다.

63. 완성된 앞머리

64. 완성된 사이드의 모습

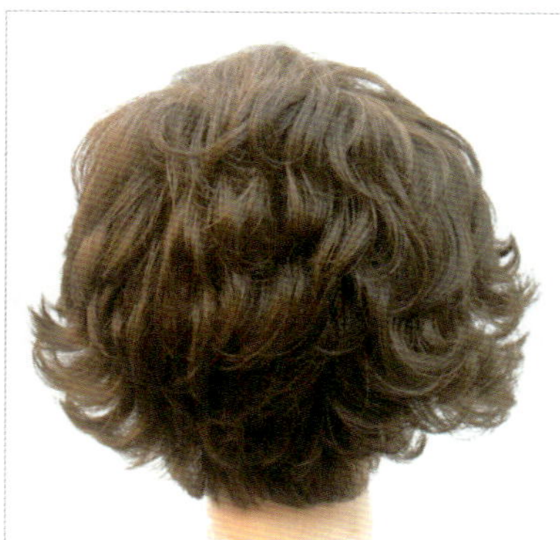

65. 완성된 뒷 모습

66. 완성된 사이드의 모습

67. 완성된 아웃컬의 모습

바깥말음(C컬)

4. S컬(웨이브)란?

C컬의 연장선이라 볼 수 있으며, 열과 텐션을 이용하여 웨이브를 만든다. 이때, 열이 남아있는 상태에서 교차하듯이 위쪽은 뒤로 밀고 아래쪽은 앞으로 밀어 웨이브를 만든다.

1) 웨이브스타일 1

① 사이드 부분부터 2~3cm 수평 섹션을 나눈다(스타일에 따라서 먼저할 부분을 정한다).

② 모발이 짧을 때에는 크게 C컬 한다.

③ 열을 충분히 주고 끝까지 아이론 해준 상태에서 웨이브가 생기면 열이 식기 전에 앞, 뒤로 밀면서 웨이브를 만들어 준다.

④ 웨이브가 뒤쪽으로 갈 부분에 아이론을 한 번 잡아 준다.

⑤ 탑은 모발에 층이 나있으므로, 각도를 유지하여 크게 C컬 한다.

⑥ 모발이 짧을 때에는 디자인에 따라서 C컬과 S컬을 교차한다.

⑦ 전체적인 흐름을 조화롭게 한다.

(1) 시술 순서

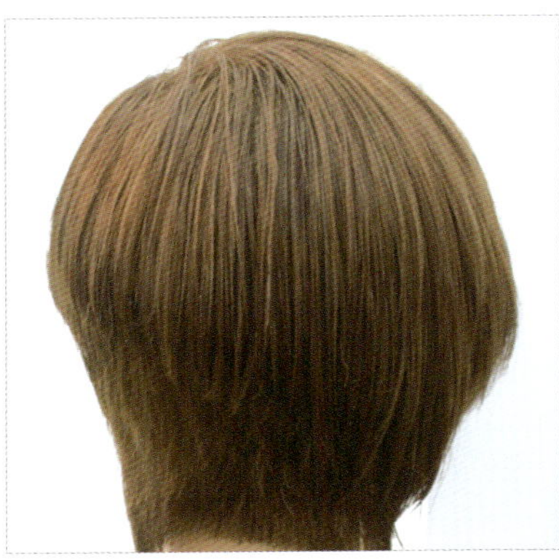

1. 시술하기 전 모습이다.

2. 시술하기 전 앞모습이다.

3. 옆 사이드부터 섹션을 나눈다.

4. 섹션을 2cm 정도 타고 안으로 C컬 한다.

5. 모발 끝까지 잘 다린다.

6. C컬 된 모습이다.

7. 뿌리에 아이론 자국이 남지 않도록 섹션 위쪽 뿌리부분만 살짝 다린다.

8. 반복하여 시술한다.

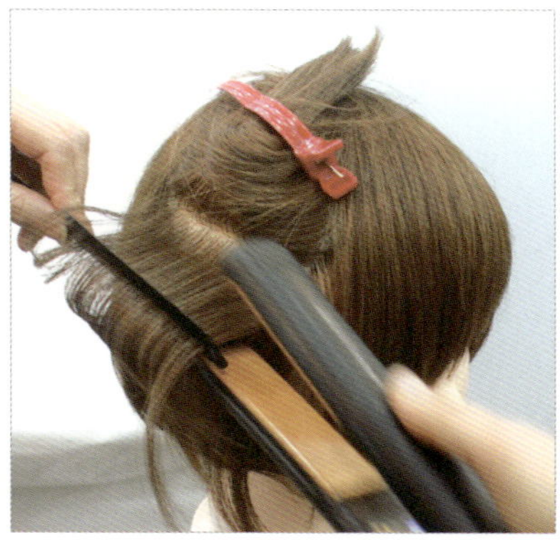

9. 모발의 길이가 비대칭이므로 짧은 쪽을 먼저 C컬 한다.

10. 머리가 긴 쪽은 빗을 사선으로 잡고 끝까지 다린다.

11. 열이 식기 전에 빗으로 웨이브를 만든다.

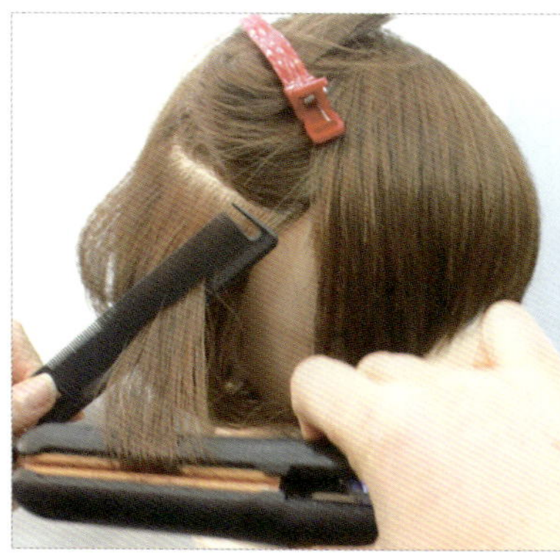

12. 빗으로 웨이브의 방향성을 조절하면서 아이론으로 끝까지 뺀다.

13. 텐션을 주면서 위쪽 C컬에 아이론으로 살짝 열을 준다.

14. 완성된 S웨이브를 정리한다.

15. 완성된 S웨이브의 모습이다.

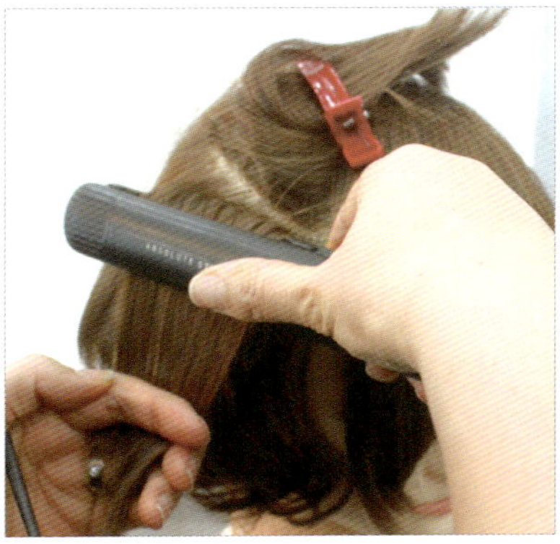

16. 다음 섹션의 뿌리부분을 잡는다.

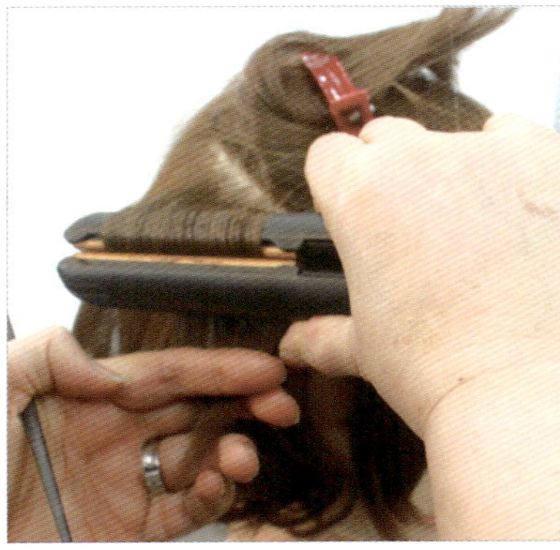

17. 아이론을 안쪽으로 반바퀴 돌리면서 뜸을 들인다.

18. 뜸을 충분히 들이면서 슬며시 뺀다.

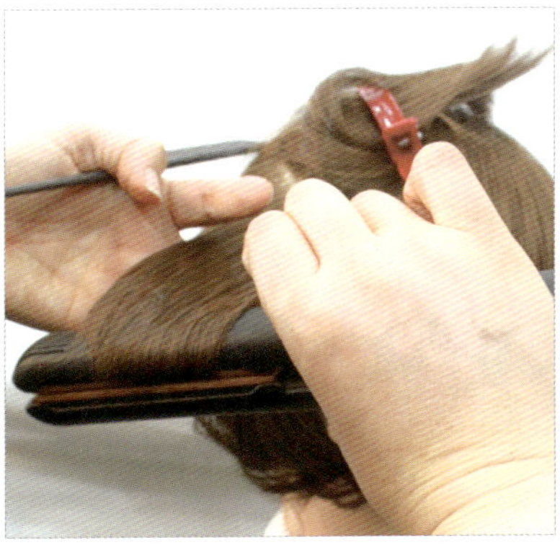

19. 끝까지 충분한 열을 주면서 천천히 뺀다.

20. 열이 식기 전에 끝부분을 안쪽으로 밀어주고 아이론으로 모발의 위쪽에 열을 주면서 뒤쪽으로 민다.

21. 완성된 웨이브의 모습이다.

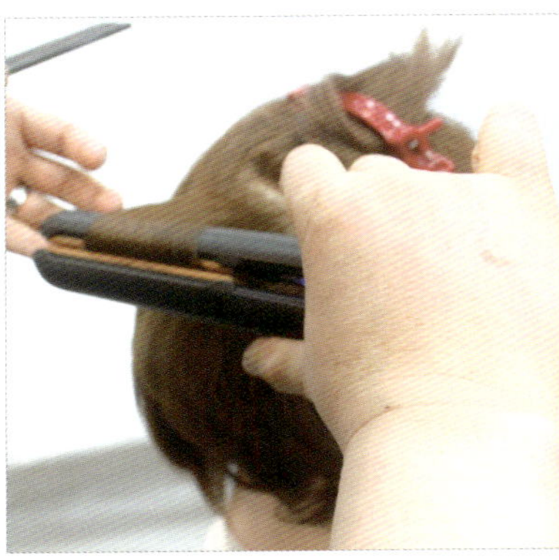

22. 모발이 짧을 경우 C컬의 형태만 살짝 잡는다.

23. 웨이브를 연결하여 흐름을 맞춰준다.

24. 다음 섹션도 빗으로 잡는다.

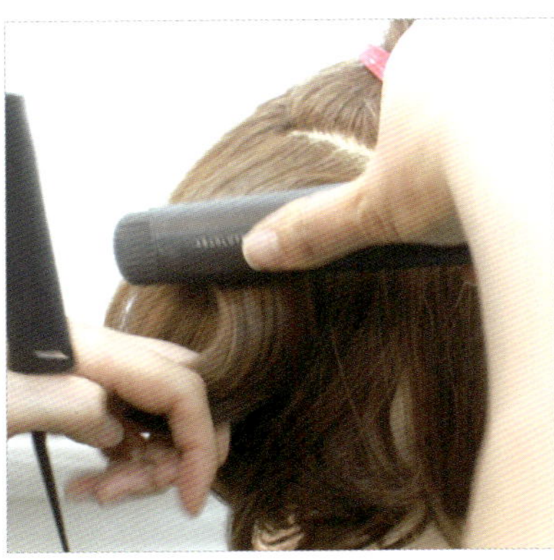

25. 열을 충분히 주어 뜸을 들인 다음 열이 식기 전에 텐션을 이용하여 웨이브의 흐름을 잡는다.

26. 완성된 웨이브의 모습이다.

27. 앞쪽은 모발이 더 길기 때문에 웨이브의 흐름에 맞게 시술한다.

28. 반복 시술한다.

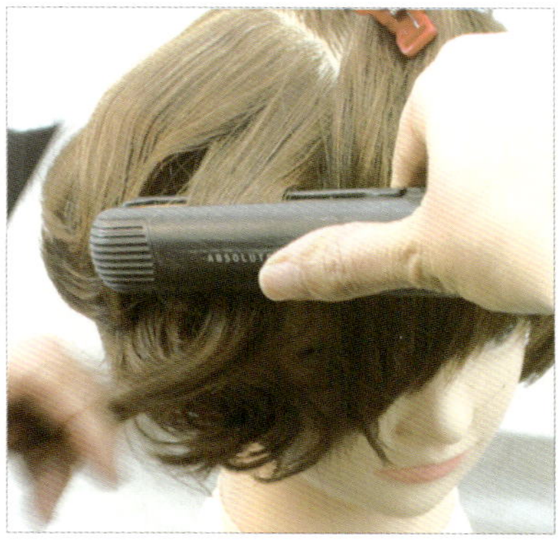

29. 반복 시술한다.

30. 열이 식기 전에 텐션을 이용하여 웨이브를 만들어 준다.

31. 완성된 웨이브의 모습이다.

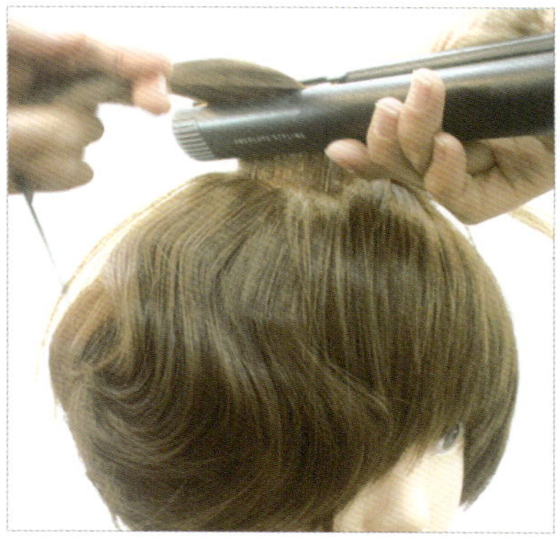

32. 탑쪽은 모발이 짧기 때문에 크게 C컬하여 연결한다.

33. 볼륨을 위하여 약간의 각도를 주면서 시술한다.

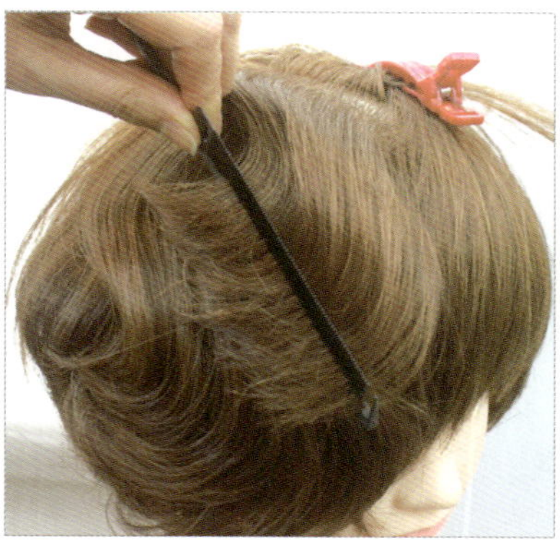

34. 텐션을 이용해서 웨이브를 만든다.

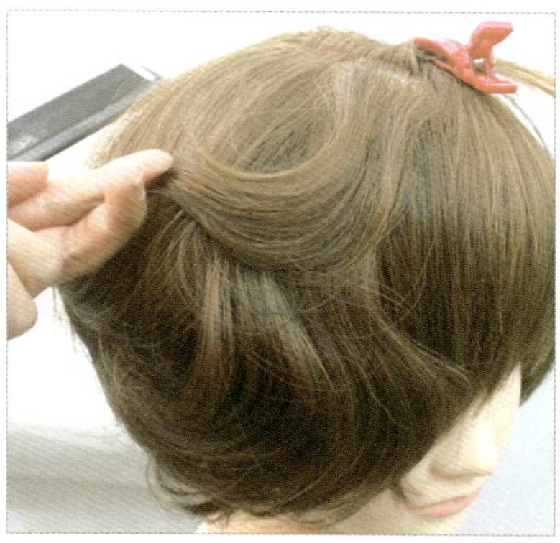

35. 완성된 웨이브의 모습이다.

36. 탑 부분으로 갈수록 각도를 120도로 유지하면서 C컬 한다.

37. 모발 끝까지 각도를 유지하면서 빗질한다.

38. 앞머리는 옆머리 웨이브와 연결하여 아이론한다.

39. 옆머리의 흐름과 연결하기 위하여 모발 끝까지 살며시 빗질한다.

40. 앞머리는 아이론한 후 열이 식기 전에 빗으로 C컬하여 뺀다.

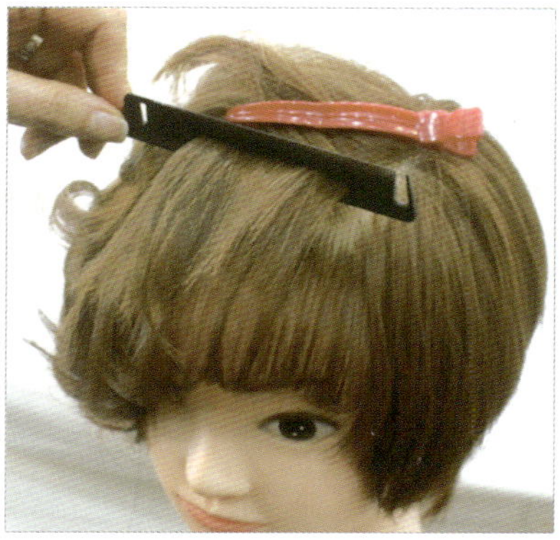

41. 두 번째 판넬에서부터는 약간의 각도를 유지하여 시술한다.

42. 크게 C컬 한 후 열이 식기 전에 빗으로 방향을 설정한다.

43. 탑으로 갈수록 볼륨을 위하여 각도를 높이고 강한 C컬을 한다.

44. 완성된 컬의 모습이다.

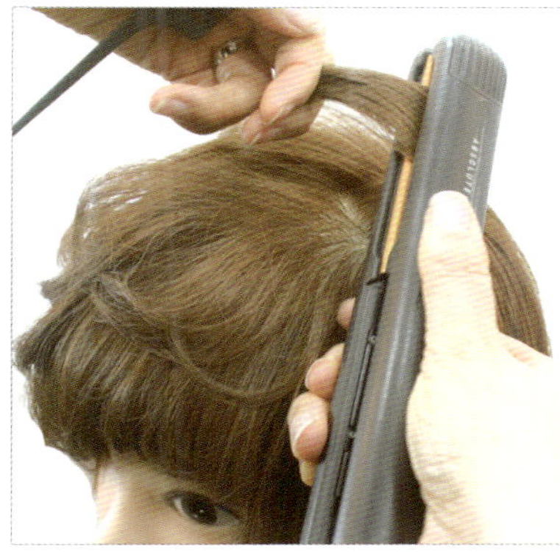

45. 탑은 120도로 각도를 유지하여 끝까지 온다.

46. 각도를 유지한 채로 끝까지 오면 약간의 웨이브가 생긴다.

47. 완성된 앞모습이다.

48. 왼쪽 사이드는 비대칭으로 모발이 짧기 때문에 웨이브 보다는 C컬로 한다.

49. 앞쪽은 J컬의 웨이브로 연결한다.

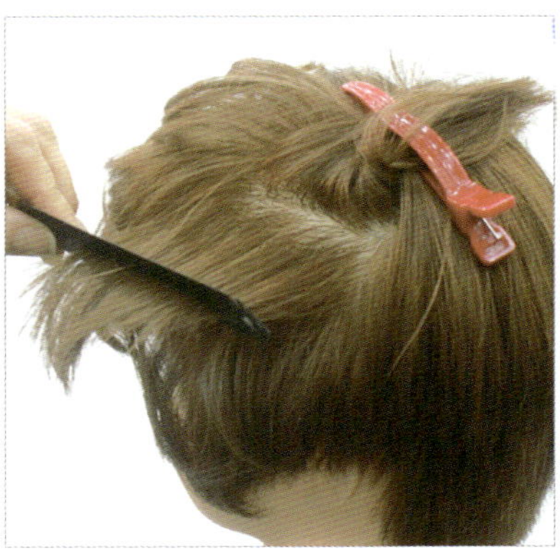

50. 섹션은 앞쪽 사선으로 탄다.

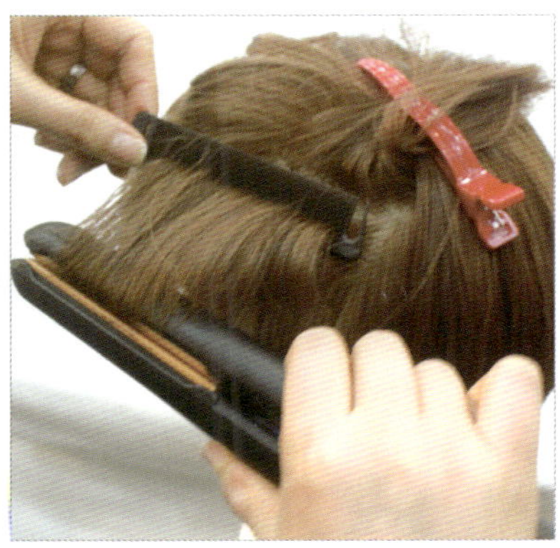

51. 뒤쪽 짧은 머리는 C컬하고, 앞쪽은 J컬 한다.

52. 열을 주고 식기 전에 빗으로 방향을 조절한다.

53. 완성된 C컬의 모습이다.

54. 탑으로 갈수록 각도를 주면서 크게 C컬 한다.

55. 스타일에 조화롭도록 연결하여 정리한다.

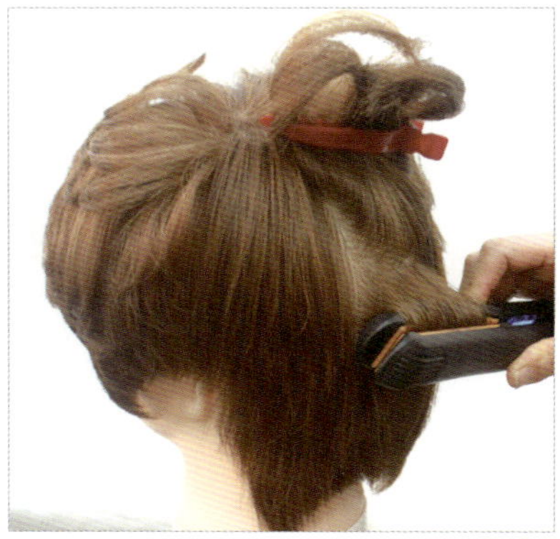

56. 뒷머리는 모발이 짧으므로 안으로 C컬 한다.

57. 반복 시술한다.

58. 탑으로 갈수록 각도를 높여서 C컬 하도록 한다.

59. 반복 시술한다.

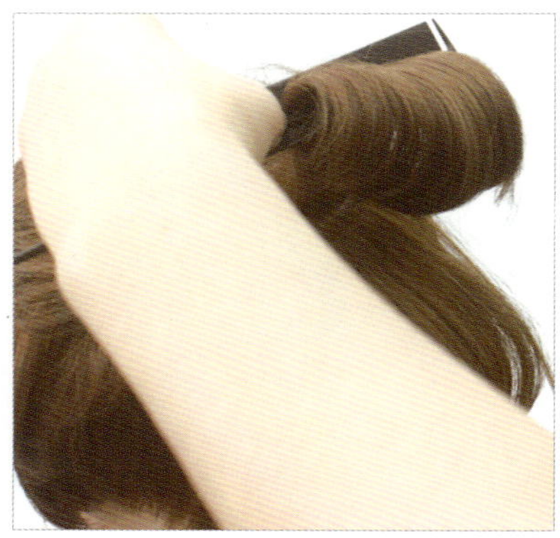

60. 각도를 높여서 유지한 채로 펴면 웨이브가 생긴다.

61. 뿌리를 120도로 열을 주어 잡는다.

62. 각도를 120도로 한 상태로 유지하면서 끝까지 뺀다.

63. 열이 식기 전에 빗으로 한 번 더 뿌리를 잡아준다.

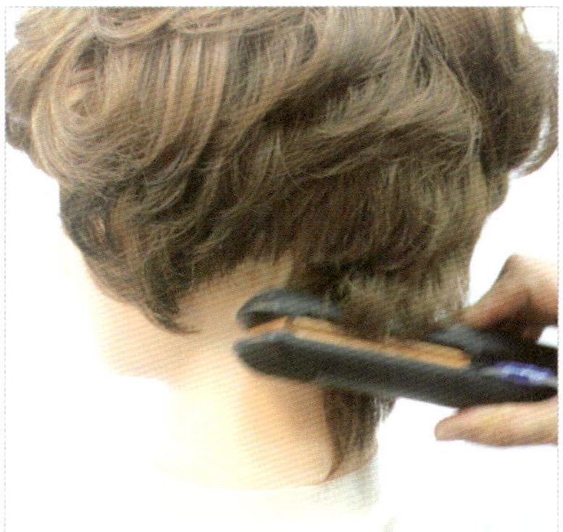

64. 왼쪽 사이드도 아이론으로 안쪽 C컬 한다.

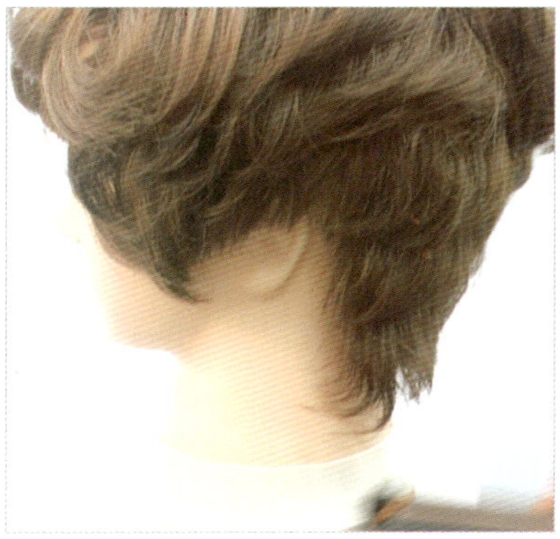

65. C컬 한 모습이다.

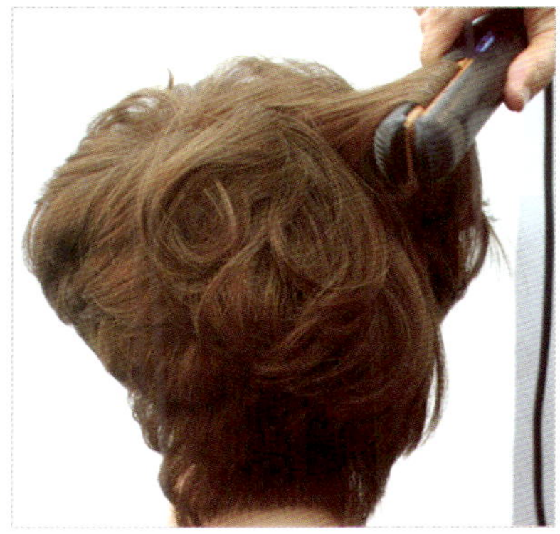

66. 오른쪽도 반복하여 시술한다.

67. 오른쪽 사이드는 모발이 길어지기 때문에 뿌리는 손바닥이 위로가게 아이론을 한다.

68. 아이론을 뺄 때에는 손바닥이 아래로 가게 뜸을 들이면서 뺀다.

69. 웨이브를 시술한 모습이다.

70. 완성된 앞모습

71. 완성된 뒷모습

72. 완성된 뒤쪽 사이드

73. 완성된 오른쪽 사이드

74. 완성된 앞모습

쇼트 S컬 웨이브스타일 1

2) 웨이브스타일 2

(1) 사용도구

아이론과 꼬리 빗

(2) 시술

① 사이드부터 약 2cm 섹션한다.

② 아이론으로 모발 끝까지 빗질하여 감는다.

③ 아이론에 모발을 감은 후에 뜸을 충분히 들인다.

④ 앞머리는 각도를 낮추고 아이론에 만다.

⑤ 탑으로 갈수록 섹션을 스타일에 맞게 탄다.

⑥ 왼쪽 – 사이드 – 뒤 순서로 한다.

(3) 시술 순서

1. 시술하기 전 모습이다.

2. 사이드부터 시작한다.

3. 섹션은 정확히 타고 아이론으로 2, 3cm 컬을 만 후 충분히 뜸을 들인다.

4. 아이론 한 모습이다.

5. 아이론으로 머리를 말 때에는 모발 끝이 겹치지 않도록 빗질을 정확히 하여 아이론으로 만다.

6. 아이론으로 머리를 만 후 뜸을 충분히 들인다.

7. 완성된 컬의 모습이다.

8. 탑으로 갈 때에는 아이론의 각도를 세로로 들어서 뒤쪽으로 만다.

9. 머리를 만 후 뜸을 들인다.

10. 컬의 방향이 뒤쪽으로 향한 모습이다.

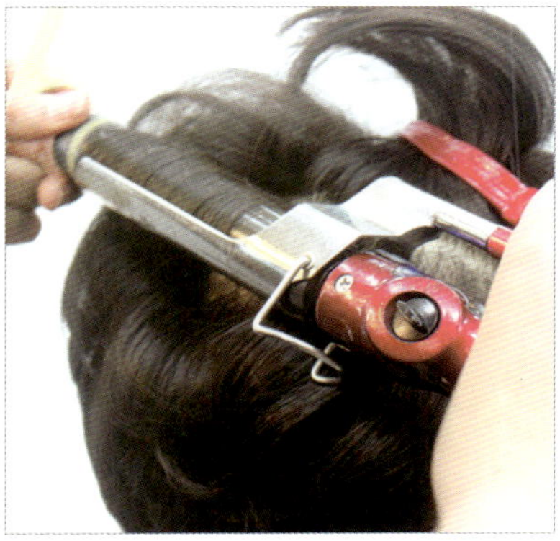

11. 반복 시술한다.

12. 앞머리도 정확히 섹션을 뜬다.

13. 아이론으로 만 후 뜸을 들인다.

14. 안쪽으로 C컬하여 아이론 한다.

15. 반복 시술한다.

16. 완성된 앞머리의 모습이다.

17. 두 번째 판넬은 각도를 높여서 모발 끝까지 아이론으로 만다.

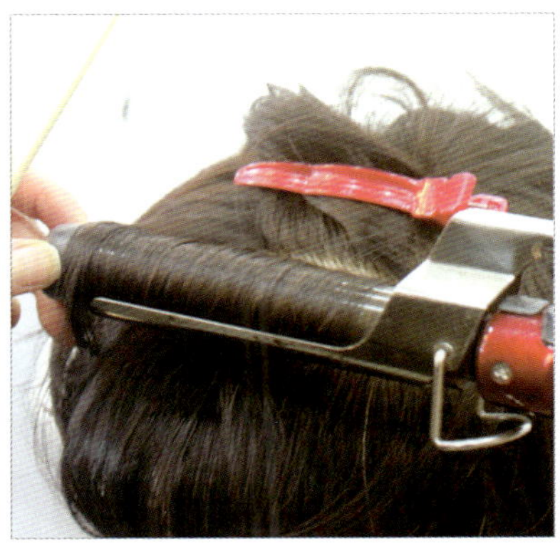

18. 아이론으로 만 후 뜸을 들인다.

19. 컬링된 모습이다.

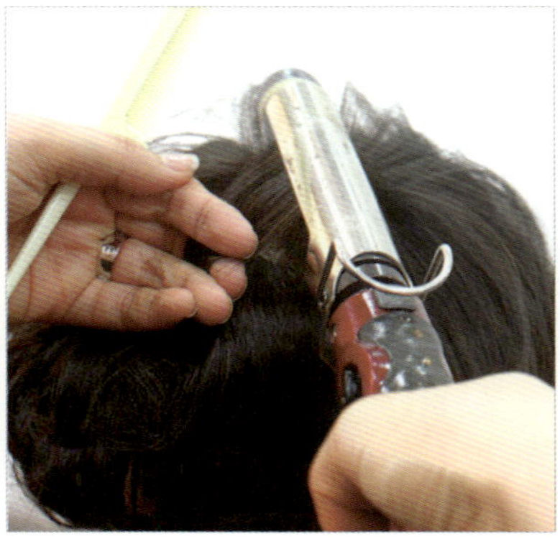

20. 세 번째 판넬에서부터는 세로 섹션하여 아이론을 세로로 만다.

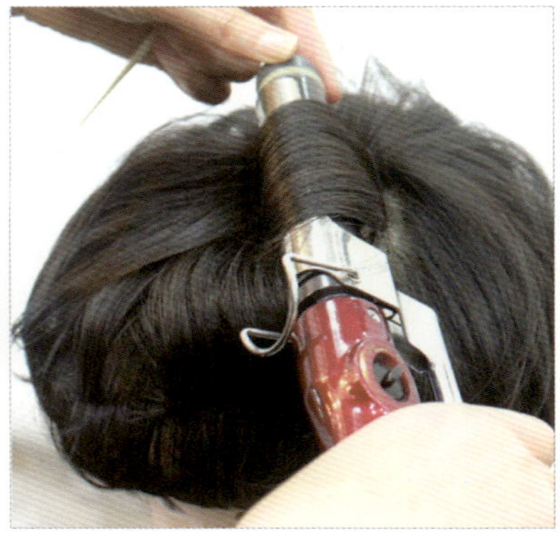

21. 아이론에 모발을 감고 뜸을 들인다.

22. 완성된 컬의 모습이다.

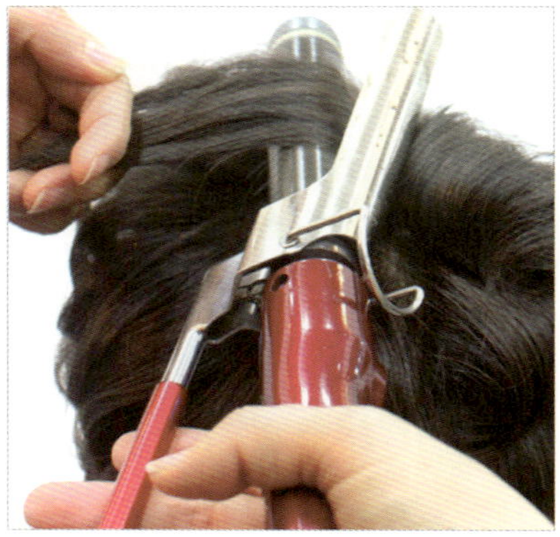

23. 세로 섹션하여 아이론으로 만다.

24. 뜸을 들인 뒤 뺀다.

25. 완성된 컬의 모습이다.

26. 왼쪽 사이드도 아이론으로 말고 뜸을 들인 후 뺀다.

27. 완성된 컬의 모습이다.

28. 탑으로 갈수록 각도를 높여서 아이론으로 만다.

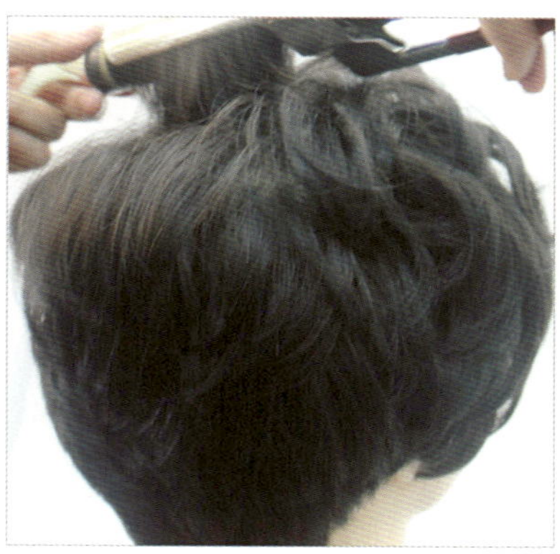

29. 탑 부분도 각도를 높여서 아이론으로 만다.

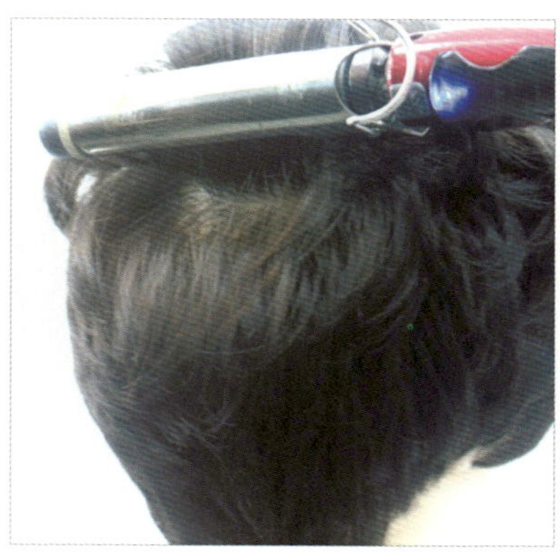

30. 만 후에는 뜸을 충분히 들인다.

31. 완성된 컬의 모습이다.

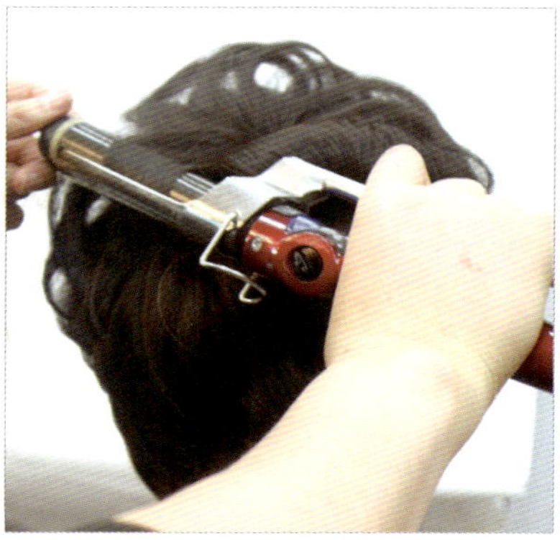

32. 사이드도 뒷머리와 연결하여 아이론으로 만다.

33. 반복 시술한다.

34. 완성된 앞모습

35. 완성된 옆모습

36. 완성된 옆모습

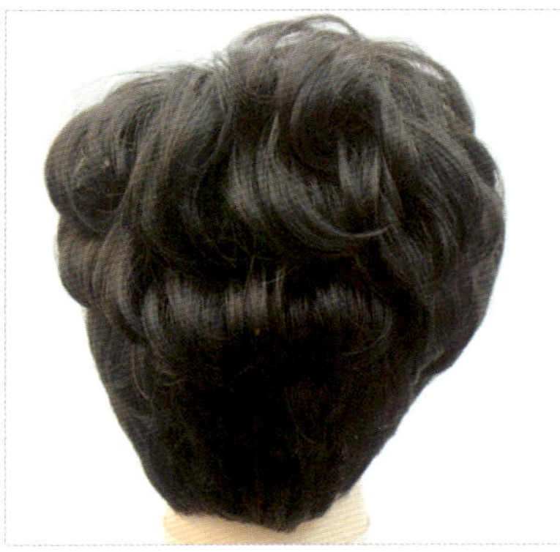

37. 완성된 뒷모습

38. 완성된 앞모습

쇼트 S컬 웨이브스타일 2

미듐 스타일

1. 미듐펴기 스타일

1) 시술

① 네이프 부분부터 2~3cm 수평 섹션을 나눈다.

② 두상에서 모선 방향으로 진행한다.

③ 모발길이의 절반까지 각도를 유지한다.(꼬리빗 : 아이론의 동선을 따라다닌다)

④ 텐션은 너무 강하게 하지 않고 부드럽게 작업한다.

⑤ 각도를 서서히 다운시켜 모발 끝까지 천천히 내린다.

⑥ 천천히 뜸을 들이면서 내려온다.

1. 시술하기 전 모습이다.

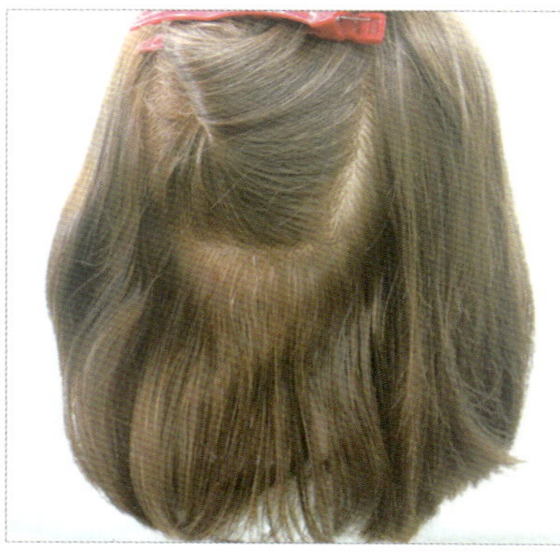

2. 섹션을 정확하게 나눈다.

3. 네이프 부분부터 빗으로 잡고 시작한다.

4. 뜸을 들이면서 천천히 편다.

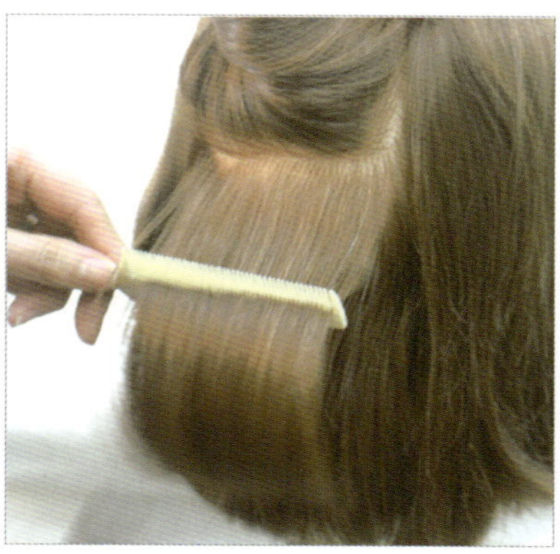

5. 정확한 섹션에 반복 시술한다.

6. 아이론을 잡은 손에 너무 힘을 가하지 않고 가볍게 쥐고 모발 끝까지 프레스 시술한다.

7. 반복 시술한다.

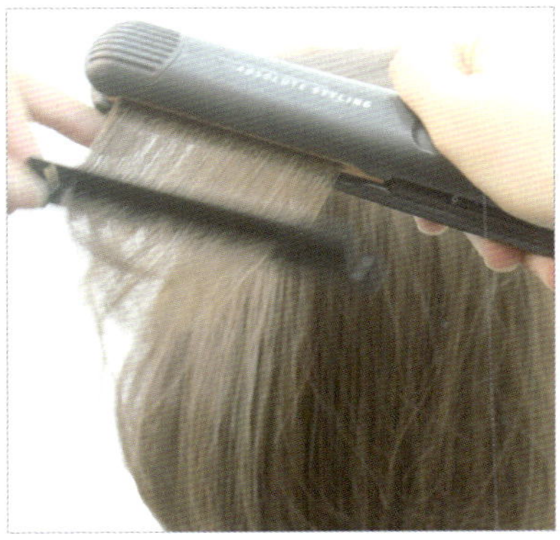

8. 펴기를할 때에는 빗으로 모발 끝까지 빗어주도록 한다.

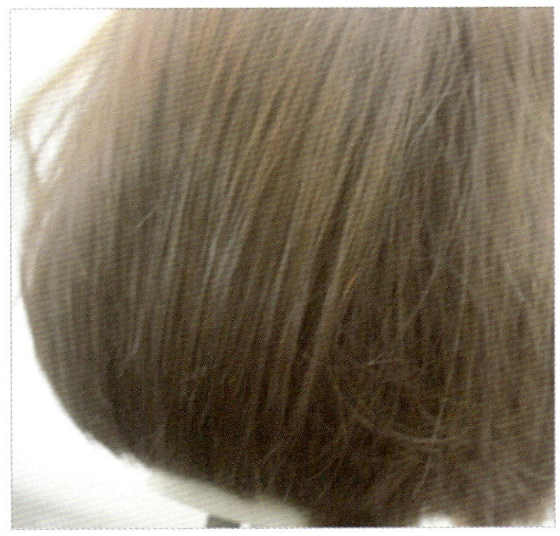

9. 스트레이트한 모습이다.

10. 네이프는 섹션을 정확히 타서 끝까지 천천히 한다.

11. 반복 시술한다.

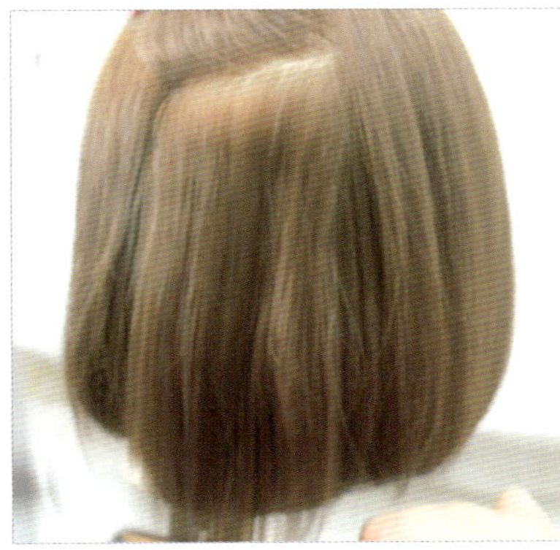

12. 반복 시술한다.

13. 빗과 아이론이 같이 움직이도록 시술한다.

14. 펴기를 마친 뒷모습이다.

15. 사이드는 모발 끝까지 펴는 것이 중요하다.

16. 섹션은 2, 3cm 정도 떠서 시술한다.

17. 모발 끝까지 빗과 프레스가 지나가도록 한다.

18. 시술된 왼쪽 사이드의 모습이다.

19. 오른쪽 네이프도 빗과 교차하면서 모발 끝까지 천천히 시술한다.

20. 반복 시술한다.

21. 오른쪽 사이드도 마찬가지로 아이론을 끝까지 내려주고 빗도 끝까지 빗질한다.

22. 섹션을 정확히 나누도록 한다.

23. 완성된 앞모습

24. 완성된 옆모습

25. 완성된 옆모습

26. 완성된 뒷모습

미듐 펴기

2. 미듐 C컬(바깥말음)이란?

열을 이용하여 뿌리를 잡은 후에 안쪽으로 C컬 한 뒤 열이 식기 전에 빗으로 잡으면서 C컬을 만들고, 두피 쪽으로 아이론을 밀면서 시술하고 아이론을 뺄 때에는 바깥쪽으로 뺀다(응용된 C컬과 아웃컬).

1) 사용도구

플랫 아이론, 아이론 꼬리 빗

2) 시술

① 네이프 부분부터 2~3cm 수평 섹션을 나눈다.

② 미듐 모발일 경우에 네이프는 형태만 보이도록 잡는다.

③ 위쪽은 안쪽으로 C컬 하고, 끝부분은 바깥으로 아웃컬 한다.

④ 모발의 각도는 15도 이하로 낮춘다.

⑤ 릿지는 옆머리와 조화를 이루도록 한다.

⑥ 앞머리의 릿지는 얼굴형에 맞추어 높이를 정한다.

3) 시술 순서

1. 시술하기 전 모습이다.

2. 네이프에서부터 시작한다.

3. 섹션을 정확히 나눈다.

4. 네이프의 뿌리에서부터 아이론을 안쪽으로 C컬 한 다음, C컬의 접점에서 빗으로 잡고 아이론을 바깥쪽으로 뺀다.

5. 뿌리 쪽은 안쪽으로 C컬 한다.

6. C컬 한 부분에서 빗으로 잡고 바깥으로 뺀다.

7. 반복하여 시술한다.

8. 완성된 모습이다.

9. 아이론으로 C컬의 접점만큼 내려온다.

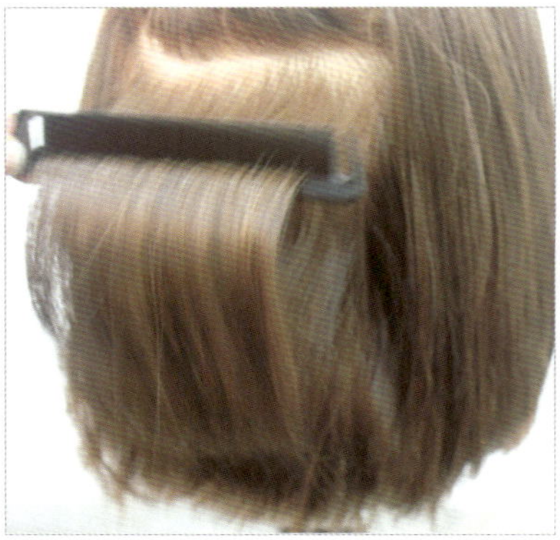

10. C컬의 접점에서 빗으로 머리를 잡는다.

11. 빗으로 머리를 잡고 그 밑에 아이론을 대고 아이론을 안쪽으로 민다.

12. 안쪽으로 민 다음 모발 끝은 바깥쪽으로 뺀다. 이때 텐션이 중요하다.

13. 바깥쪽으로 뺄 때에는 모발 끝까지 뜸을 들이면서 아이론으로 뺀다.

14. 완성된 모습이다.

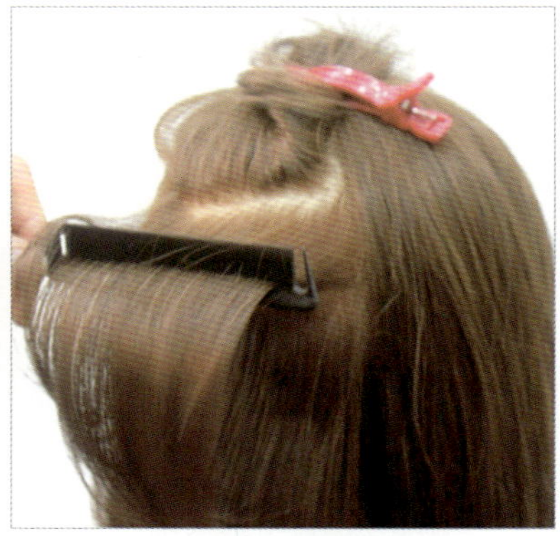

15. 섹션은 2cm 정도 정확히 나눈다.

16. 먼저 뿌리부분을 다리고 C로 굴린다.

17. C 부분을 빗으로 잡아준다.

18. 아이론을 안쪽으로 민 뒤, 바깥으로 빼준다. 이때 뜸을 충분히 들여준다.

19. 완성된 바깥말음의 모습이다.

20. 여기에서 각도는 15도 이상을 넘지 않게 낮게 한다.

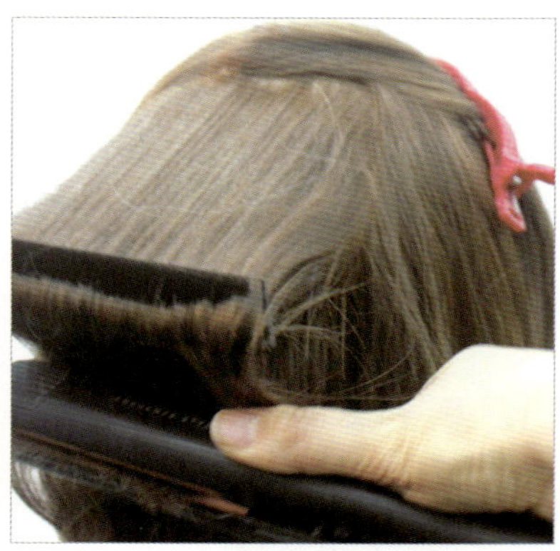

21. 위쪽을 펴고 C의 접점에서 잠시 멈춘 후 뜸을 들인다.

22. 뜸을 들이고 난 후 C의 접점에서 빗으로 잡고 안으로 밀고 나서 바깥으로 뺀다.

23. 왼쪽 사이드도 섹션을 2.5~3cm 정도 나눈다.

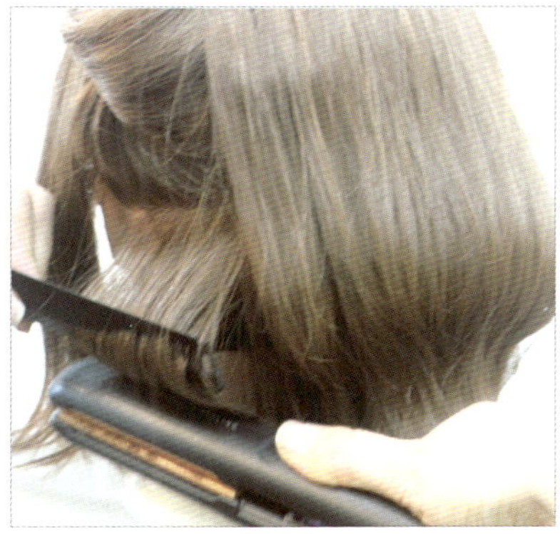

24. 각도를 낮춘 다음 펴면서 안쪽으로 C로 말고, 바깥쪽으로 뺀다.

25. 이때 뜸을 충분히 들여준다.

26. 반복 시술한다.

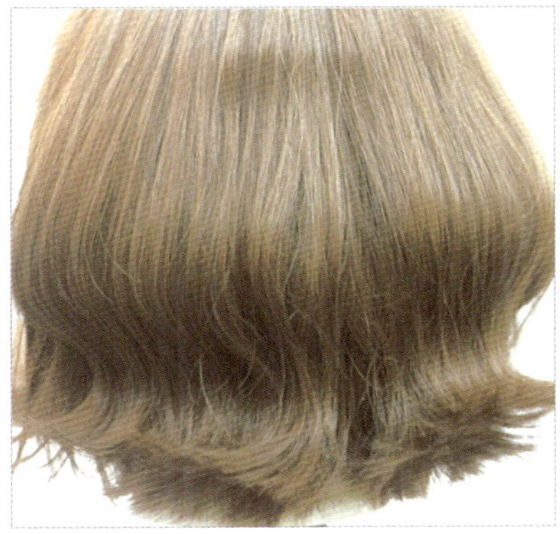

27. 완성된 뒷모습이다. 백 부분 위쪽에 릿지를 하나 살짝 주어도 좋다.

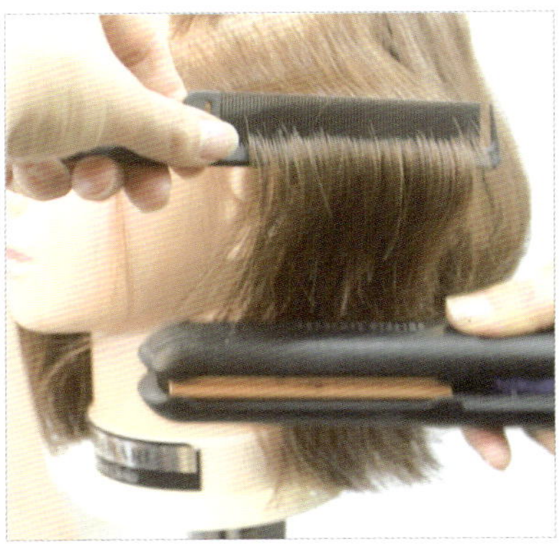

28. 사이드도 섹션을 정확히 나눈다.

29. 먼저 머리를 편 다음 안으로 C컬 한다.

30. C컬 한 머리를 빗으로 잡고 안으로 밀면서 바깥으로 뺀다.

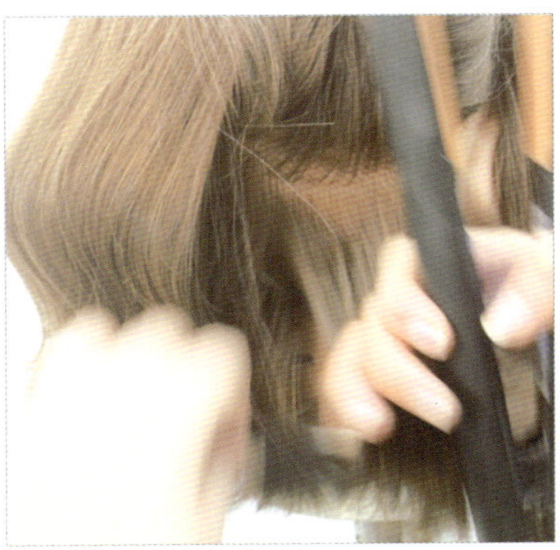

31. 오른쪽 네이프도 반복 시술한다.

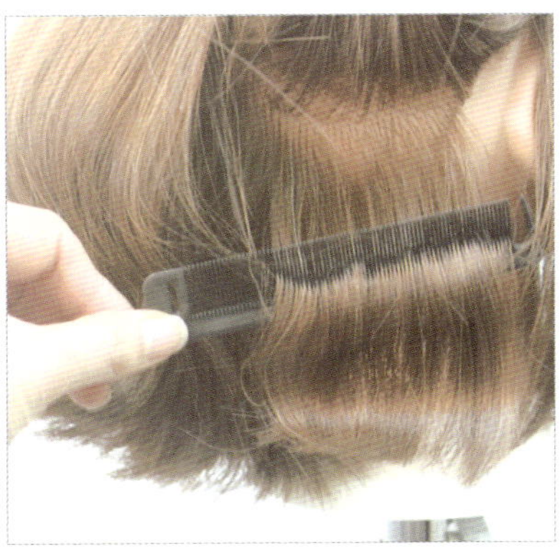

32. 시술을 한 다음 빗질하고 있는 모발을 살며시 놓는다.

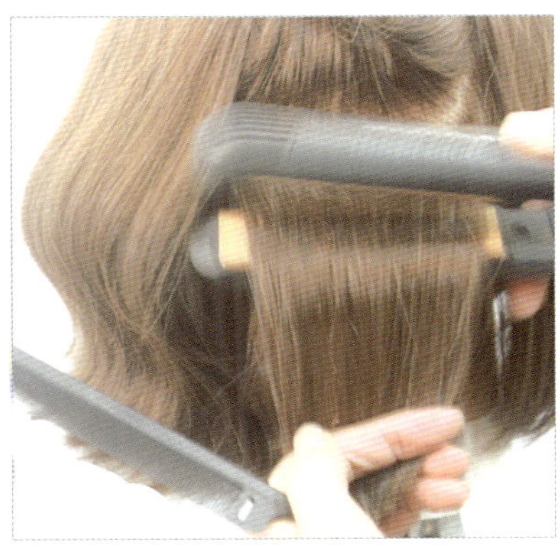

33. 다음 판넬도 반복 시술한다.

34. 이런 웨이브는 각도와 텐션이 중요하다.

35. 옆 판넬의 웨이브와 높이를 맞춰야 하므로 각도를 낮추어서 웨이브의 위치를 맞춘다.

36. 적당한 텐션으로 반복 시술한다.

37. 사이드도 각도를 낮추어 편 다음 C컬의 접점에서 안으로 만다.

38. 안으로 말은 머리를 빗으로 잡고 안쪽으로 밀어준다.

39. C컬을 하는 접점에서 열이 식기 전에 빗으로 잡고 릿지를 살려준다.

40. 앞머리는 얼굴형에 맞추어서 릿지의 높이를 조절한다.

41. 완성된 앞모습

42. 완성된 옆모습

43. 완성된 옆모습

44. 완성된 뒷모습

미듐 C컬(바깥말음)

3. C컬 스타일 2(안말음 바깥말음 변형)

1) 사용도구

플랫 아이론, 아이론 꼬리 빗

2) 시술

① 네이프 부분부터 2~3cm 수평 섹션을 나눈다.

② 뿌리부터 약간 C컬로 편다.

③ 위쪽은 안쪽으로 C컬하고, 끝부분은 바깥으로 아웃컬한다.

④ 백포인트 이하 모발의 각도는 15도 이하로 낮춘다.

⑤ 크라운으로 갈수록 크게 C컬하면서 각도를 높여준다.

⑥ 탑은 각도를 120도로 한다.

⑦ 옆머리는 얼굴형에 따라 인컬과 아웃컬을 교차할 수 있다.

3) 시술 순서

1. 시술하기 전 모습이다.

2. 네이프부터 시작한다.

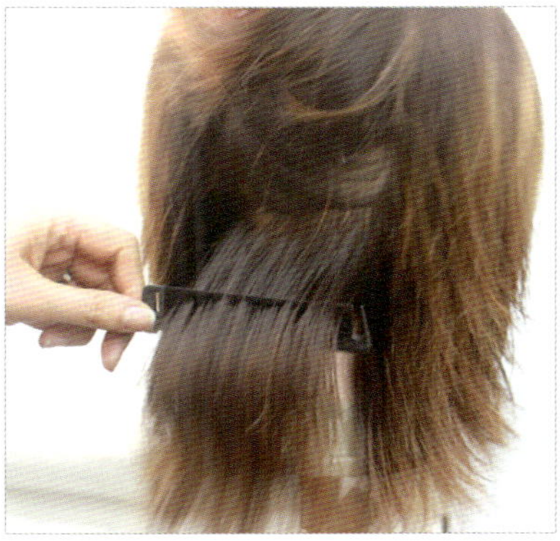

3. 섹션을 정확히 타고 먼저 빗으로 머리를 잡는다.

4. 먼저 머리를 약간 C컬로 편다.

5. 안쪽으로 편 다음 모발 끝에서 아이론을 바깥쪽으로 돌려 잡고 뜸을 들이며 뺀다.

6. 바깥으로 뺄 때에는 빗으로 안쪽으로 들어간 C컬 부분을 잡아준다.

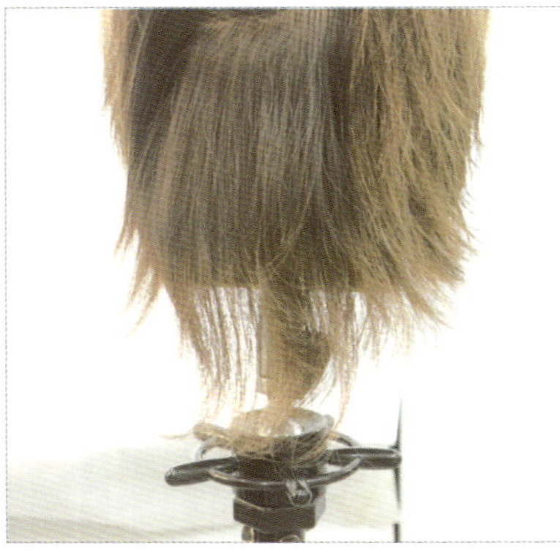

7. S자 모양의 변형된 아웃컬을 확인할 수 있다.

8. 안쪽은 약간 C컬로 편다.

9. 끝은 바깥으로 뺀다.

10. 크라운 부분으로 갈수록 머리가 짧기 때문에 크게 C컬 해준다.

11. 크게 C컬 한 모습이다.

12. 탑 부분은 모발의 볼륨을 위하여 각도를 높여서 C컬 한다.

13. C컬된 모습이다.

14. 탑은 각도를 높인 후 유지하면서 끝까지 아이론한다.

15. 완성된 모습이다.

16. 오른쪽 사이드도 섹션을 정확히 타고서 안으로 약간 넣은 다음 바깥으로 시술한다.

17. 시술된 모습이다.

18. 안으로 살짝 C컬하고 C컬의 접점에서 잠시 멈춘다.

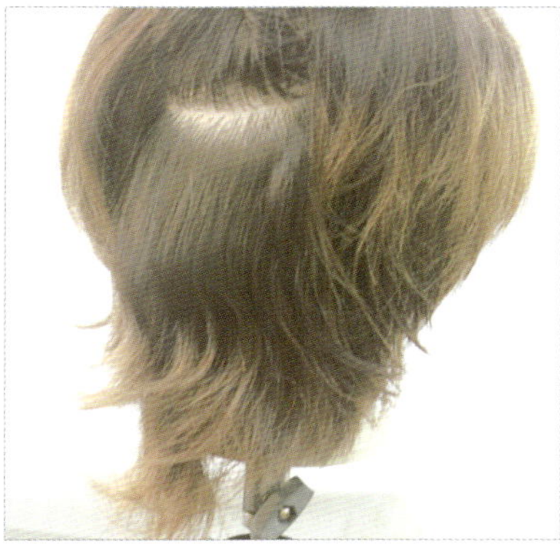

19. 바깥으로 뺀 후의 모발 끝 모습이다.

20. 탑으로 갈수록 모발에 층이 나기 때문에 안으로 크게 C컬 해준다.

21. 완성된 뒷모습이다.

22. 사이드 머리는 스트레이트로 펴서 끝 부분만 안쪽으로 C컬 한다.

23. 두 번째 판넬도 반복 시술한다.

24. 앞머리는 볼륨을 생각하면서 안쪽으로 C컬하고, 뺄 때에는 옆쪽으로 뺀다.

25. 옆쪽으로 빼서 열이 식기 전에 옆쪽으로 모발을 돌려준다.

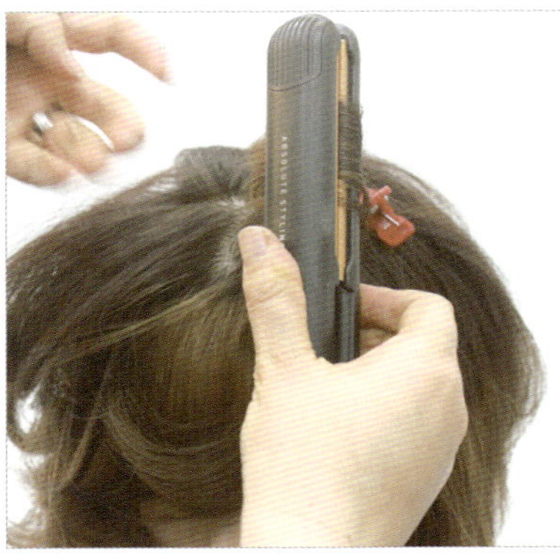

26. 다음 판넬도 각도를 생각하면서 반복한다.

27. 오른쪽 네이프와 같이 반복 시술한다.

28. 모발 끝을 구겨지지 않도록 끝까지 아이론 시술한다.

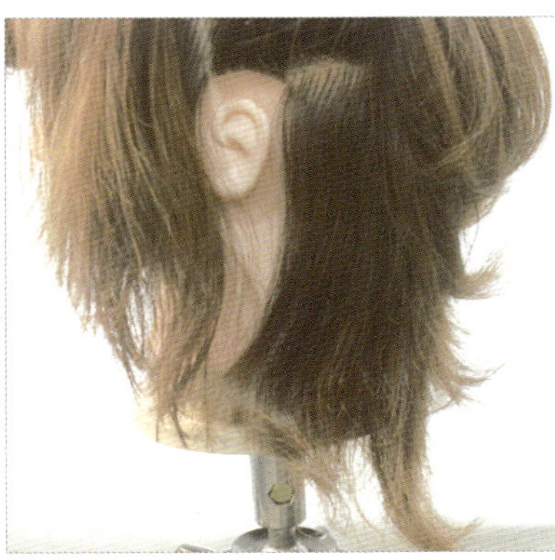

29. 각도를 낮추어서 시술한다.

30. 반복 시술한다.

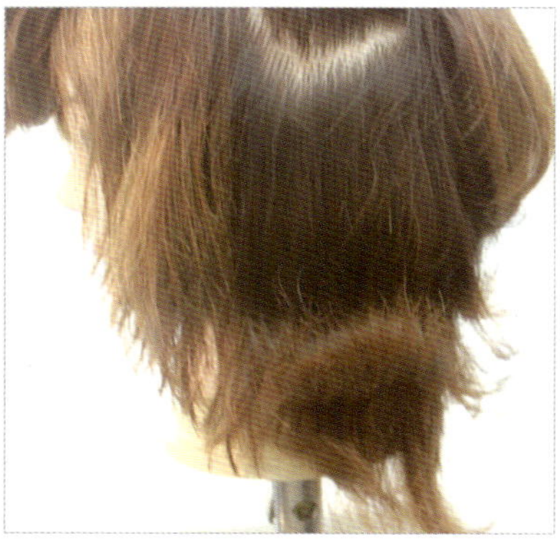

31. 완성된 왼쪽 사이드 바깥 C컬의 모습이다.

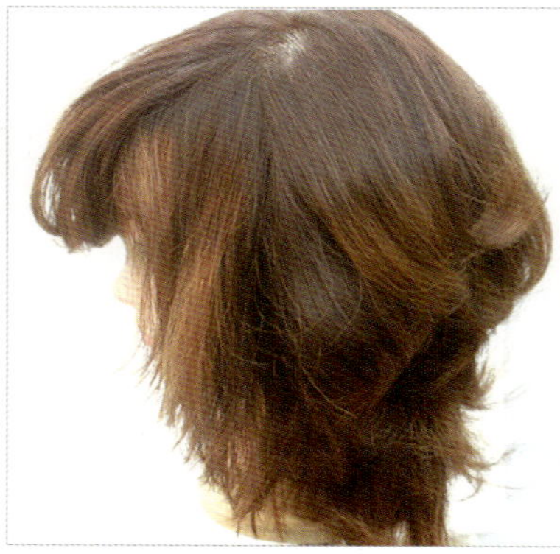

32. 탑 부분은 크게 안쪽으로 C컬 한다.

33. 완성된 앞모습

34. 완성된 옆모습

35. 완성된 옆모습

36. 완성된 뒷모습

미듐 C컬(안말음 바깥말음 변형)

4. S컬(웨이브)이란?

C컬의 연장선이라 볼 수 있으며, 열과 텐션을 이용하여 웨이브를 만든다.

한 판넬에서 뿌리를 잡은 후 안으로 C컬하고 C컬의 접점에서 빗으로 고정하여 아이론을 안으로 민 후 다시 바깥으로 C컬하여 모발 끝까지 뺀다. 이때, 웨이브의 흐름이 같도록 하기 위하여 각도는 0도를 유지한다.

1) 물결 웨이브

웨이브의 흐름이 위에서 아래로 물결과 같이 흐르도록 한다.

(1) 사용도구

플랫 아이론, 꼬리 빗

(2) 시술

① 네이프부터 2~3cm 수평 섹션을 나눈다.

② 모발이 짧을 때에는 크게 C컬 한다.

③ 열을 충분히 주고 안으로 C컬 하고 C컬의 접점에서 빗으로 잡은 뒤 아이론을 안쪽으로 민다. 연결하여 다시 바깥쪽으로 빼면서 끝까지 C컬 하여 안쪽으로 뺀다.

④ 네이프 사이드도 크게 C컬 한다.

⑤ 웨이브의 흐름을 같게 하기 위해서 각도를 0도로 유지한다.

⑥ 앞머리는 스타일에 따라 릿지를 하나 더 만들어 준다.

(3) 시술 순서

1. 시술하기 전 모습이다.

2. 뒤 네이프부터 시작한다.

3. 섹션을 정확히 나누고 네이프는 크게 C컬 한다.

4. C컬을 한 후 빗으로 잡고 열을 식힌다.

5. C컬된 모습이다.

6. 뿌리 부분에 C컬을 크게 한 다음 아이론을 안으로 민다.

7. 안으로 밀고 물결모양으로 뺀다.

8. 완성된 웨이브의 모습이다.

9. 각도는 0도로 한다.

10. 뿌리에서 아이롱을 굴리면서 편 다음 C컬로 하고 C컬 접점을 빗으로 잡아 다시 안으로 민다.

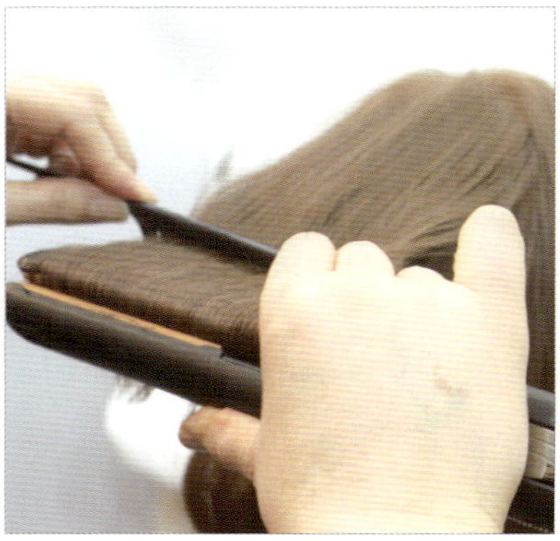

11. 안으로 민 아이롱을 다시 바깥으로 빼면서 C컬을 한다.

12. 모발 끝까지 다려준다.

13. 완성된 웨이브의 모습이다.

14. 네이프는 C컬로 한다.

15. 반복하여 시술한다.

16. 완성된 S웨이브의 모습이다.

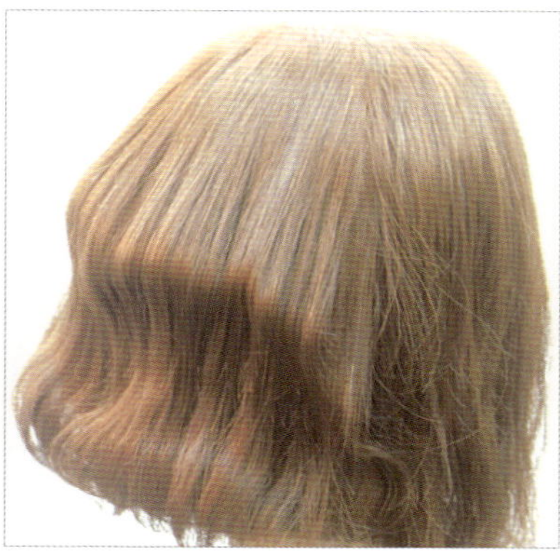

17. 완성된 S웨이브의 모습이다.

18. 옆 사이드도 각도를 0도로 낮추어 시술한다.

19. 뿌리는 살짝 편 다음 C컬로 아이론하고
C컬에서 빗으로 잡은 후
아이론을 안쪽으로 민다.

20. 뒷머리의 웨이브와 릿지를 맞춘다.

21. 앞머리는 릿지를 윗부분에서 하나 더
만들어 준다.

22. 연결하여 끝까지 웨이브 한다.

23. 앞머리에 릿지를 하나 더 만들어준
모습이다.

24. 왼쪽 네이프 사이드는 크게 C컬 한다.

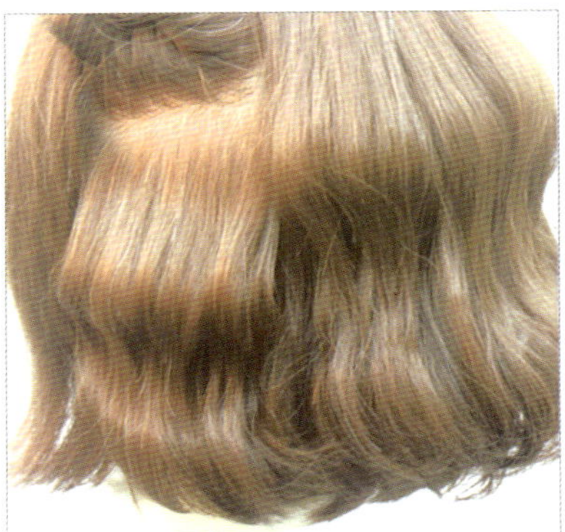

25. 웨이브의 완성된 모습이다.

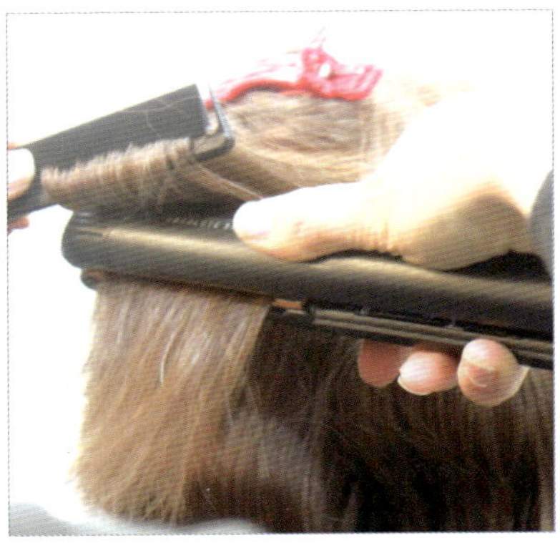

26. 웨이브의 높이를 뒷머리와 맞추어서
C컬 한다.

27. C컬의 접점에서 빗으로 잡은 후
아이론을 안으로 밀고 텐션을 이용하여
다시 바깥으로 뺀 뒤 안쪽으로 C컬 한다.

28. 완성된 웨이브의 모습이다.

29. 왼쪽 사이드도 C컬하여 빗으로 잡은 후
아이론을 안으로 밀고 다시 바깥으로
빼면서 안으로 연결하여 C컬 한다.

30. 완성된 옆모습이다.

31. 그 다음 판넬도 반복하여 시술한다. 이때 웨이브의 흐름이 같도록 한다.

32. 사이드 앞머리는 뿌리쪽에 릿지를 하나 더 만들어 준다.

33. 릿지를 만드는 모습이다.

34. 뿌리에서 아이론으로 C컬을 하나 더 만들어 준다.

35. 완성된 앞모습

36. 완성된 옆모습

37. 완성된 옆모습

38. 완성된 뒷모습

미듐 S웨이브(물결 웨이브)

2) 스파이럴 웨이브(가로섹션)

웨이브 모양이 나사모양으로 표현되는 것을 말한다. 미듐에서는 웨이브가 많은 것보다 두단 정도의 웨이브가 좋다.

(1) 사용도구

아이론 시술 도구(아이론, 꼬리 빗)

(2) 시술 순서

① 네이프부터 2~3cm 수평 섹션을 나눈다.

② 모발이 짧을 때에는 크게 C컬 한다.

③ 백포인트까지는 크게 C컬 한 후 백포인트 윗부분에서부터 한 바퀴 반씩 웨이브를 넣는다.

④ 골드 포인트로 올라가면서 웨이브를 두 바퀴 넣는다.

⑤ 웨이브의 흐름을 같게 하기 위해서 각도를 자연각도로 유지한다.

⑥ 앞머리는 스타일에 따라 릿지를 하나 더 만들어 준다.

1. 시술하기 전 앞모습이다.

2. 시술하기 전 옆모습이다.

3. 시술하기 전 뒷모습이다.

4. 시술하기 전 옆모습이다.

5. 아이론을할 때에는 수분을 말려준다.

6. 만약 수분이 남아있는 상태에서 아이론을할 때면 온도를 낮춰서 하는 것이 좋다.

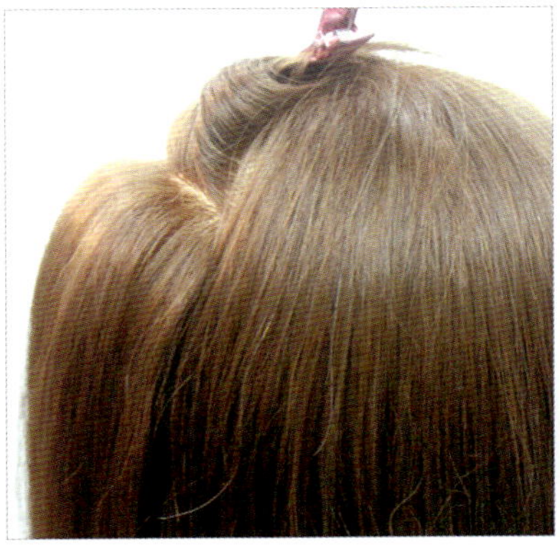

7. 뿌리를 먼저 드라이로 잡아준다.

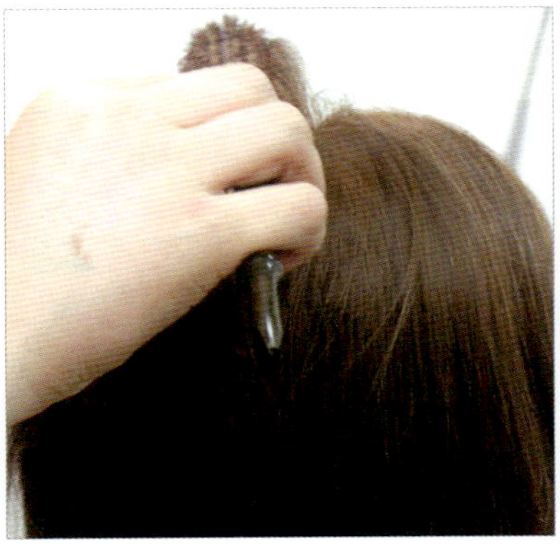

8. 탑 부분 가마로 인한 쓰러진 모발을 일으켜 세워 제자리로 가져다준다.

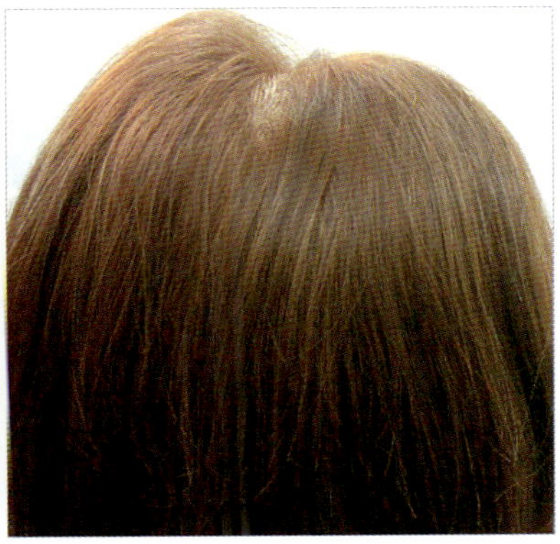

9. 머리를 제자리로 가져다 준 모습이다.

10. 아이론 하기 전에 앞머리도 드라이로 뿌리를 정리한다.

11. 섹션을 나누어 가며 앞머리를 정리한다.

12. 사이드도 드라이로 정리한다.

13. 앞머리 뿌리를 드라이로 정리하여 아이론을할 수 있도록 한다.

14. 왼쪽 사이드도 볼륨이 필요한 곳을 드라이로 살려준다.

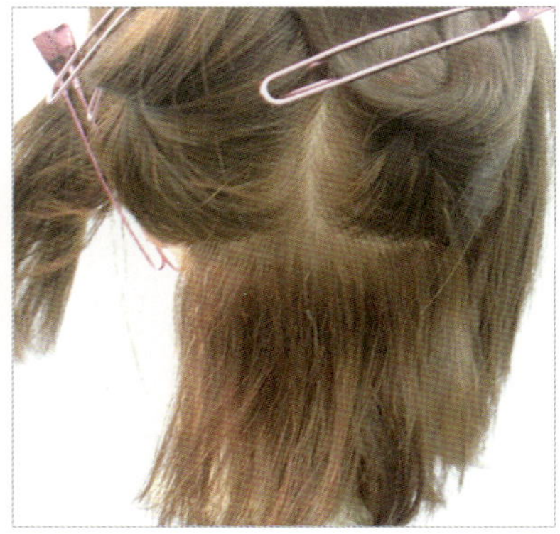

15. 네이프 부분을 2섹션으로 브로킹한다.

16. 헤어의 반을 잡고 모발의 결이 흐트러지지 않도록 고르게 잡는다.

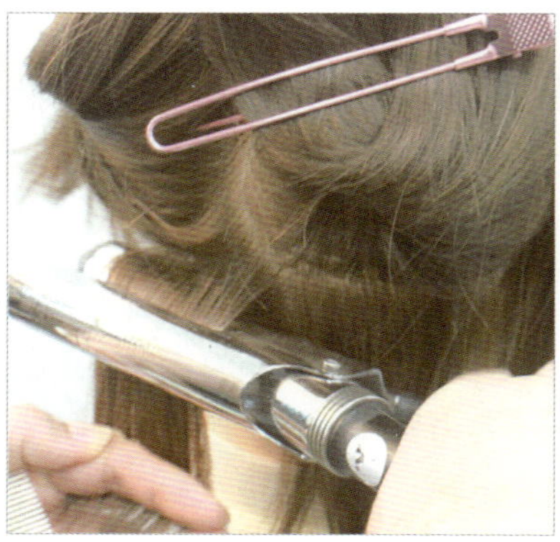

17. 두피가 뜨겁지 않게 약간 간격을 주어 아이론으로 감는다.

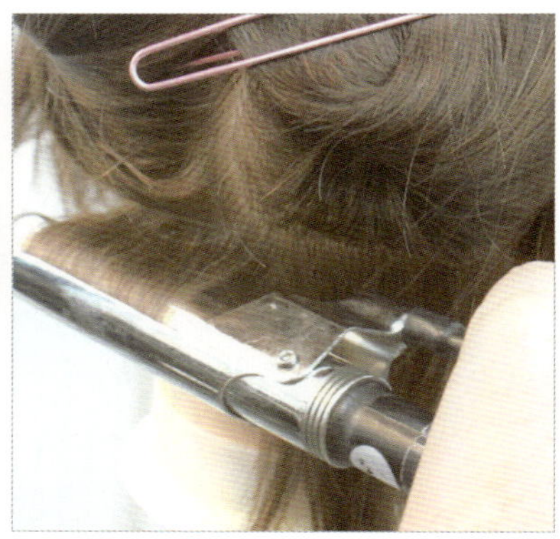

18. 한 바퀴 만다.

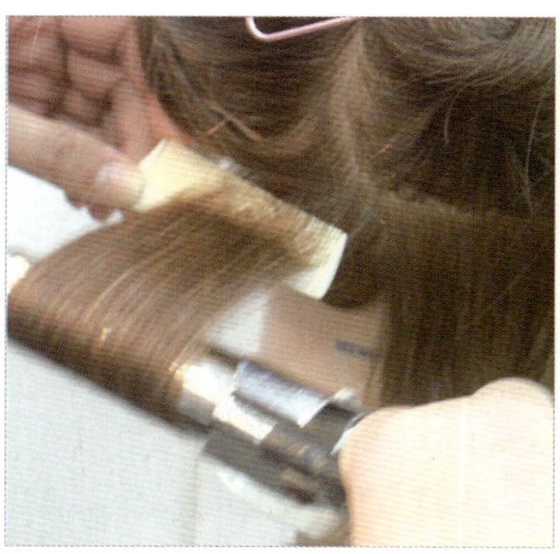

19. 아이론이 나온 부분을 빗으로 고정하여 열을 식힌다.

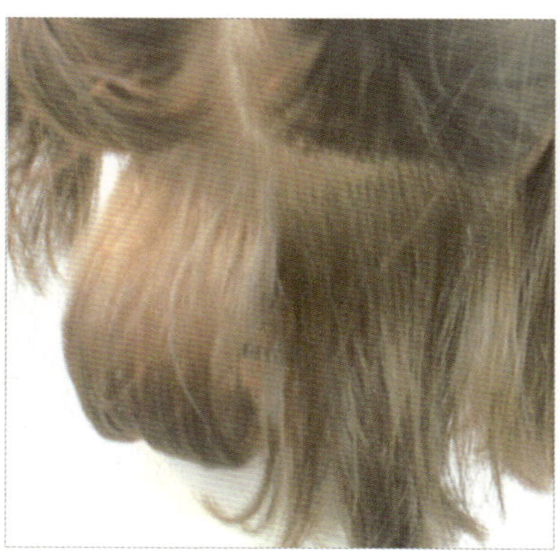

20. 아이론 된 모습이다.

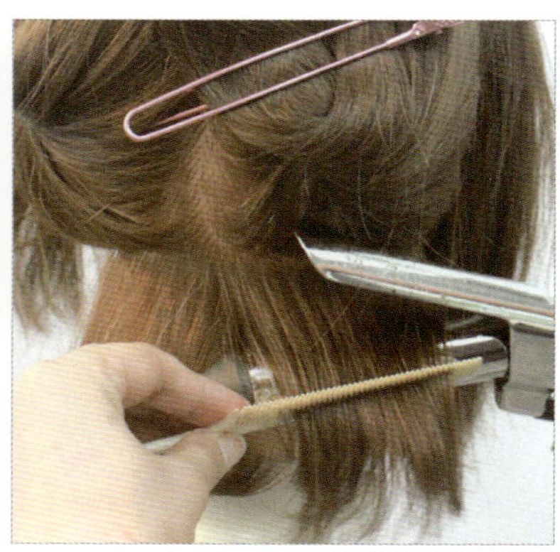

21. 나머지 반도 빗으로 결을 정리하여 아이론 한다.

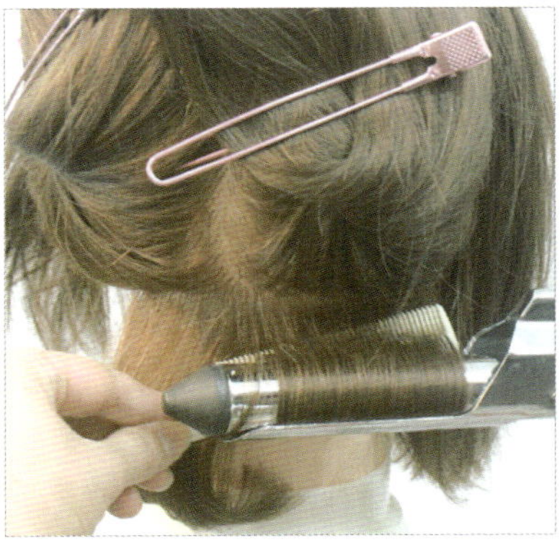

22. 아이론에 머리를 감은 후에 끝에 있던 빗을 다시 아이론 안쪽으로 가져다 댄다.

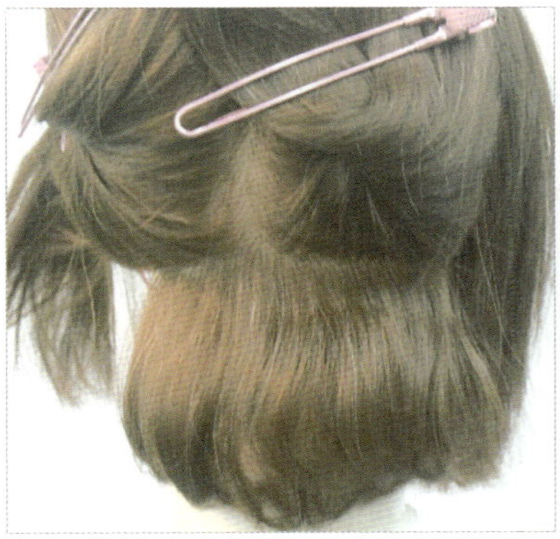

23. 네이프 C컬의 완성된 모습이다.

24. 두 번째 단은 섹션을 3등분으로 나눈다.

25. 섹션을 나눈 후에 아이론에 머리를 한 바퀴 말아 뜸 들인 후 뺀다.

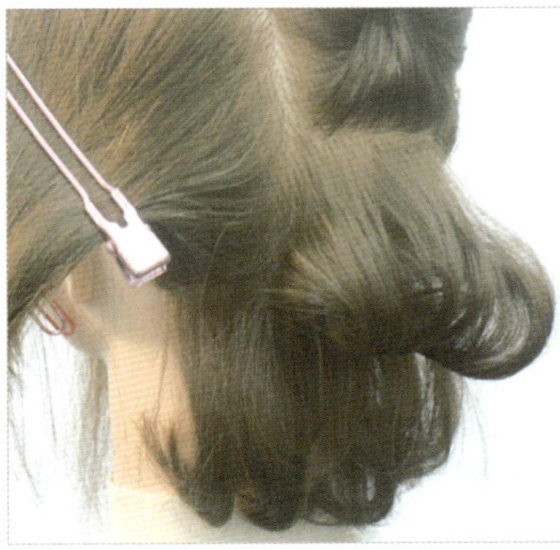

26. 섹션을 2~3cm 나누고 크게 C컬 한다.

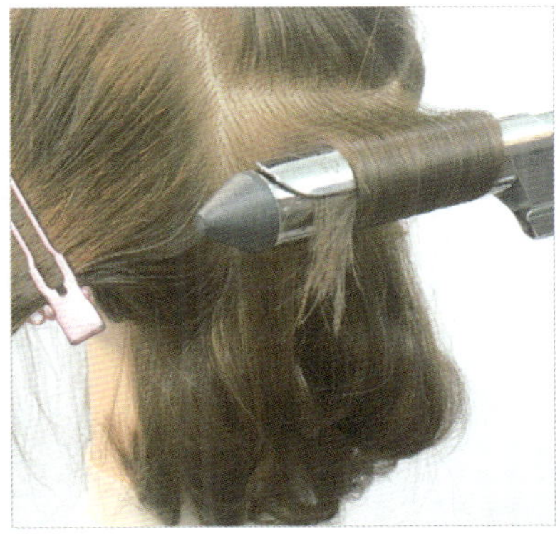

27. 백포인트 이상에서부터는 아이론에 모발을 한 바퀴 반 정도 만다.

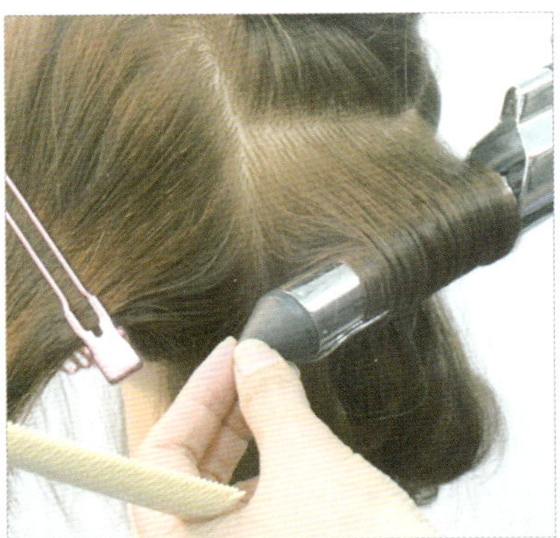

28. 뜸을 들인다.

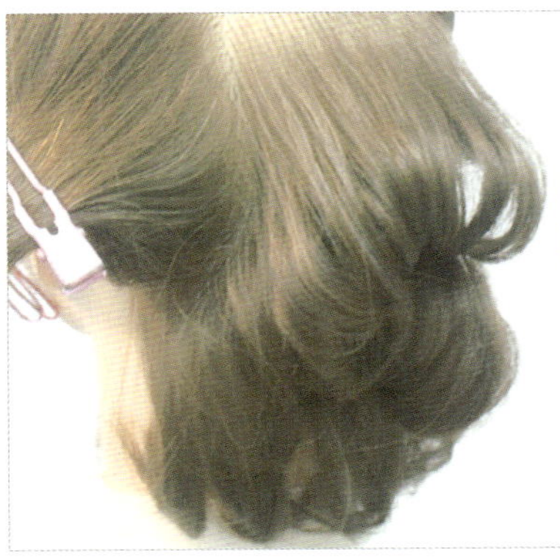

29. 뜸을 들이고 아이론을 뺀 모습이다.

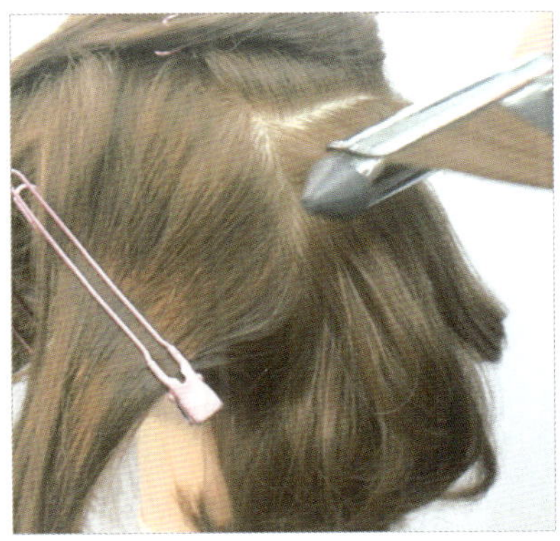

30. 뿌리는 아이론을 정리를 약간 한다.

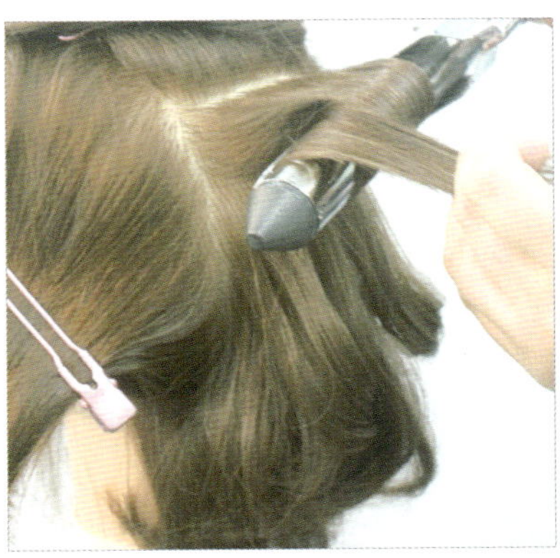

31. 아이론으로 한 바퀴 말고 모발 끝을 뺀다.

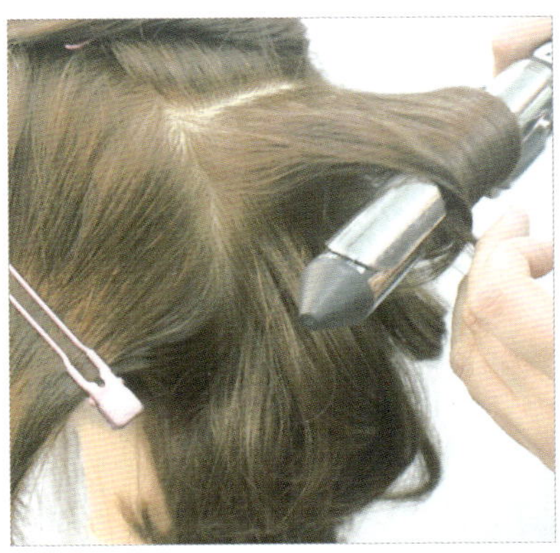

32. 뜸을 들이면서 아이론을 천천히 뺀다.

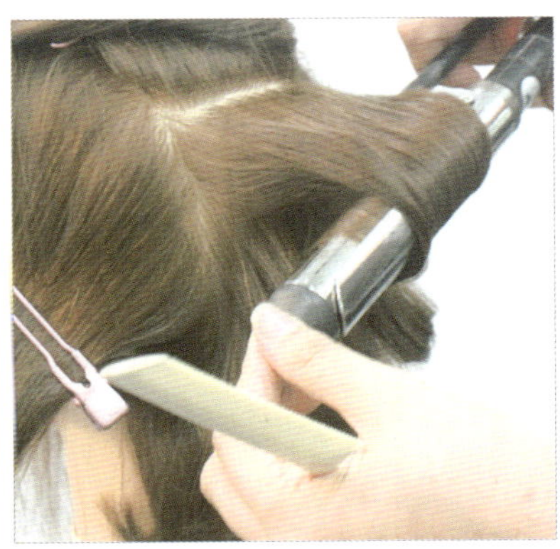

33. 모발 끝에 뜸을 충분히 들이면서 잠시 멈춘다.

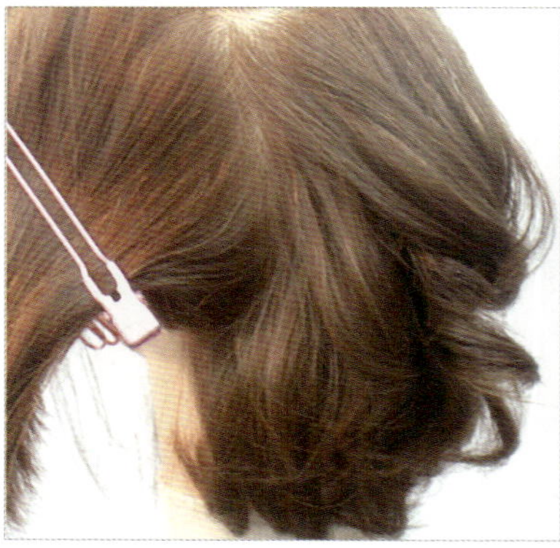

34. 아이론을 뺀 모습이다.

35. 골드포인트에서는 각도를 유지하여 뿌리를 살린 후 약 두 바퀴 정도 만다.

36. 뜸을 천천히 들이면서 뺀다.

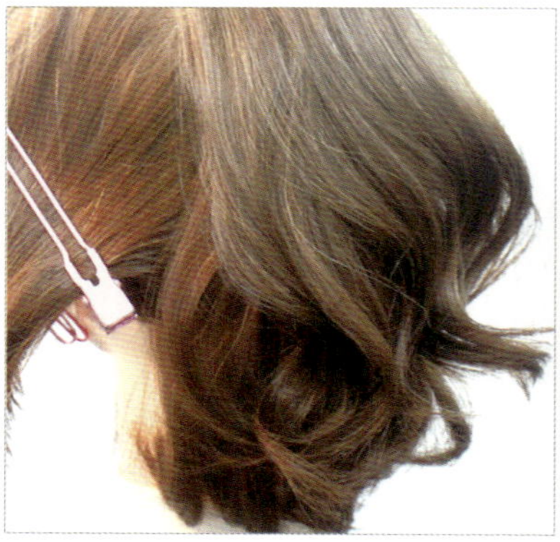

37. 두 바퀴 정도 아이론을 감은 후의 웨이브 모습이다.

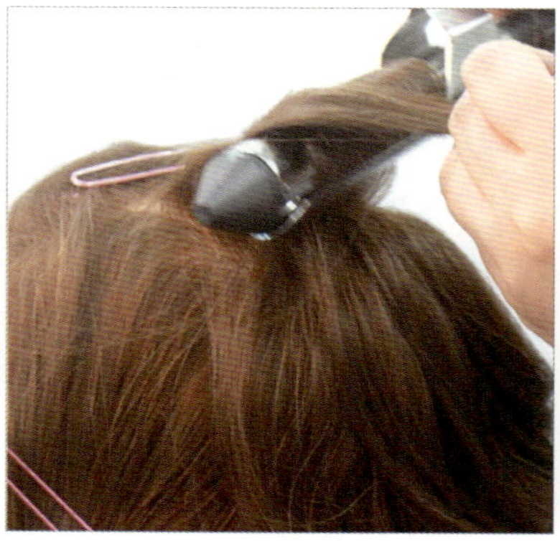

38. 탑도 각도를 주기 위하여 모발을 120도로 세워 뜸을 들인다.

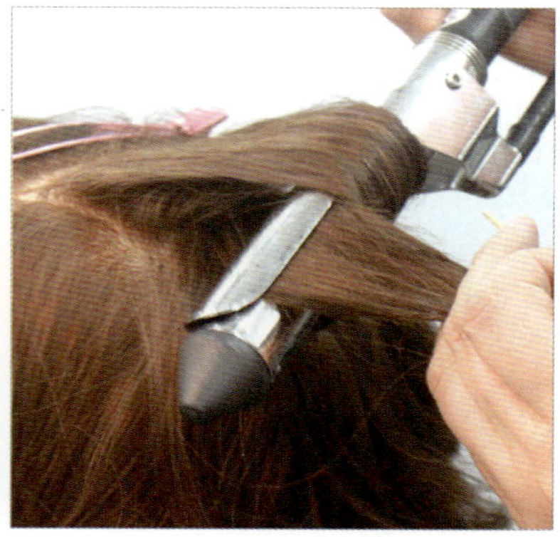

39. 모발을 한 바퀴 반을 아이론에 말은 후 뜸을 들이면서 천천히 뺀다.

40. 모발 끝에 충분히 뜸을 들인다.

41. 두바퀴 한 모습이다.

42. 네이프 시작하기 전 모습이다.

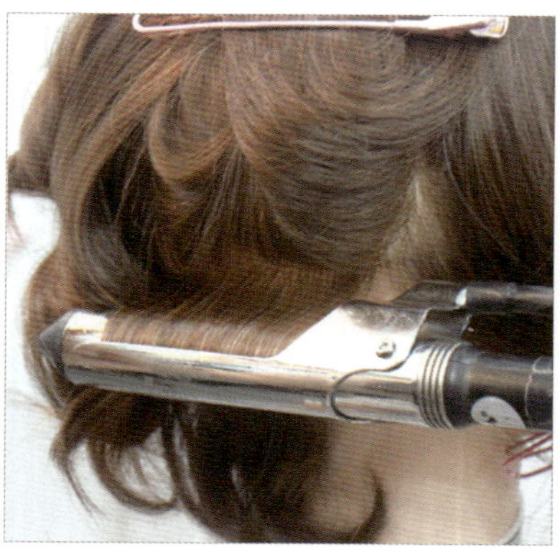

43. 사이드 네이프를 크게 C컬 한다.

44. C컬 한 모습이다.

45. 뿌리를 아이론으로 약간 다린 후 한 바퀴 만다.

46. 모발 끝이 접히지 않도록 끝까지 아이론을 감아준다.

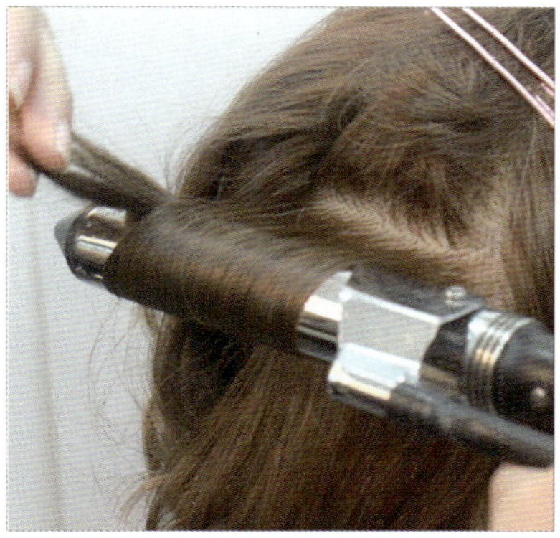

47. 뿌리에서 한 바퀴 반 감은 후에 모발 끝이 구겨지지 않도록 손으로 끝까지 잡고 아이론을 뺀다.

48. 한 바퀴 반 와인딩 한 모습이다.

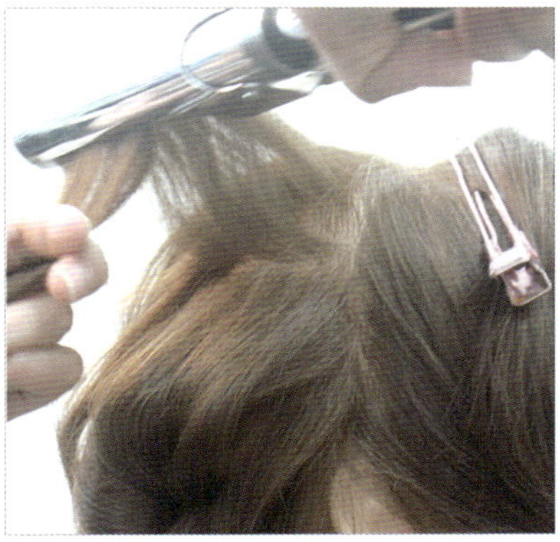

49. 사이드 탑 부분은 뿌리에서 각도를 유지한 채 다려준다.

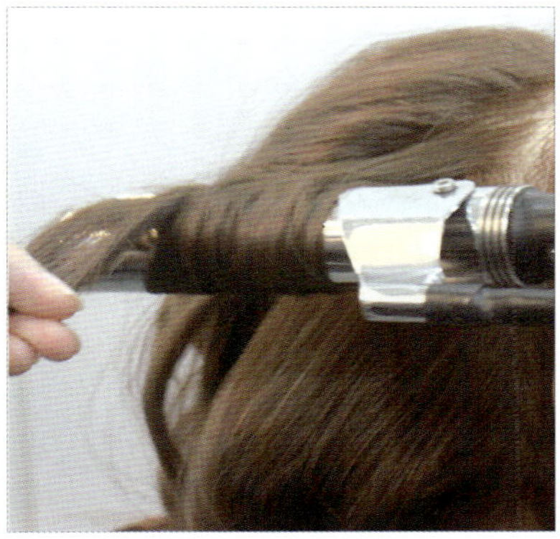

50. 한 바퀴 반 말고 천천히 뜸을 들이면서 빼준다.

51. S웨이브가 나온 모습이다.

52. 사이드의 첫 번째 단을 한 바퀴 반을 감고 뜸을 들이며 뺀다.

53. 모발 끝부분은 구겨지지 않도록 끝까지 아이론에 잘 감는다.

54. 완성된 사이드의 모습이다.

55. 섹션은 2~3cm로 탄다.

56. 뿌리를 다린 후에 웨이브가 나올 부분부터 아이론에 감는다.

57. 한 바퀴 반 감아서 뜸을 들이면서 천천히 뺀 후의 모습이다.

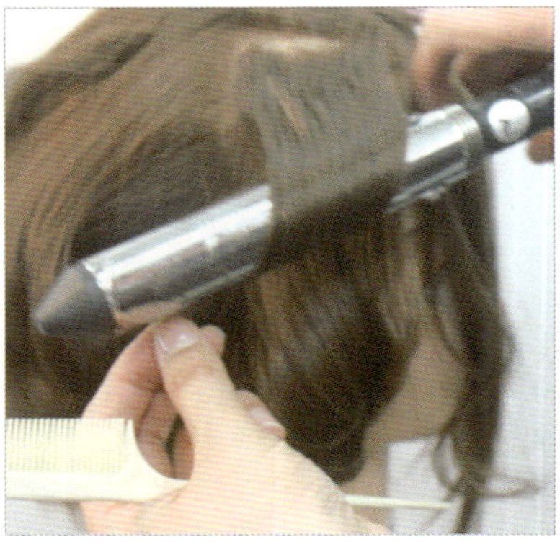

58. 아이론을 약간 사선으로 들고 모발 끝이 구겨지지 않도록 한다.

59. 드라이로 잡아놓은 뿌리를 아이론으로 다시 약간 다린다.

60. 뿌리에서 약간 뜸을 들이고 천천히 다린다.

61. 다리고 내려와서 웨이브가 생겨야할 부분에 모발을 한 바퀴 말고 천천히 내려온다.

62. 웨이브가 생긴 모습이다.

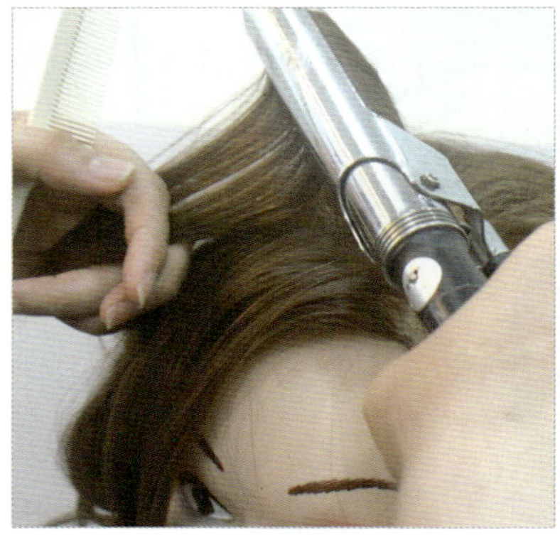

63. 두 번째 단도 뿌리를 먼저 다린다.

64. 뿌리를 다린 후에 웨이브가 생길 부분에서부터 아이론을 감는다.

65. 왼쪽 사이드도 2, 3cm 섹션을 탄다.

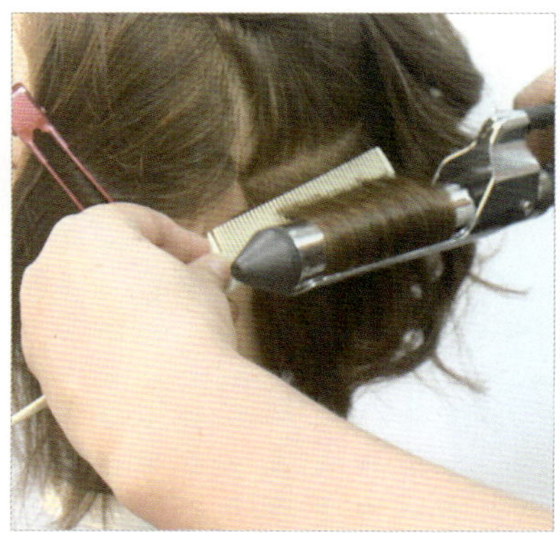

66. 아이론으로 모발을 감은 후에 뿌리가 구겨지지 않도록 빗을 댄다.

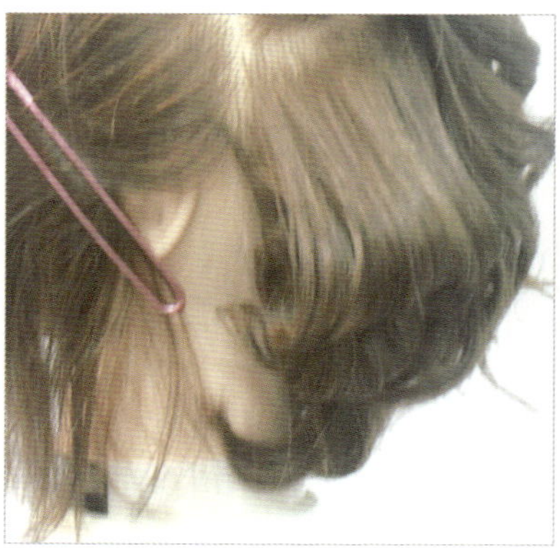

67. 사이드의 완성된 모습이다.

68. 빗으로 빗어서 모발을 정리한다.

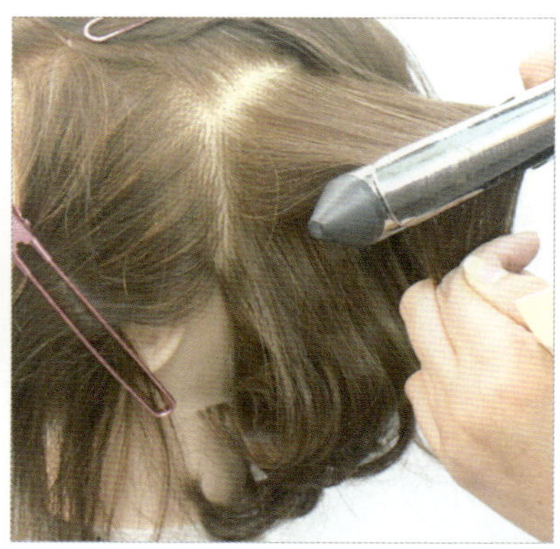

69. 정리한 모발을 아이론으로 뿌리를 다린 후 웨이브를 줄 부분에서 아이론을 감는다.

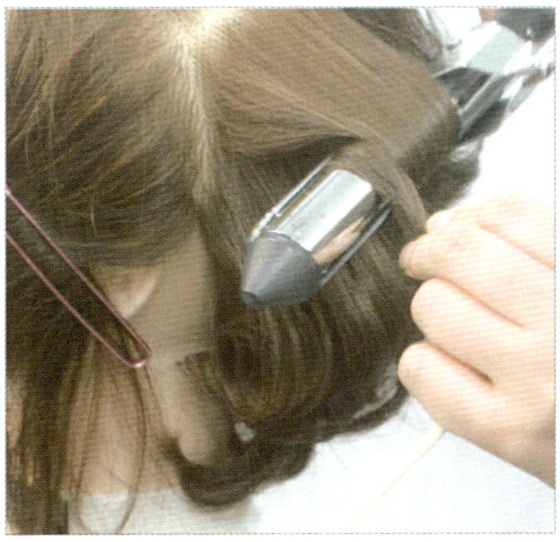

70. 한 바퀴 반을 감고, 모발 끝이 구겨지지 않도록 천천히 뜸을 들인다.

71. 뜸을 들이면서 끝까지 내려온다.

72. 각도를 유지하고 뿌리를 다린다.

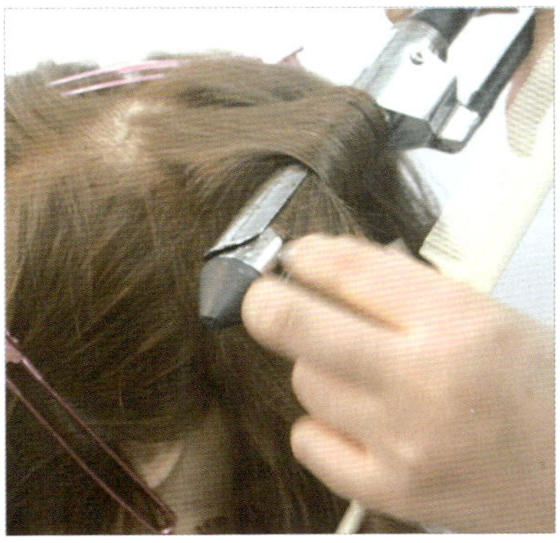

73. 웨이브가 생길 부분에서부터 아이론을 감는다.

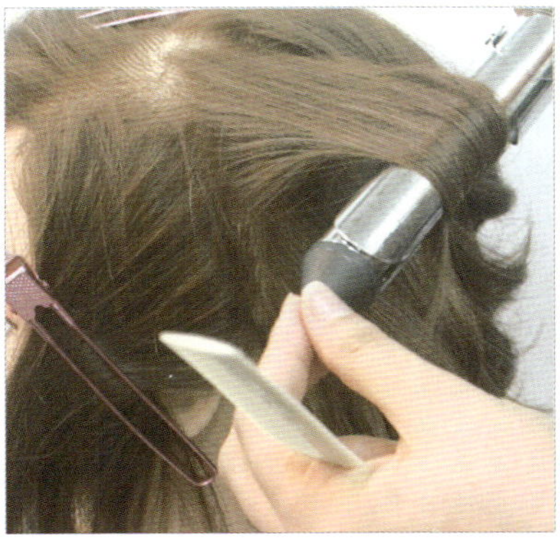

74. 뿌리 쪽에서부터 아이론을 감기 때문에 모발 끝이 구겨지지 않도록 한다.

75. 완성된 뒷모습이다.

76. 사이드는 빗으로 먼저 머리를 정리한다.

77. 한 바퀴 만다.

78. 한 바퀴를 말았을 때 끝에 남는 모발이 구겨지지 않도록 끝까지 손으로 잡는다.

79. 끝까지 뜸들이면서 천천히 아이론을 뺀다.

80. 모발의 열이 식기 전에 손으로 잠깐 잡는다.

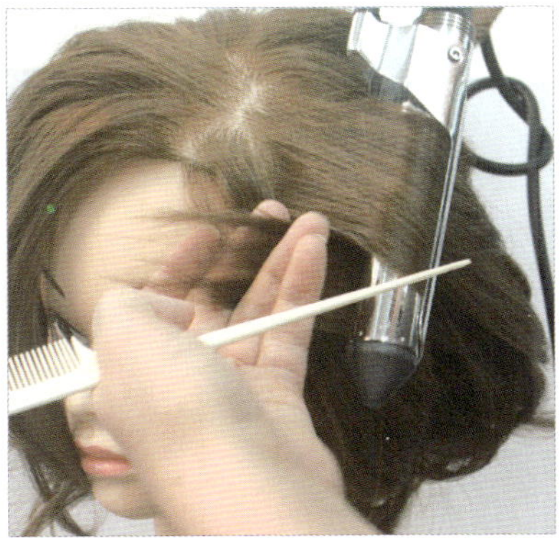

81. 앞 프린지 부분을 약간 빼놓고 모발의 뿌리를 다린다.

82. 한 바퀴 반 말고 천천히 뜸을 들인다.

83. 뜸을 들이면서 끝까지 내려온다.

84. 중요한 점은 뿌리가 구겨지지 않도록 하는 것이다.

85. 남은 프린지 머리의 뿌리를 약간 잡아준다.

86. 프린지는 사이드보다 한 단 정도 위쪽에서 웨이브를 만든다.

87. 웨이브가 만들어진 모습이다.

88. 뿌리를 살짝 다시 잡는다.

89. 뿌리를 잡은 모습이다.

90. 앞머리의 뿌리도 약간 다시 잡아준다.

91. 완성된 모습이다.

92. 손으로 핸드드라이 한다.

93. 완성된 앞모습

94. 완성된 옆모습

95. 완성된 뒷모습

96. 완성된 옆모습

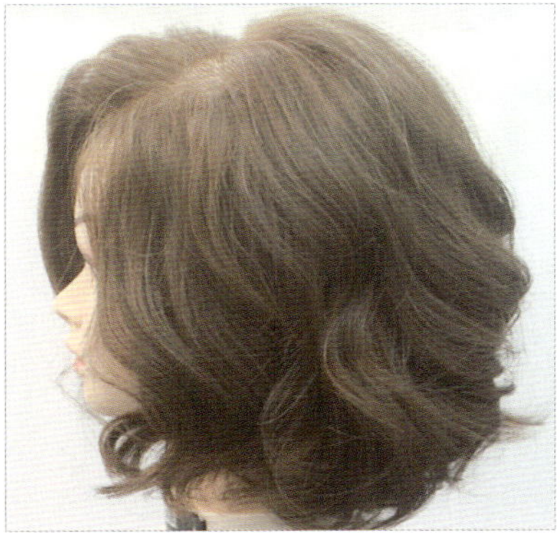

97. 완성된 옆모습

S웨이브(스파이럴 웨이브)

3) 지그재그 웨이브(가로섹션+세로섹션)

웨이브 모양이 지그재그형으로 표현된다. 아이론으로 퍼머를 한 듯한 느낌을 줄 수 있으며 자연스러운 장점이 있다. 볼륨감을 너무 주지 않으면서 웨이브를 하고자할 때 좋다.

(1) 사용도구

아이론 시술 도구(아이론, 꼬리 빗)

(2) 시술 순서

① 네이프부터 2~3cm 수평 섹션을 나눈다.

② 모발이 짧을 때에는 크게 C컬 한다.

③ 백포인트까지는 크게 C컬 한 후 백포인트 윗부분에서부터 머리를 아이론에 감은 뒤, 풀면서 다시 감는다.

④ 탑부분과 앞머리 부분은 뿌리를 먼저 잡고 하는 것이 좋다.

⑤ 웨이브의 흐름을 같게 하기 위해서 각도를 자연각도로 유지한다.

⑥ 앞머리는 스타일에 따라 릿지를 하나 더 만들어 준다.

1. 시술하기 전 모습이다.

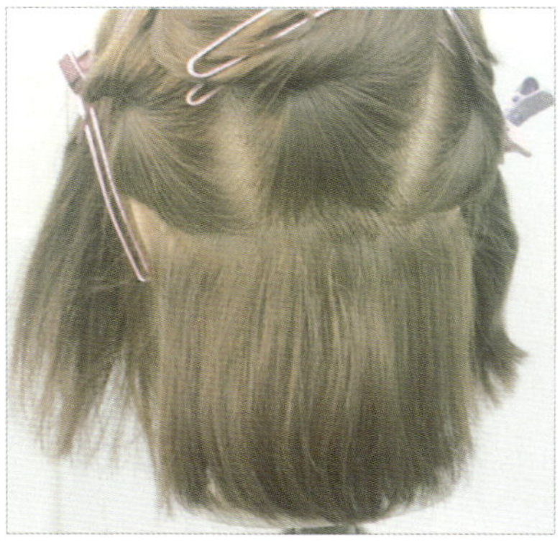

2. 뒷머리 섹션을 2등분 한다.

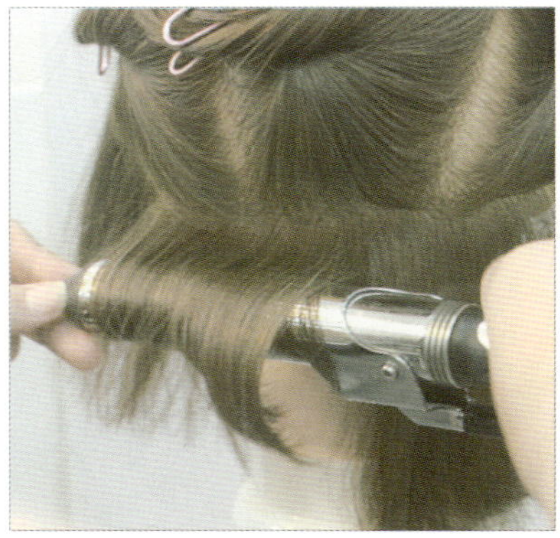

3. 반을 아이론으로 감아서 C컬 한다.

4. 나머지 반도 아이론으로 감아서 뜸을 들여 뺀다.

5. 네이프의 모습이다.

6. 3등분 하여 첫 번째 단을 아이론하여 뜸을 들인다. 이때 빗은 두피쪽에 댄다.

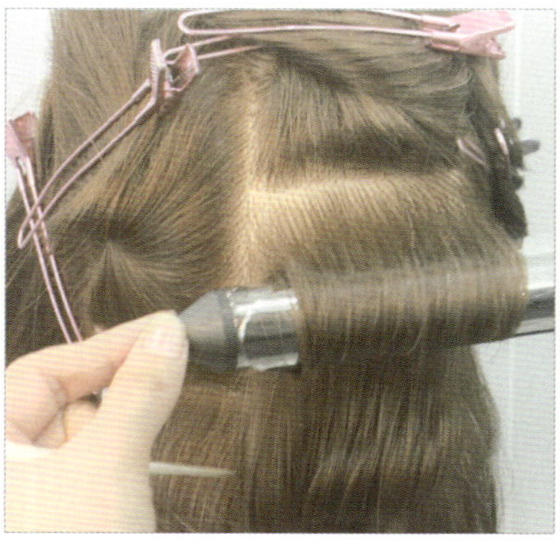

7. 백 포인트에서 골드포인트 사이까지 크게 한 바퀴 반 컬한다.

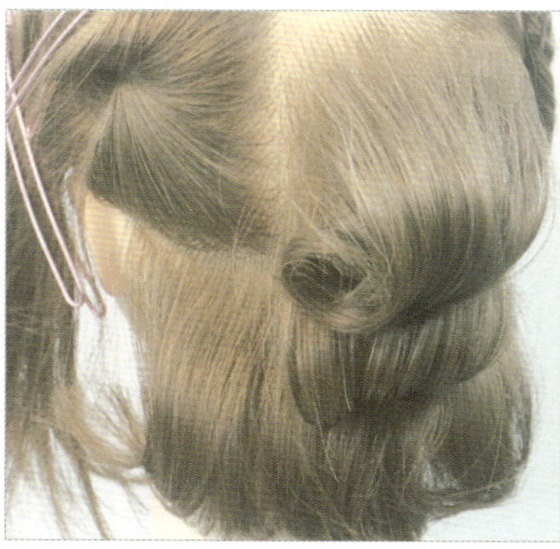

8. C컬 한 모습이다.

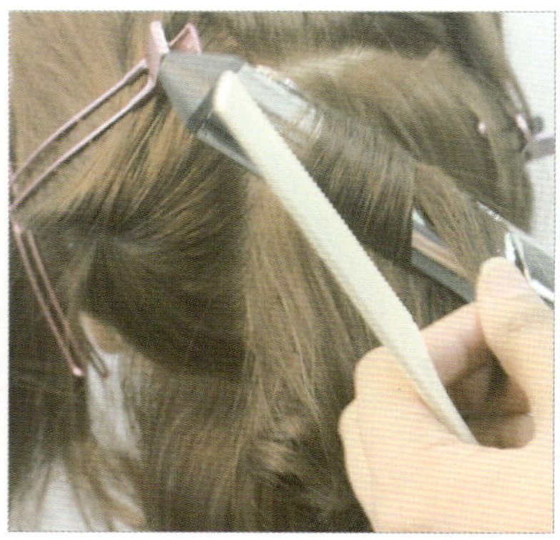

9. 세로 섹션하여 아이론도 45도로 하여 머리를 한 바퀴 반 만다.

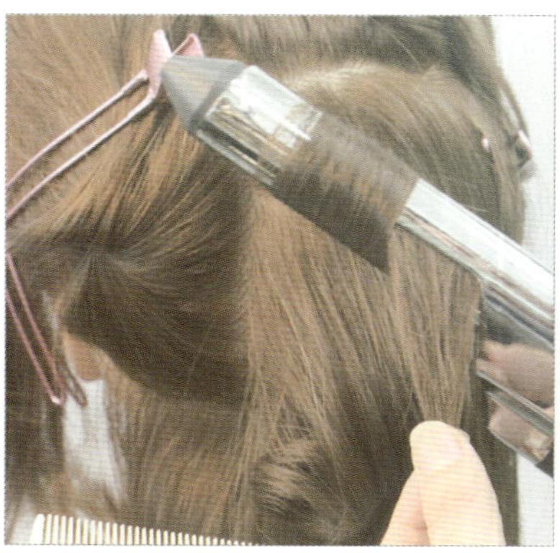

10. 뜸을 들인 후 모발 끝이 구겨지지 않도록 손으로 잡아 뜸을 들인다.

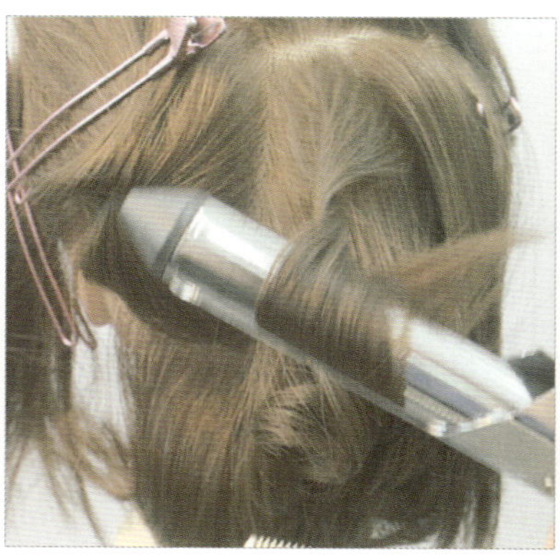

11. 감아진 머리를 풀면서 아이론을 한 바퀴 돌린다.

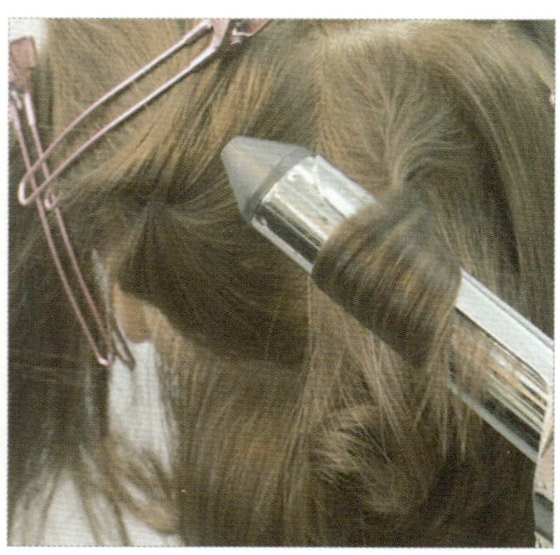

12. 모발 끝까지 열을 주면서 아이론을 천천히 뺀다.

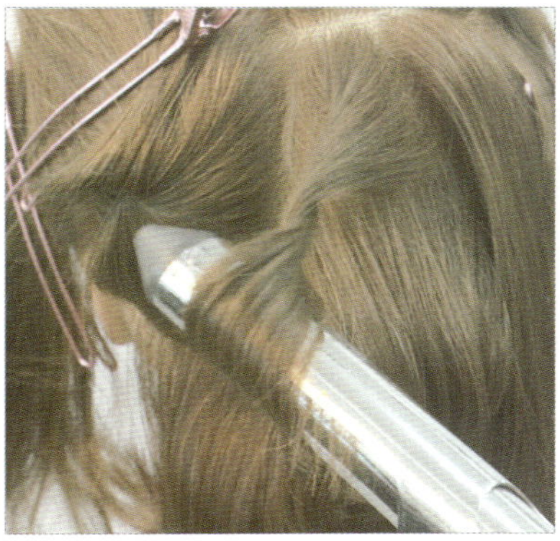

13. 끝을 뜸들이고 있는 모습이다.

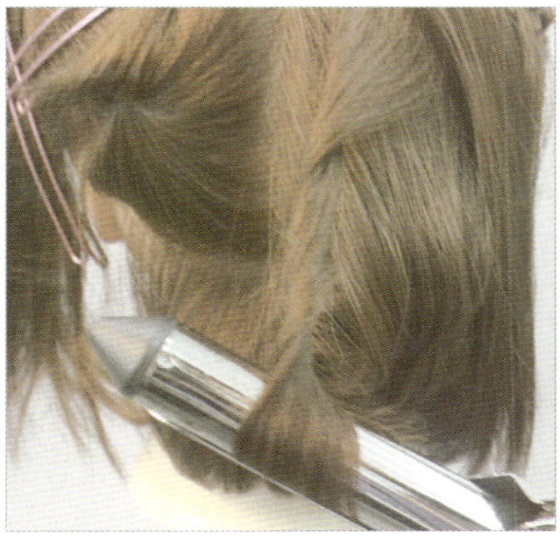

14. 아이론에 감겨진 머리를 풀면서 돌린다.

15. 나머지 머리도 세로 섹션하여 45도로 감는다.

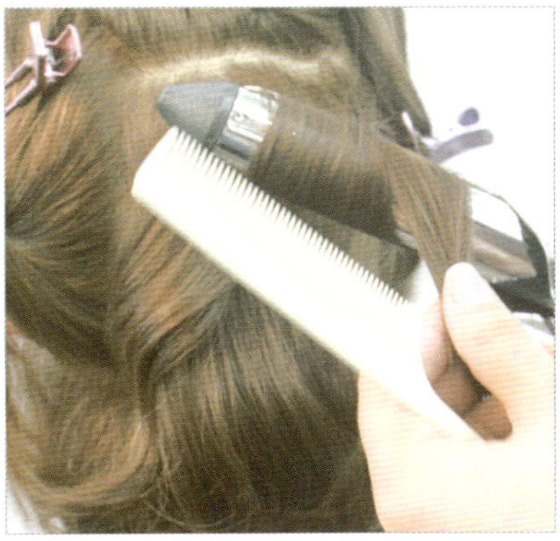

16. 천천히 뜸을 들이면서 내려온다.

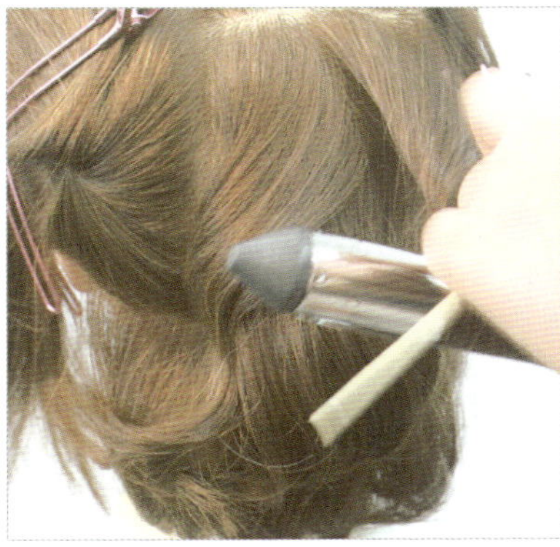

17. 아이론에 감겨진 머리를 아이론을 풀면서 다시 아이론을 돌린다.

18. 모발 끝까지 뜸을 들이면서 내려온다.

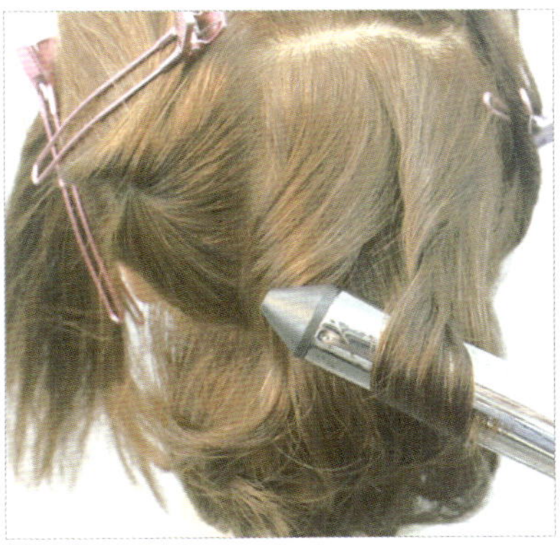

19. 모발 끝까지 뜸을 들이면서 내려온다.

20. 아이론 후의 모습이다.

21. 다음 섹션도 아이론을 45도로 하여 모발을 감는다.

22. 아이론에 머리를 감은 후 뜸을 들이고 천천히 뺀다.

23. 아이론을 빼면서 다시 돌린다.

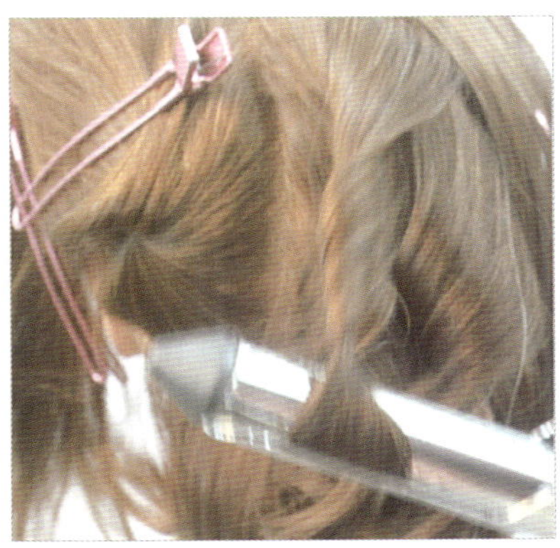

24. 아이론을 두 바퀴 빼면서 돌릴 때의 모습이다.

25. 탑부분도 아이론을 감는다.

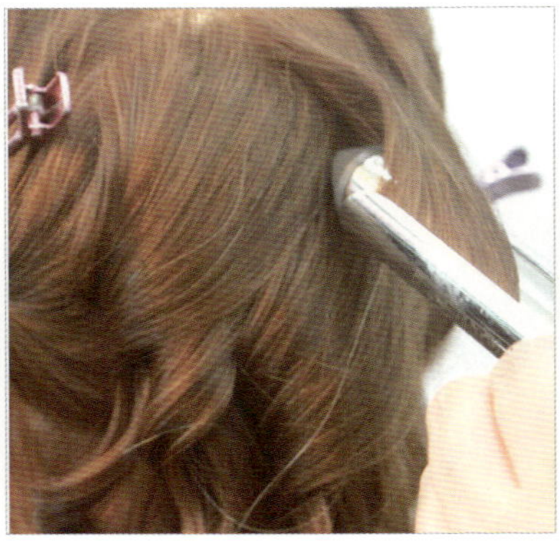

26. 천천히 내려오면서 뜸을 들인다.

27. 아이론에 감아진 머리를 풀면서 아이론을 다시 돌린다.

28. 아이론을 한 바퀴 돌리면서 뺀다.

29. 모발 끝까지 뜸을 들이면서 아이론을 천천히 뺀다.

30. 모발 끝이 아이론에 감기는 모습이다.

31. 모발 뿌리에서부터 아이론에 감고 풀면서 모발 끝으로 내려온다.

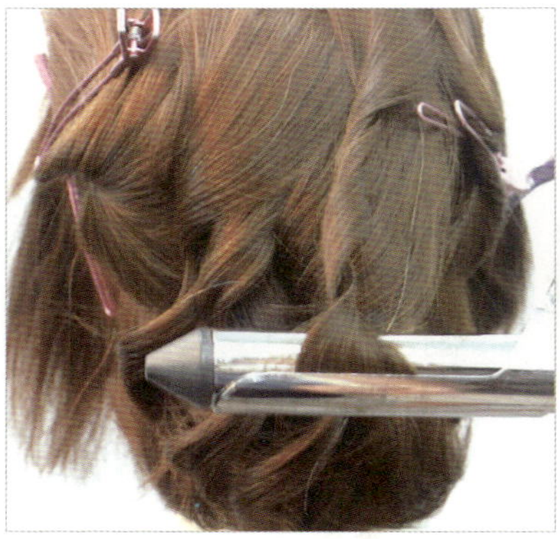

32. 이때 모발 끝이 구겨지지 않도록 끝까지 열을 주어 뺀다.

33. 아이론 된 모습이다.

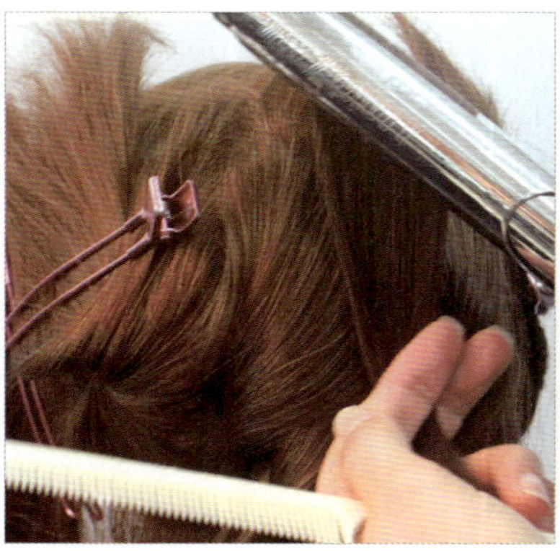

34. 탑은 뿌리를 잡은 후 위쪽에서부터 감는다.

35. 한 바퀴 감은 후 뜸을 들인다.

36. 아이론을 돌리면서 모발을 한 바퀴 푼다.

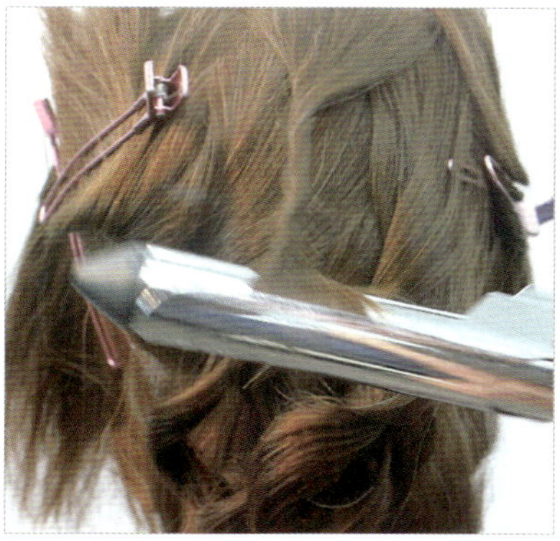

37. 모발 끝까지 아이론을 돌리면서 뺀다.

38. 아이론 된 모습이다.

39. 오른쪽 사이드 네이프는 C컬 한다.

40. 이어백사이드도 2~3cm 섹션한다.

41. 오른쪽 완성된 모습이다.

42. 왼쪽 골드포인트는 가로 섹션이지만 세로섹션으로 잡는다.

43. 아이론을 앞쪽에서 뒤쪽으로 만다.

44. 왼쪽사이드는 아이론을 리버스로 만다.

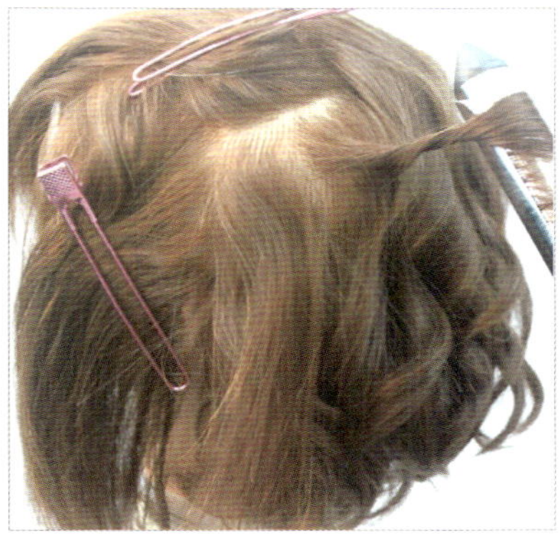

45. 리버스로 만 후 뜸을 들이면서 아이론을 돌리며 뺀다.

46. 이때 텐션을 너무 주면 웨이브가 늘어질 수 있으니 주의한다.

47. 반복하여 작업한다.

48. 리버스로 웨이브가 나온 모습이다.

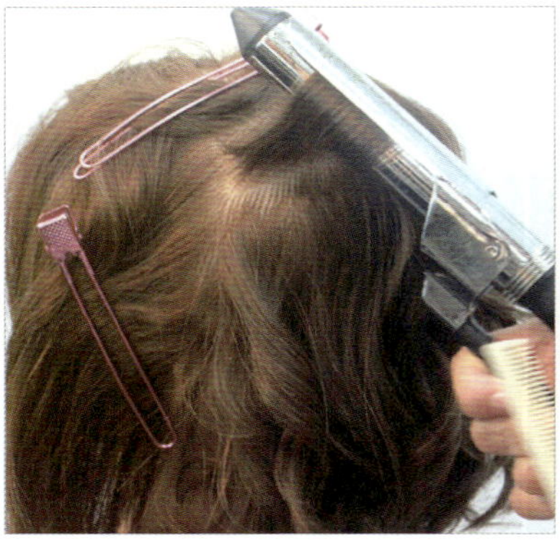

49. 골드포인트도 리버스로 아이론에 모발을 만다.

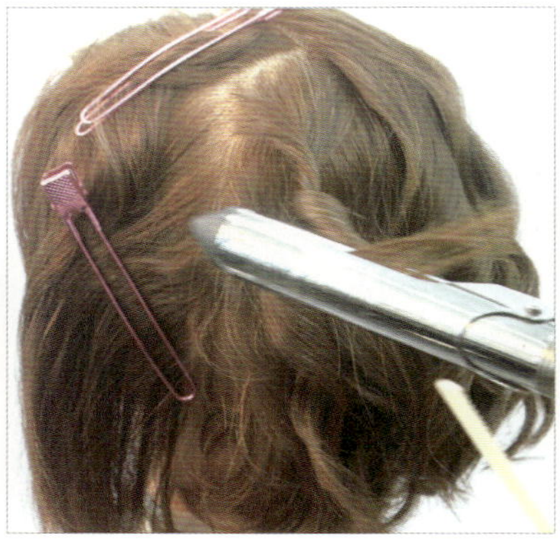

50. 뜸을 들이면서 아이론을 돌리며 모발을 감고 빼기를 동시에 한다.

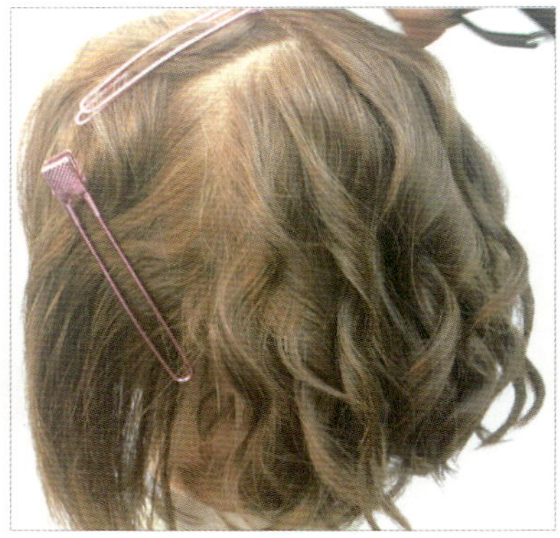

51. 아이론 된 상태이다.

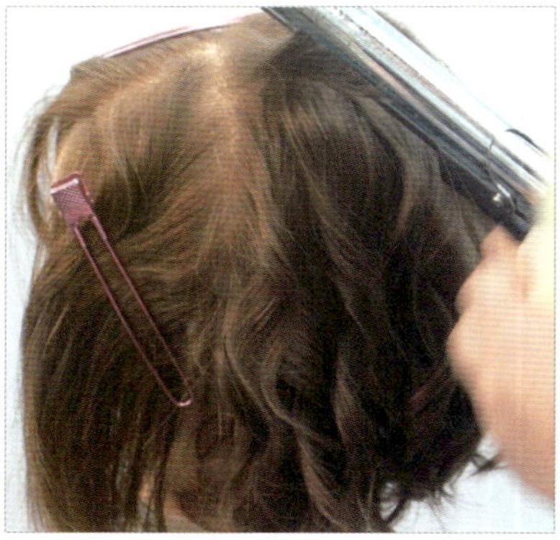

52. 탑 부분도 뿌리를 살짝 잡은 후에 리버스로 만다.

53. 리버스로 말은 후 뜸을 들인다.

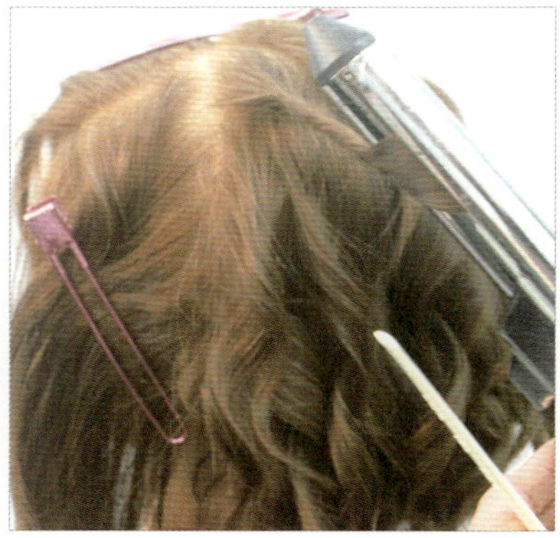

54. 아이론을 빼면서 돌리고 끝까지 뜸을 들이면서 뺀다.

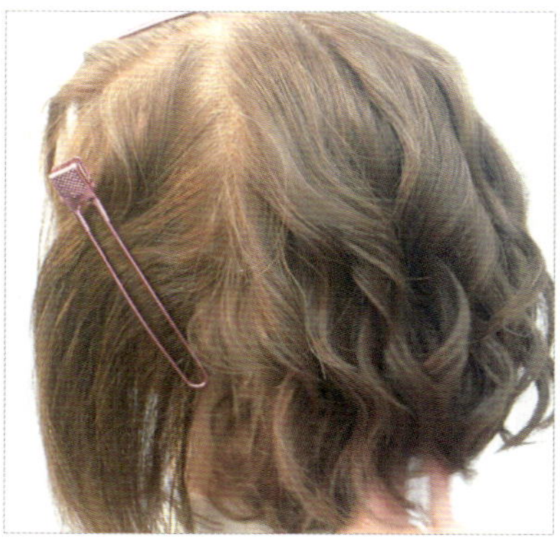

55. 완성된 모습이다.

56. 사이드도 가로섹션이지만 세로섹션으로 잡도록 한다.

57. 리버스로 아이론을 45도 한다.

58. 리버스로 아이론에 머리를 감은 후 뜸을 들인다.

59. 아이론을 한 바퀴 돌리면서 모발을 뺀다.

60. 모발을 한 바퀴 뺀 후에 아이론을 다시 감는다.

61. 페이스라인도 리버스로 머리를 감는다.

62. 뜸을 들이면서 아이론을 돌리면서 뺀다.

63. 완성된 모습이다.

64. 뿌리를 먼저 잡는다.

65. 뿌리를 잡은 지점부터 아이론을 리버스로 감는다.

66. 리버스로 감은 후 뜸을 들인다.

67. 아이론을 한 바퀴 돌린다.

68. 돌리면서 뺀 모습이다.

69. 완성된 모습이다.

70. 프린지 머리를 남긴 후 뿌리를 잡는다.

71. 뿌리를 잡은 후에 리버스로 머리를 아이론에 감는다.

72. 뜸을 들이면서 감겨진 머리를 아이론을 돌려가며 뺀다.

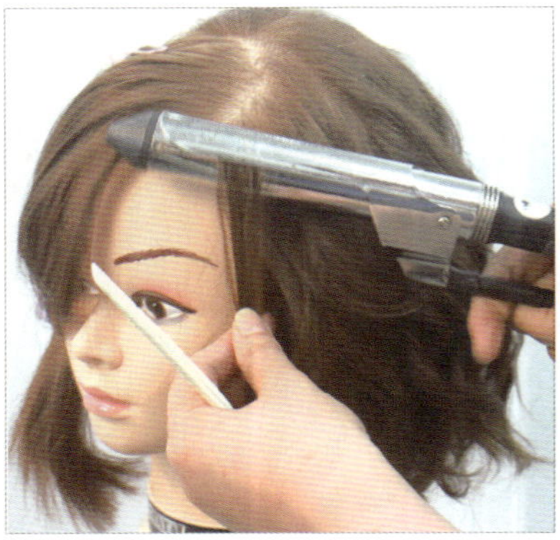

73. 프린지 머리 뿌리를 잡는다.

74. 아이론을 리버스로 감는다.

75. 아이론을 풀면서 감는다.

76. 완성된 옆머리이다.

77. 오른쪽사이드는 가로섹션한다.

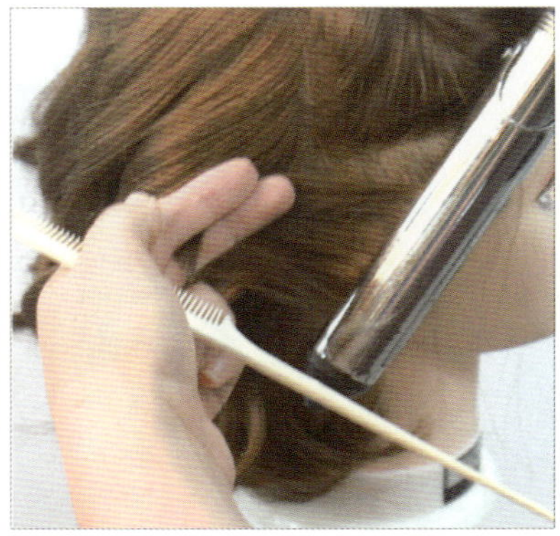

78. 리버스로 아이론을 거꾸로 들어 머리를 만다.

79. 아이론에 머리를 감은 후 뜸을 들이고 뺀다.

80. 완성된 모습이다.

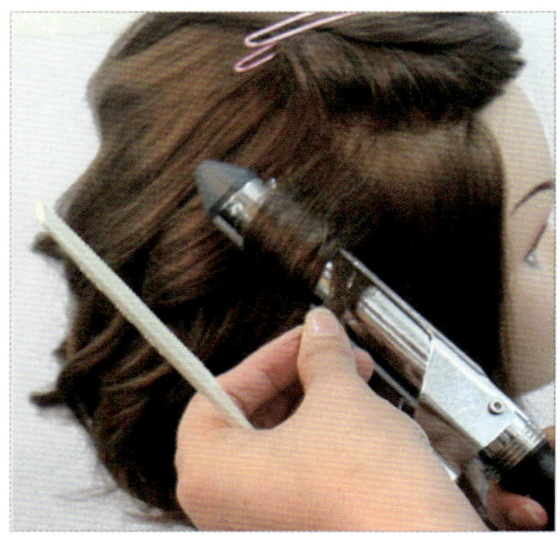

81. 두 번째 단 부터는 아이론을 뿌리에서부터 감는다.

82. 머리를 감고 뜸을 들인 후 아이론을 풀면서 다시 감는다.

83. 아이론의 완성된 모습이다.

84. 페이스 라인은 아이론이 뜨거우니 주의하며 뒤쪽으로 만다.

85. 뿌리에서부터 한 바퀴 만 후 뜸을 들이면서 뺀다.

86. 아이론을 돌리면서 빼고 감는다.

87. 모발 끝이 구겨지지 않도록 주의한다.

88. 아이론의 완성된 모습이다.

89. 반복작업한다.

90. 반복작업한다.

91. 끝이 구겨지지 않도록 주의한다.

92. 앞머리는 뿌리를 먼저 다린다.

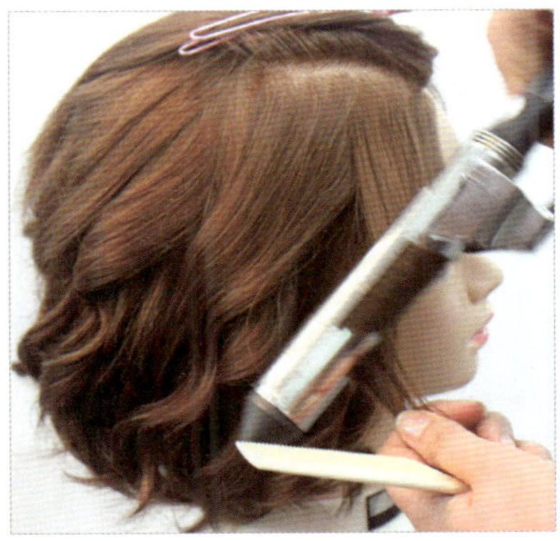

93. 뿌리를 다린 끝 지점에서 아이론을 거꾸로 잡고 뒤쪽으로 감는다.

94. 뒤쪽으로 감은 후 뜸을 들이고 모발끝이 구겨지지 않도록 천천히 뺀다.

95. 프린지 머리 역시 뿌리를 먼저 잡는다.

96. 뿌리를 잡는다.

97. 뿌리를 잡고 다린 부분에서부터 뒤쪽으로 만다.

98. 뜸을 들이면서 천천히 끝까지 내려온다.

99. 천천히 끝까지 내려온다. 이때 텐션을 너무 세게 주지 않도록 주의한다.

100. 아이론 된 앞모습이다.

101. 반복해서 작업한다.

102. 반복해서 작업한다.

103. 방향이 전체적인 조화가 되도록 맞춘다.

104. 앞머리도 뿌리를 먼저 잡도록 한다.

105. 뿌리를 잡은 지점에서부터 컬을 뒤쪽으로 만다.

106. 완성된 모습이다.

107. 완성된 앞모습

108. 완성된 옆모습

109. 완성된 뒷모습

110. 완성된 옆모습

미듐 S웨이브(지그재그 웨이브)

롱 스타일

1. 펴기(스트레이트)란?

열을 이용하여 일시적으로 머리를 펴는 것을 말한다.

1) 사용도구

플랫아이론, 꼬리 빗

2) 시술순서

① 먼저 수분을 전부 말린 상태에서 시작한다.

② 네이프부터 섹션을 정확히 하여 시작한다.

③ 섹션은 2~3cm로 하는 것이 좋다.

④ 펴기는 아이론을 모발 끝까지 뜸을 들이는 것이 중요하다.

1. 시술하기 전 앞모습이다.

2. 시술하기 전 옆모습이다.

3. 시술하기 전 뒷모습이다.

4. 시술하기 전 옆모습이다.

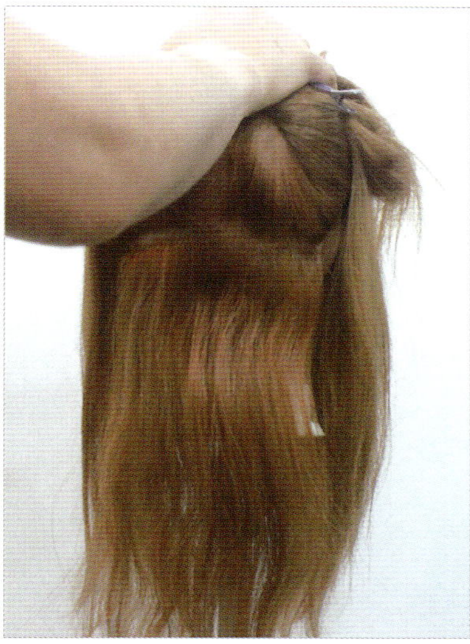

5. 네이프의 머리를 이등분한다.

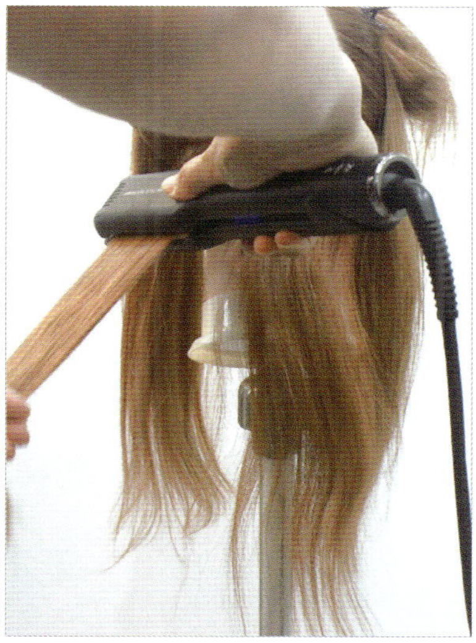

6. 한 쪽 부분을 빗으로 빗은 후 결이 꼬이지 않게 하여 매직으로 다린다.

7. 천천히 뜸을 들이면서 내려오는 것이 중요하다. 이때 빗은 아이론 앞쪽에서 결이 틀어지지 않도록 잡아준다.

8. 아이론이 모발 끝까지 왔을 때에는 빗을 다시 안쪽으로 넣어서 잡는다.

9. 열을 모발 끝까지 주는 것이 중요하다.

10. 한쪽부분이 펴진 모습이다.

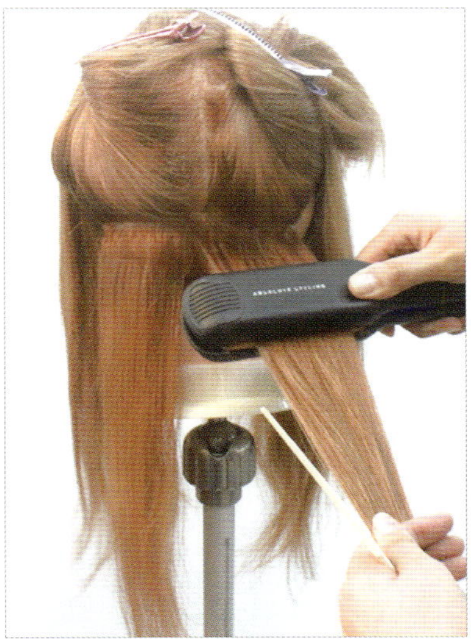

11. 나머지 반쪽부분도 열을 천천히 주고 뜸을 들이면서 내려온다.

12. 아이론 된 모습이다.

13. 모발이 흐트러지지 않도록 머리를 빗어서 손으로 잡는다.

14. 천천히 뜸을 들이면서 아이론으로 머리를 다린다.

15. 빗으로 머리를 잡으면서 아이론을 천천히 내린다.

16. 뿌리는 각도를 들어서 다린다.

17. 반 정도까지 각도를 유지하고 내려온다.

18. 모발 끝이 구겨지지 않도록 빗으로 잡으면서 천천히 뜸을 들이며 내려온다.

19. 뿌리는 각도를 살리고 중간 이후부터 각도를 떨어트린다.

20. 모발 끝까지 빗으로 잡으면서 내려온다.

21. 아이론 된 모습이다.

22. 아이론 된 모습이다.

23. 반복하여 내려온다.

24. 아이론 되어 펴진 뒷모습이다.

25. 옆머리도 시작할 때는 각도를 살리면서 시작한다.

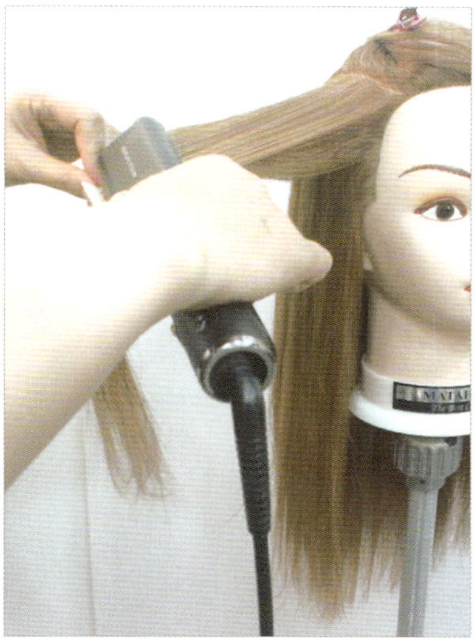

26. 반복 시술한다.

27. 반복 시술한다.

28. 완성된 앞모습

29. 완성된 옆모습

30. 완성된 뒷모습

31. 완성된 옆모습

롱스트레이트(펴기)

2. C컬(안말음)이란?

모발의 방향이 얼굴쪽으로(포워드) 향하는 것을 말한다.

1) 사용도구

플랫 아이론, 꼬리 빗

2) 시술순서

① 수분을 전부 말린 상태에서 시작한다.

② 뿌리를 먼저 드라이로 잡고 시작한다.

③ 섹션을 정확히 탄 뒤 네이프부터 시작한다.

④ 스트레이트로 펴면서 C컬의 접점에서 아이론을 굴릴 준비를 미리 한다.

⑤ 모발을 아이론에 말 때, 모발 끝이 구겨지지 않도록 주의하는 것이 중요하다.

1. 시술하기 전 뒷모습이다.

2. 시술하기 전 옆모습이다.

3. 시술하기 전 앞모습이다.

4. 시술하기 전 옆모습이다.

5. 수분을 다 말린 상태에서 네이프부터 시작하되 빗질을 하여 모발의 꼬임을 없앤다.

6. 네이프부터 열을 천천히 뜸을 들이며 내려온다.

7. C컬이 시작되는 부분에서 미리 C컬의 준비를 한다.

8. 모발 끝까지 아이론으로 열을 주며 내려오고, 빗으로 잡아 열을 식혀준다.

9. 나머지 부분도 스트레이트로 펴면서 미리 C컬을 준비하여 아이론을 굴린다.

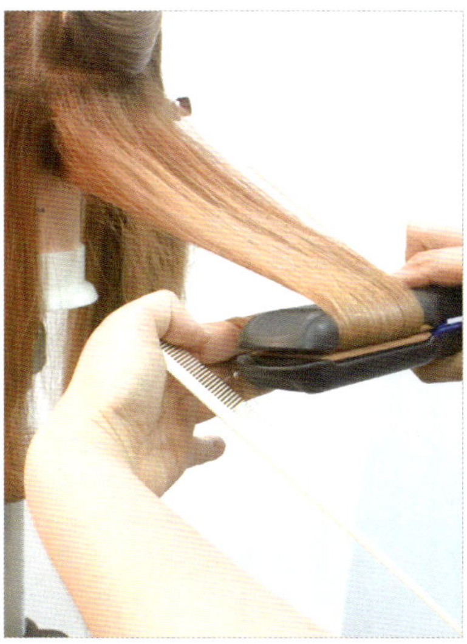

10. 아이론을 반 바퀴 돌려서 천천히 내려온다.

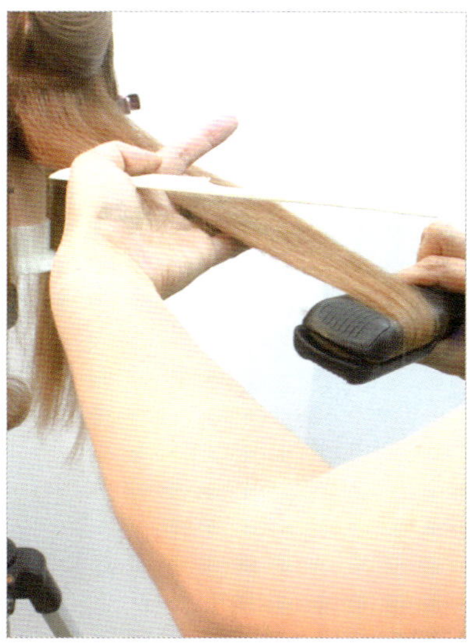

11. 모발이 구겨지지 않게 끝까지 내려오는 것이 중요하다.

12. 열을 식힌다.

13. 백포인트는 3등분하여 스트레이트로 먼저 편다.

14. C컬을 해야 할 부분에서 미리 아이론을 반 바퀴 돌릴 준비한다.

15. 반복 작업한다.

16. C로 굴려진 접점에서 모발 끝을 왼손으로 잡아 아이론이 잘 들어갈 수 있도록 한다.

17. 반복 작업한다.

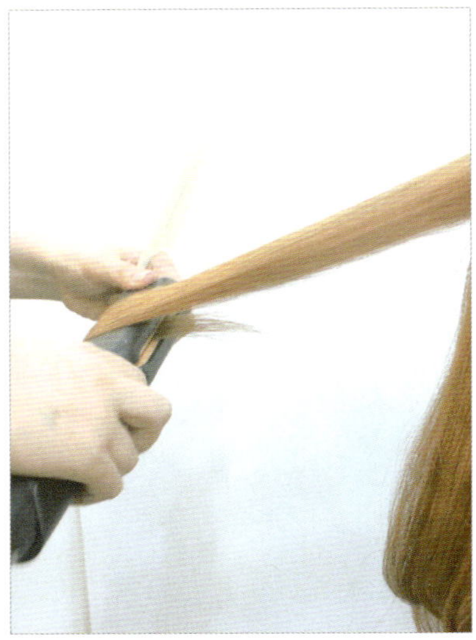

18. 반복 작업한다.

19. 반복 작업한다.

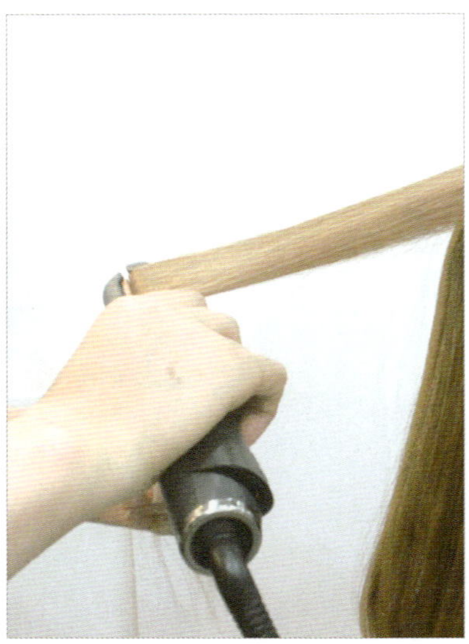

20. 탑포인트도 반복하여 작업한다.

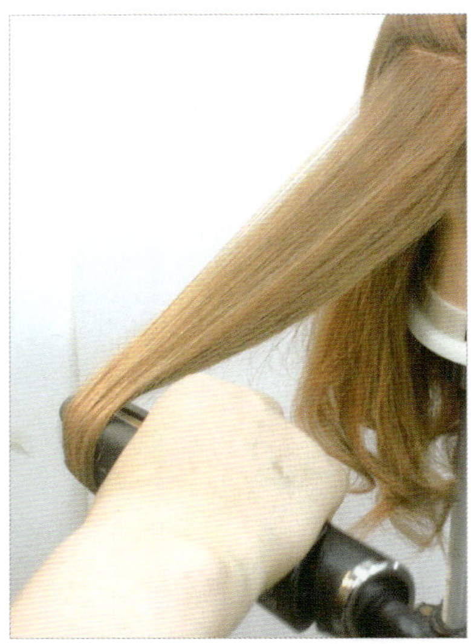

21. 사이드도 먼저 스트레이트로 펴고 C컬이 되는 접점 부분에서 아이론 자국이 남지 않게 C컬 한다.

22. 얼굴쪽으로 C컬 하여 뺀다.

23. 섹션은 2~3cm로 나눈다.

24. C컬 된 모습이다.

25. 천천히 스트레이트로 펴서 C컬할 준비를 미리 한 다음 모발 끝까지 구겨지지 않도록 펴서 다린다.

26. C컬 된 모습이다.

27. 왼쪽 사이드도 빗질을 곧게 하여 천천히 뜸을 들이면서 내려온다.

28. 아이론을 반 바퀴 돌릴 때 남는 모발 끝을 손으로 잡고 끝까지 작업한다.

29. 윗머리는 각도를 유지한 채로 펴다가 C컬 하기 전부터 미리 C컬을 준비한다.

30. 아이론을 반 바퀴 돌려서 천천히 뜸을 들인다.

31. 완성된 앞모습

32. 완성된 옆모습

33. 완성된 뒷모습

34. 완성된 옆모습

롱 C컬(안말음)

3. S컬-플랫아이론

1) Z 웨이브란?

웨이브형이 'Z' 모양으로 표현된다.

(1) 사용도구

플랫 아이론, 꼬리 빗

(2) 시술순서

① 수분을 다 말린 상태에서 시작한다.

② 네이프부터 섹션을 2등분하여 시작한다.

③ 모발을 플랫아이론의 아래로 하여 뜸을 들이고, 위로 하여 뜸 들이기를 반복한다.

④ 모발 끝까지 주의하여 반복한다.

1. 시술하기 전 뒷모습이다.

2. 시술하기 전 앞모습이다.

3. 시술하기 전 옆모습이다.

4. 네이프 섹션은 하나로 나눈다.

5. 뿌리는 약간 다려준다.

6. 아이론을 아래쪽으로 반 바퀴 꺾으면서 뜸을 들인다.

7. 그 뒤 아이론이 된 끝부분에서부터 반대인 위쪽으로 반 바퀴 꺾는다.

8. 이때 열이 식기 전에 텐션을 너무 잡아당기지 않도록 한다.

9. 지그재그 느낌이 나도록 다시 아래, 위로 작업을 반복한다.

10. 아이론을 밑으로 반 바퀴 꺾는다.

11. 위쪽으로 아이론을 꺾는다.

12. 모발 끝까지 결이 흐트러지지 않도록 반복하여 시술한다.

13. 아이론 된 모습이다.

14. 두 번째 섹션도 뿌리를 약간 다린 후 아래로 반 바퀴 꺾는다.

15. 아이론 된 부분에서 내려와 반대로(위쪽으로) 반 바퀴 돌리면서 잠시 머무른다.

16. 완성된 뒷모습이다.

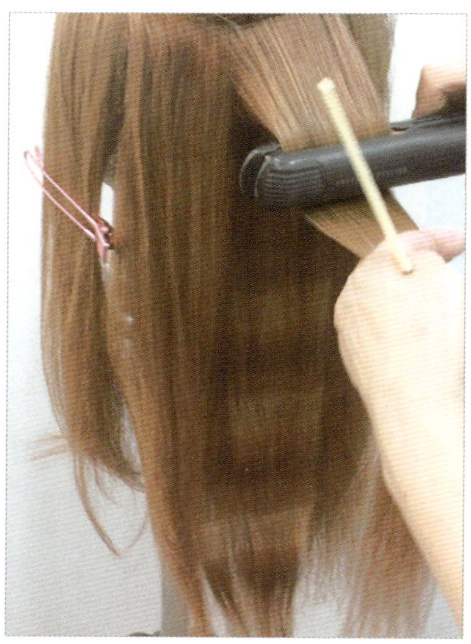

17. 섹션을 둘로 나누어 한 쪽 뿌리를 먼저 다린 후 아래로 반 바퀴 돌려 아이론한다.

18. 반대쪽도 다린 후 아래로 먼저 꺾는다.

19. 탑 부분 역시 뿌리는 다려주고 웨이브를 낼 부분에서부터 아래로 먼저 꺾는다.

20. 다음 위로 꺾어서 2~3초 머무른다.

21. 완성된 뒷모습이다.

22. 네이프 머리도 먼저 다린 후 반복하여 시술한다.

23. 이때 텐션을 너무 주지 않도록 주의한다.

24. 뜸을 들일 때에는 2~3초 머무른다.

25. 반복하여 시술한다.

26. 모발 끝까지 잡고 아이론 한다.

27. 반복하여 시술한다.

28. 뿌리부분을 다린 다음에 웨이브가 시작되는 지점에서 위로 돌려 잠시 머무른다.

29. 열이 식기 전에는 텐션을 너무 주지 않도록 한다.

30. 반복하여 시술한다.

31. 위로 반 바퀴 돌려서 2~3초 머무른다.

32. 반복하여 시술한다.

33. 각도는 자연각도로 시술한다.

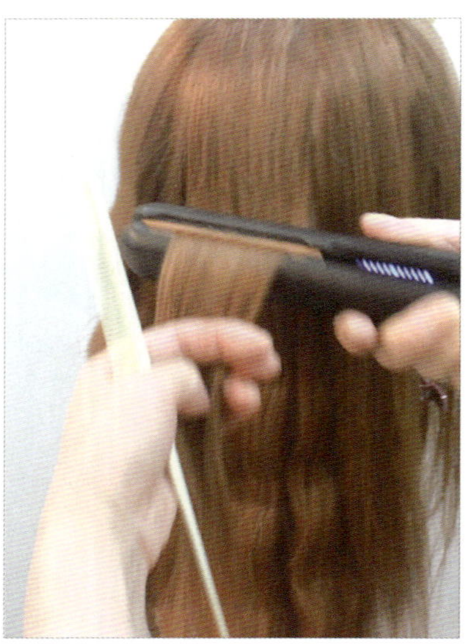

34. 뿌리부분을 먼저 다린 후에 뒷머리 릿지와 웨이브를 맞춘다.

35. 위로 반 바퀴 돌려서 2~3초 머무른다.

36. 이때 아이론에 힘을 너무 잡지 않도록 한다.

37. 반복하여 시술한다.

38. 첫 번째 릿지는 반 바퀴 돌려서 형태만 잡아준다.

39. 끝까지 놓치지 않고 시술한다.

40. 사이드도 자연각도로 다린 다음에 웨이브가 시작되는 부분에서 작은 릿지를 만든다.

41. 다음 위로 꺾어서 2~3초 머무른다.

42. 다음 아래로 꺾어서 2~3초 머무른다. 이때, 열이 식기 전에는 텐션을 많이 주지 않는다.

43. 반복하여 시술한다.

44. 뒷머리의 웨이브 높이의 릿지와 맞춘다.

45. 위로 꺾어서 2~3초 머무른다.

46. 아래로 꺾어서 2~3초 머무른다.

47. 반복 시술한다.

48. 완성된 옆모습이다.

49. 왼쪽사이드도 첫 번째에서는 작은 릿지를 만든다.

50. 반복하여 시술한다.

51. 프린지 머리는 뿌리머리를 약간 다린다.

52. 뒷머리와 웨이브 높이를 맞춘 후 작은 릿지를 만들고 시작한다.

53. 뒷머리의 웨이브와 높이를 맞춘다.

54. 바깥으로 반 바퀴하여 2~3초 머문다.

55. 반복하여 시술한다.

56. 반복하여 시술한다.

57. 모발 끝까지 놓치지 않고 아이론한다.

58. 완성된 앞모습

59. 완성된 뒷모습

60. 완성된 옆모습

61. 완성된 옆모습

플랫아이론 – 롱(Z웨이브)

2) 물결 웨이브란?

C컬의 연장선으로, 전체적인 웨이브가 물결모양인 것을 말한다. 차분한 느낌을 준다.

(1) 사용도구

플랫 아이론, 꼬리 빗

(2) 시술순서

① 수분을 다 말린 상태에서 시작한다.

② 네이프부터 섹션을 2등분하여 시작한다.

③ 모발을 플랫 아이론의 아래로 하여 뜸을 들이고, 위로 하여 뜸 들이기를 반복한다.

④ 모발 끝까지 주의하여 반복한다.

1. 시술 전 앞모습이다.

2. 시술 전 옆모습이다.

3. 시술 전 뒷모습이다.

4. 시술 전 옆모습이다.

5. 네이프를 이등분으로 섹션한다.

6. 뿌리는 약간 다린 후 안쪽으로 반 바퀴 만다.

7. 안쪽으로 만 후 뜸을 들이고 바깥쪽으로 만다.

8. 안쪽으로 말고 뜸을 들인다.

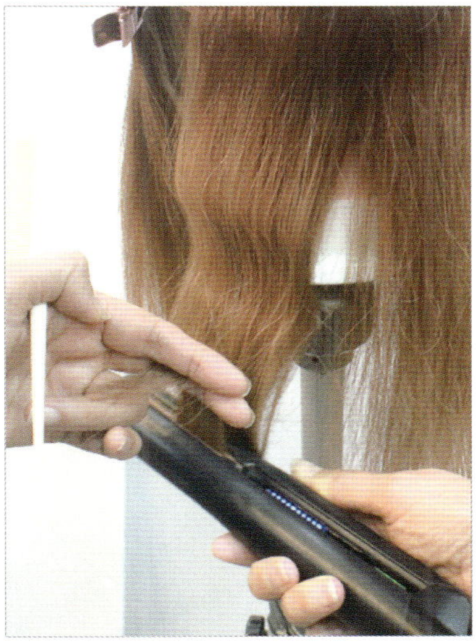

9. 모발 끝까지 반복 시술한다.

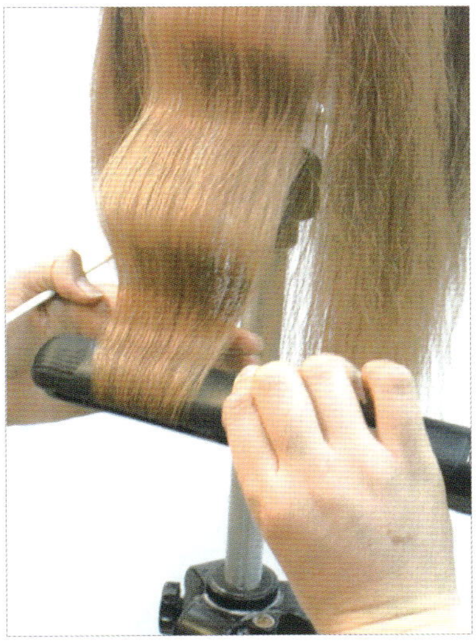

10. 모발 끝을 놓치지 않고 아이론 한다.

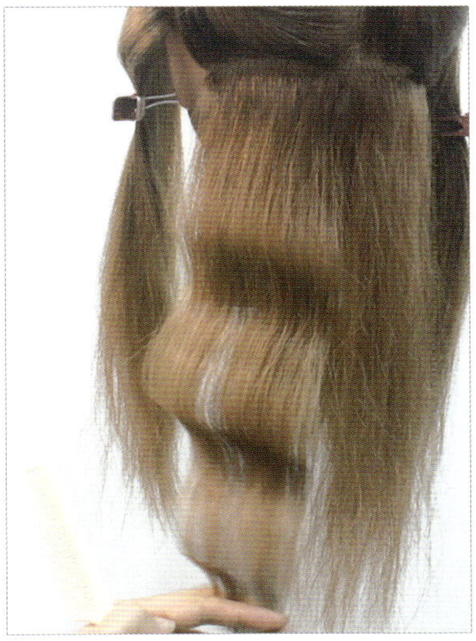

11. 아이론 된 모습이다.

12. 반대쪽도 같은 방법으로 반복 시술한다.

13. 아이론 된 모습이다.

14. 그 다음 판넬부터는 3등분 하여 가운데 부분을 먼저 시작한다.

15. 아이론을 반 바퀴 씩 위, 아래로 반복하여 자연스럽게 내려온다.

16. 각도는 0도로 한다.

17. 모발 끝까지 흐트러지지 않도록 한다.

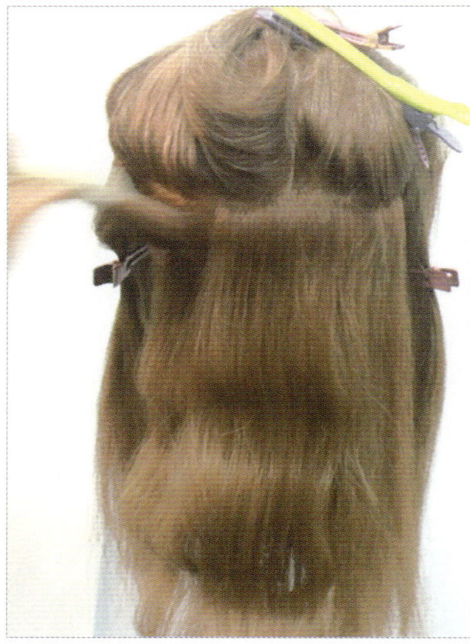

18. 아이론 된 모습이다.

19. 완성된 뒷머리와 웨이브의 릿지를 맞춘다.

20. 아이론 자국이 나지 않도록 자연스럽게 내려온다.

21. 아이론 된 모습이다.

22. 뿌리쪽은 아이론을 다려서 첫 번째 단에 작은 릿지를 살짝 만든다.

23. 모발끝까지 아이론으로 뜸을 들인다.

24. 반복하여 시술한다.

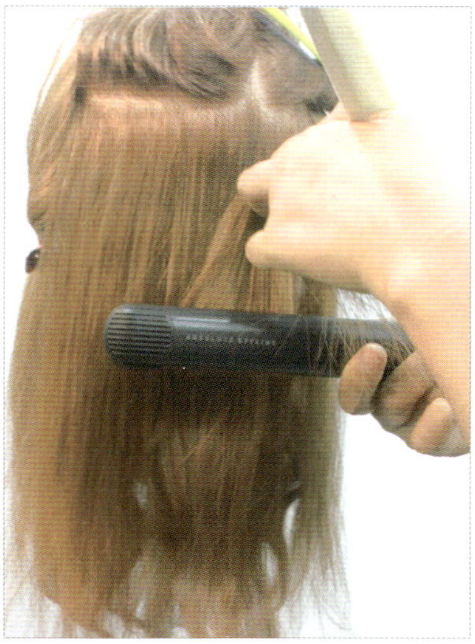

25. 반복하여 시술한다.

26. 웨이브의 흐름을 자연스럽게 한다.

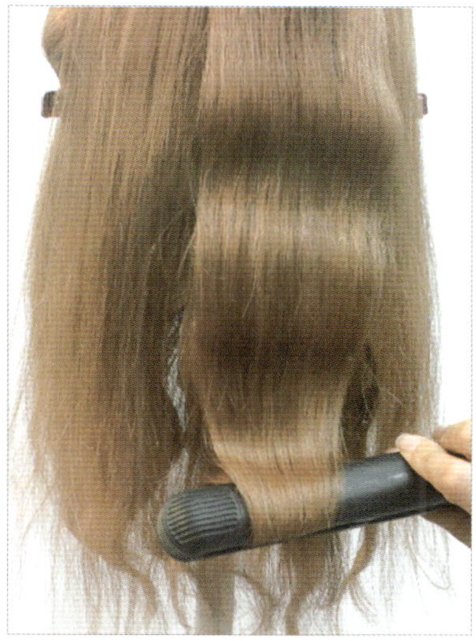

27. 모발 끝도 놓치지 않도록 주의한다.

28. 모발 끝도 놓치지 않도록 주의한다.

29. 반복 시술한다.

30. 아이론 된 모습이다.

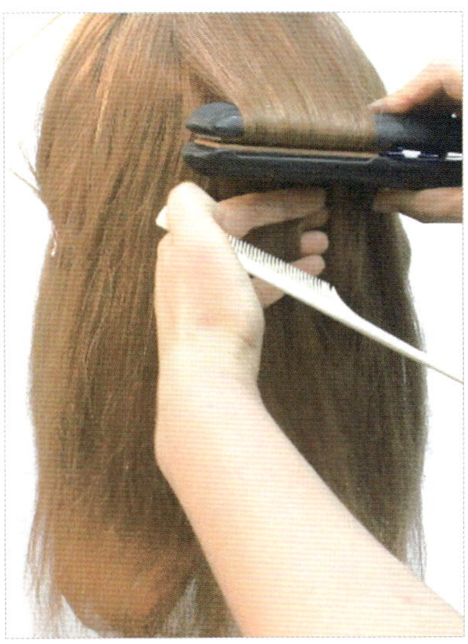

31. 탑은 뿌리 쪽을 먼저 다린 후 아래쪽부터 반 바퀴 돌린다.

32. 플랫 아이론의 자국이 남지 않도록 자연스럽게 연결시킨다.

33. 완성된 아이론 모습이다.

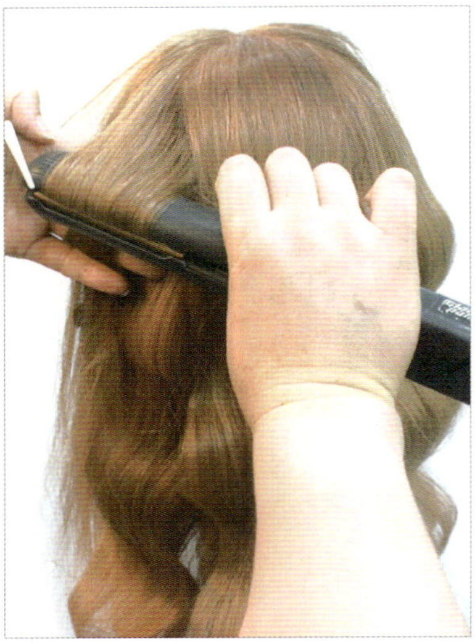

34. 반복하여 시술한다.

35. 플랫아이론을 너무 세게 쥐지 않도록 주의한다.

36. 완성된 아이론 모습이다.

37. 사이드도 자연각도로 시작한다.

38. 섹션은 3cm 이상 뜨도록 한다.

39. 아래, 위로 자연스럽게 반 바퀴씩 돌리면서 내려온다.

40. 반복 시술한다.

41. 완성된 아이론 모습이다.

42. 다음 판넬도 뿌리를 먼저 다리고 시작한다.

43. 위로 반 바퀴 돌리면서 내려온다.

44. 반대로 아래로 반 바퀴 돌리면서 내려온다.

45. 반복하여 시술한다.

46. 뜸을 들이면서 천천히 내려온다.

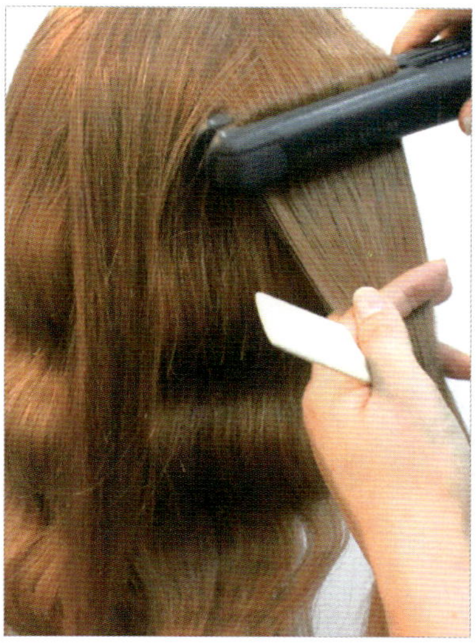

47. 섹션을 뜨고 한 섹션에서 1/2만 위쪽에 살짝 릿지를 낸다.

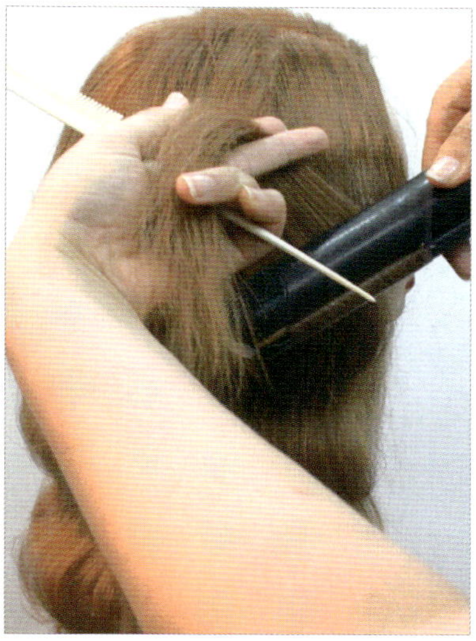

48. 섹션을 합쳐서 아래쪽 웨이브에 맞춰 릿지를 낸다.

49. 모발 끝은 흐트러지지 않도록 손으로 잘 잡는다.

50. 반복하여 시술한다.

51. 텐션을 너무 심하게 당기지 않도록 한다.

52. 뿌리부분을 먼저 살짝 다리고 아래쪽 웨이브에 맞춰 릿지를 준다.

53. 앞, 뒤로 아이론을 꺾어가며 반복하여 내려온다.

54. 머릿결이 서로 꼬이지 않도록 주의하여 끝까지 내려온다.

55. 반복하여 내려온다.

56. 사이드도 뿌리를 살짝 다린다.

57. 웨이브에 볼륨이 너무 일어나지 않도록 가볍게 릿지를 준다.

58. 텐션을 너무 심하게 주지 않는 상태에서 천천히 아래로 내려온다.

59. 모발 끝까지 뜸을 들이면서 웨이브의 흐름을 유지한다.

60. 웨이브의 완성된 상태이다.

61. 두 번째 판넬은 첫 번째 판넬의 웨이브 방향과 맞춘다.

62. 반복해서 시술한다.

63. 맨 윗머리는 자연각도로 한 판넬에서 1/2만 살짝 잡는다. 그 후 릿지를 하나 가볍게 준다.

64. 위쪽 첫 번째 릿지는 형태만을 살짝 주어 웨이브의 흐름을 자연스럽게 유지한다.

65. 완성된 앞모습

66. 완성된 옆모습

67. 완성된 뒷모습

68. 완성된 옆모습

69. 완성된 앞모습

플랫아이론 – 롱(물결웨이브)

3) S컬(웨이브)이란?

C컬의 연장선으로, 웨이브의 모양이 S형으로 표현된다.

(1) 사용도구

플랫아이론, 꼬리 빗

(2) 시술순서

① 수분을 다 말린상태에서 시작한다.

② 네이프부터 섹션을 2등분하여 시작한다.

③ 뒷 머리는 모발 끝을 아이론에 왼쪽으로 감아서 3초 정도 내려오고, 다시 뒤쪽으로 감아서 3초 정도 내려오는 것을 반복한다.

④ 네이프는 두 단 정도 웨이브를 하고, 위로 올라갈수록 웨이브를 늘린다.

⑤ 프린지는 섹션의 1/2만 잡고 살짝 릿지를 준 후 두 번째부터 섹션을 다 잡고 한다.

1. 시술 전 모습이다.

2. 네이프 머리를 먼저 시작한다.

3. 아이론을 45도로 하여 모발을 한 바퀴 감는다.

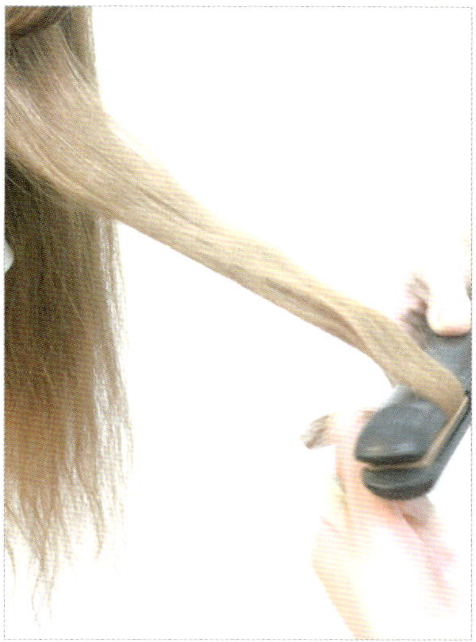

4. 한 바퀴 감은 상태에서 약 3초 동안 머무르지 않게 약간씩 뺀다.

5. 반 바퀴 만 아이론을 다시 제자리로 돌려 모발 끝에서 반대로 뺀다.

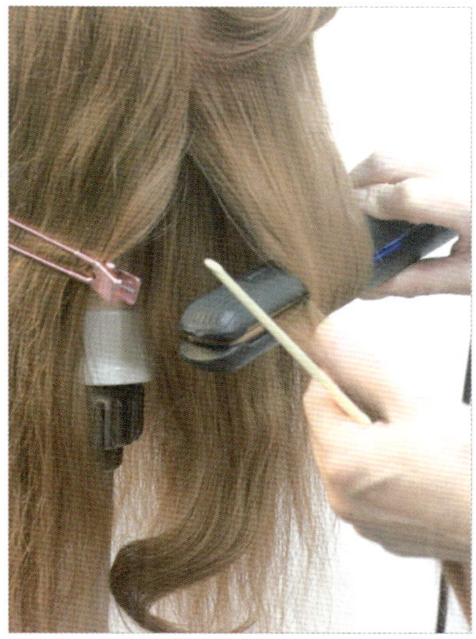

6. 반 바퀴 감아서 모발 끝을 앞쪽으로 뺀다.

7. 앞 쪽으로 빼서 약간씩 아이론을 빼기까지 3초를 센다.

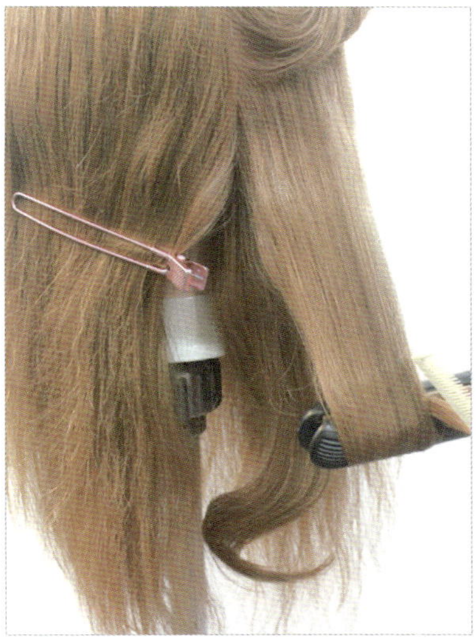

8. 아이론을 풀고 다시 제자리로 가서 머리를 뒤 모발 끝을 뒤 쪽으로 3초가 걸리도록 내려오면서 뺀다.

9. S웨이브의 모습이다.

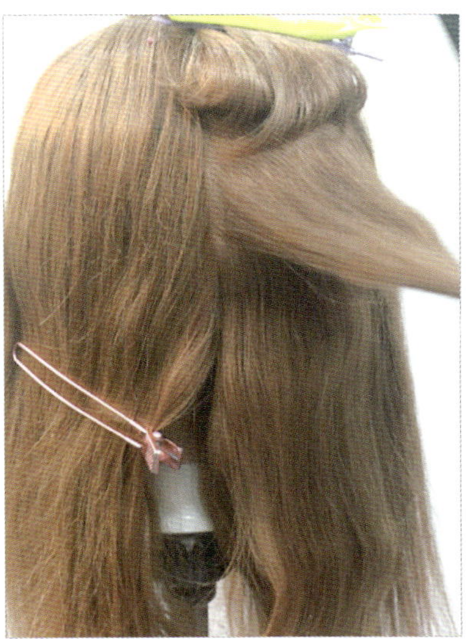

10. 섹션을 3cm 정도 나눈다.

11. 뿌리를 살짝 다린다. 이때 앞선 네이프에는 웨이브를 **2**단을 주었고, 백 포인트를 지나면서 웨이브가 하나 더 많아지므로 첫 번째 반 바퀴를 뒤쪽으로 먼저 뺀다.

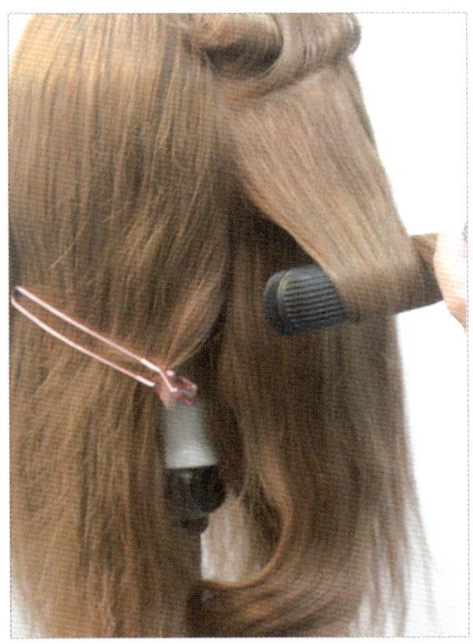

12. 반 바퀴 말고 웨이브를 뒤 쪽으로 뺀 후 3초가 걸리도록 내려온다.

13. 다시 제자리로 간 후 모발 끝을 다시 앞쪽으로 빼면서 반 바퀴 감고 내려온다.

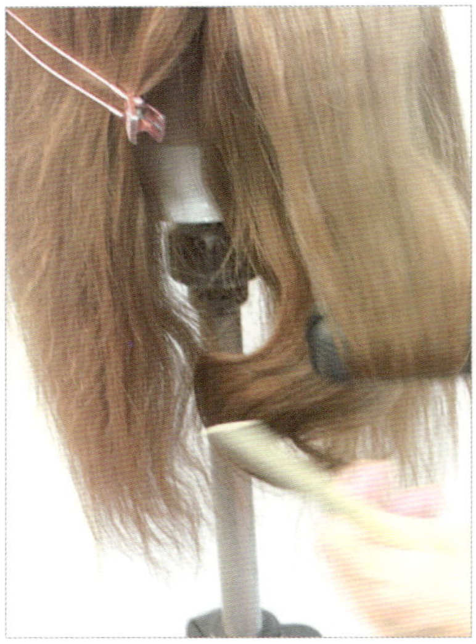

14. 다시 제자리로 가서 모발 끝을 뒤쪽으로 한다.

15. 완성된 웨이브의 모습이다.

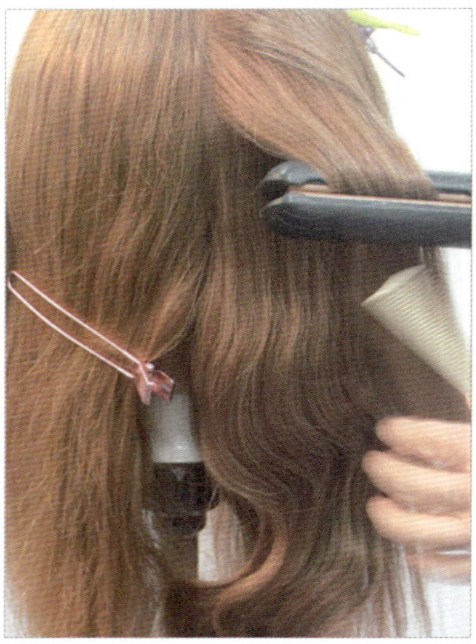

16. 첫 번째 릿지를 만들 때 손바닥을 하늘 방향으로 하여 모발에 아이론을 뒤집어 넣는다.

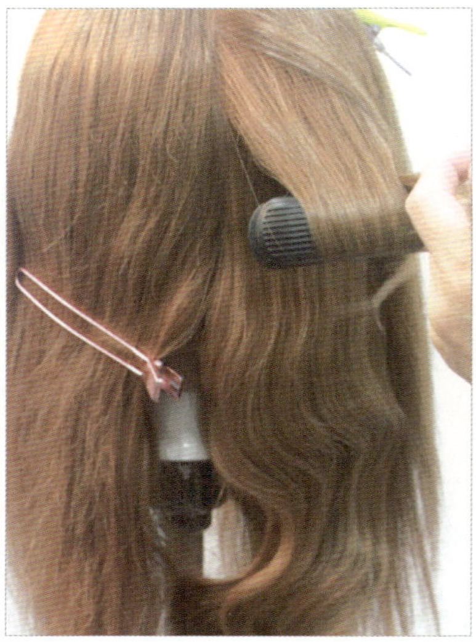

17. 머리를 뒤 쪽으로 빼서 3초 동안 내려온다.

18. 다시 제자리로 갔다가 머리를 앞쪽으로 빼서 3초 동안 내려온다.

19. 텐션을 너무 심하게 주지 않도록 한다.

20. 손바닥을 하늘 방향으로 아이론을 뒤집은 채 머리에 넣는 모습이다.

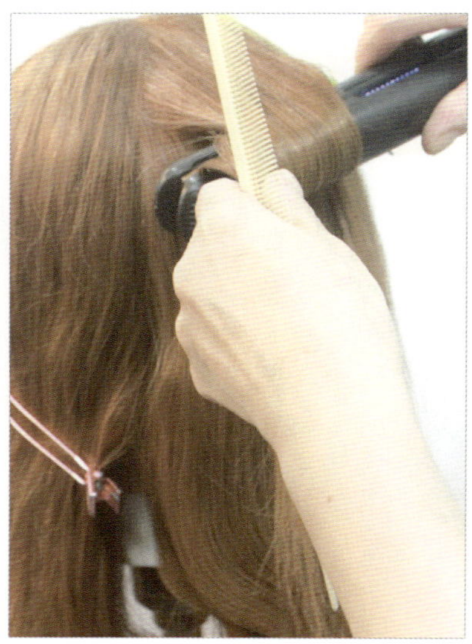

21. 맨 윗머리는 웨이브가 하나 더 생기므로 다시 앞쪽에서부터 들어가도록 한다.

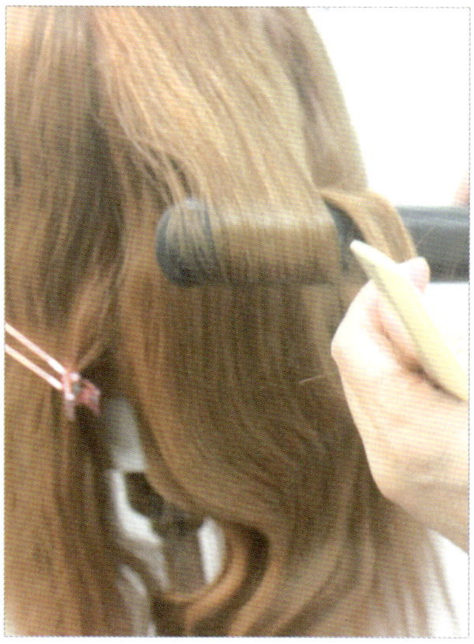

22. 다시 제자리로 가서 뒤쪽으로 모발 끝을 빼고 3초 동안 내려온다.

23. 머리 끝까지 반복하여 작업한다.

24. 완성된 웨이브의 모습이다.

25. 네이프 머리는 웨이브를 두 단만 한다.

26. 자연각도로 하여 이미 만들어진 웨이브에 릿지를 맞춘다.

27. 네이프는 웨이브를 두 단만 준다.

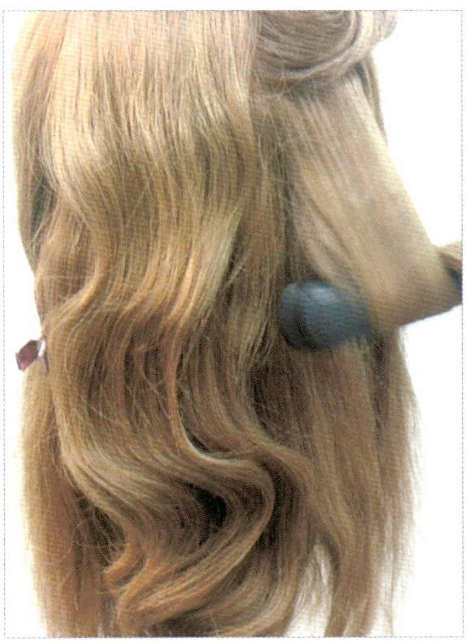

28. 네이프에는 웨이브를 두 단으로 시작하여 중간에서는 두 단 반으로 한다.

29. 텐션을 너무 당기지 않도록 주의한다.

30. 앞뒤로 반복해서 내려온다.

31. 모발 끝까지 구겨지지 않도록 한다.

32. 완성된 웨이브의 모습이다.

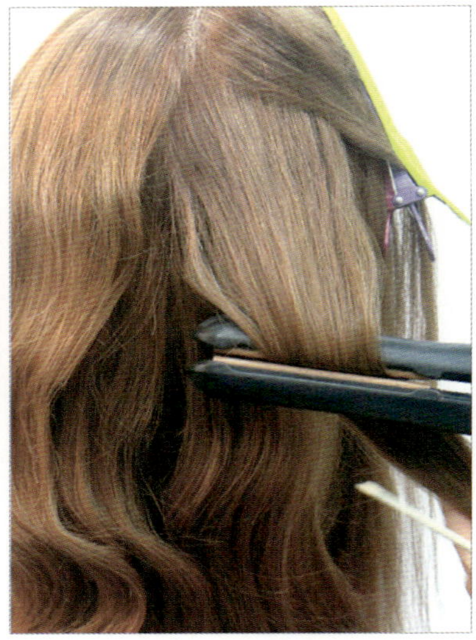

33. 웨이브를 한 단 더 위쪽에서부터 시작한다.

34. 반복해서 시술한다.

35. 완성된 웨이브의 모습이다.

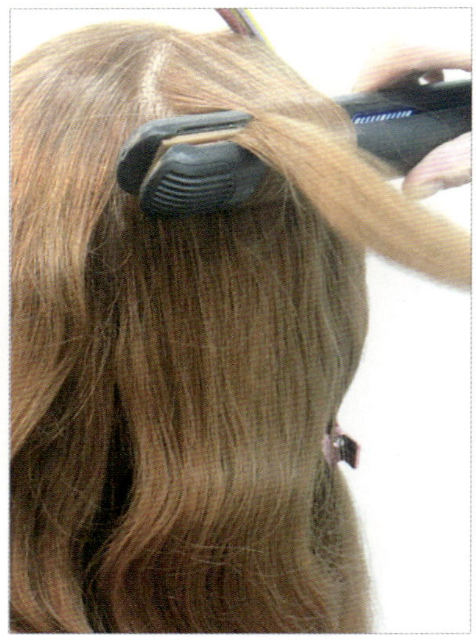

36. 위쪽을 살짝 먼저 다린 후 반복하여 시술한다.

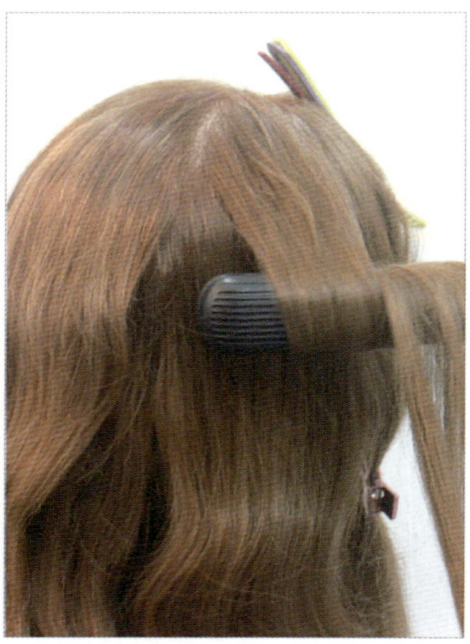

37. 위로 올라갈수록 웨이브를 3단, 4단으로 증가시킨다.

38. 이미 만들어진 웨이브 릿지에 맞춰서 웨이브를 만든다.

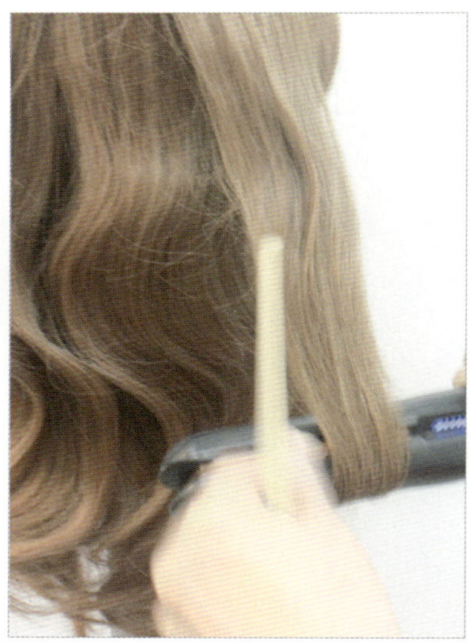

39. 모발 끝까지 구겨지지 않도록 아이론 한다.

40. 완성된 웨이브의 모습이다.

41. 사이드머리도 첫 번째 단에서는 웨이브를 너무 높이서 시작하지 않고 2단 정도만 한다.

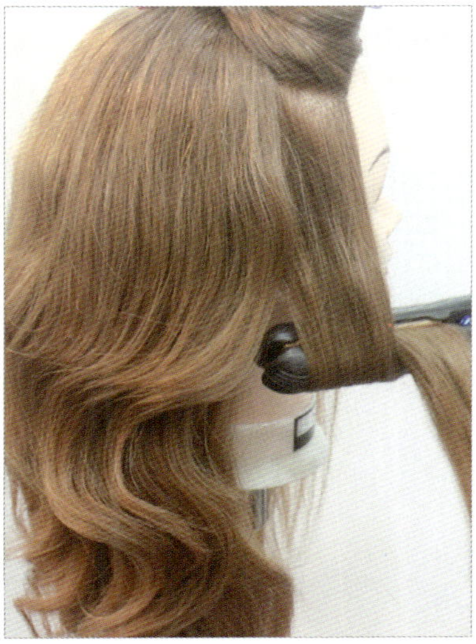

42. 머리 끝을 아이론의 뒤쪽으로 뺀다.

43. 3초 정도 내려온다.

44. 다시 제자리로 아이론을 푼 후 모발 끝을 다시 앞쪽으로 가져온다.

45. 3초 정도 내려오고 다시 뒤쪽으로 바꾼다.

46. 완성된 웨이브의 모습이다.

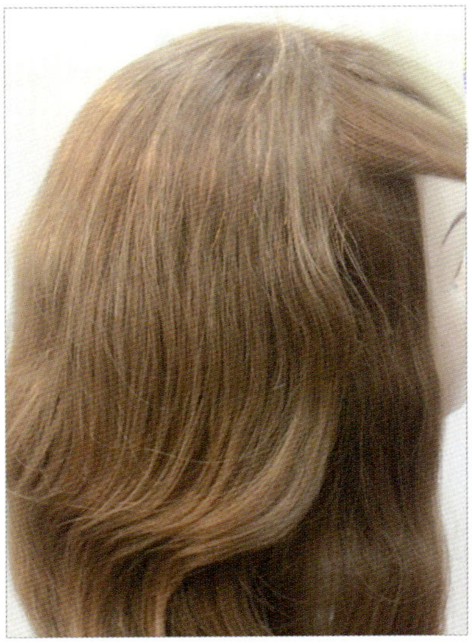

47. 프린지로 갈수록 웨이브 단을 하나씩 더 늘린다.

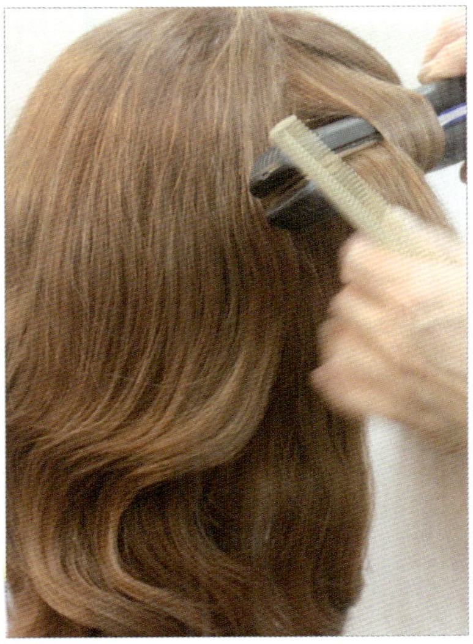

48. 웨이브를 늘릴 때에는 아랫단의 반대쪽으로 모발을 빼며 시작한다.

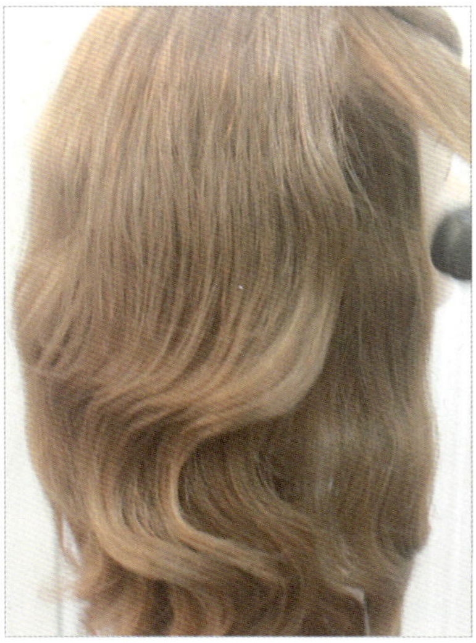

49. 반복하여 시술한다.

50. 반복하여 시술한다.

51. 머리가 식기 전에 웨이브의 형태를 살짝 잡아준다.

52. 완성된 웨이브의 모습이다.

53. 탑머리는 한 판넬의 모발을 1/2로 나누어서 위쪽만 살짝 릿지를 준다.

54. 아래쪽 웨이브에 맞춰서 시술한다.

55. 모발 끝까지 뜸을 들이면서 내려온다.

56. 완성된 웨이브의 모습이다.

57. 네이프는 웨이브를 두 단만 넣는다.

58. 반복하여 시술한다.

59. 자연각도로 아래쪽 웨이브에 맞춰 시술한다.

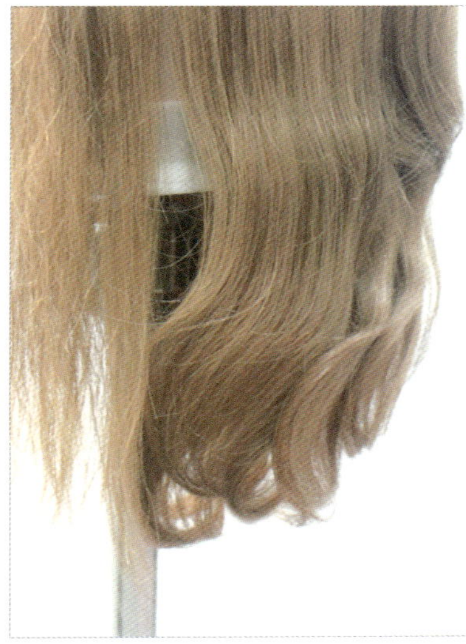

60. 완성된 웨이브의 모습이다.

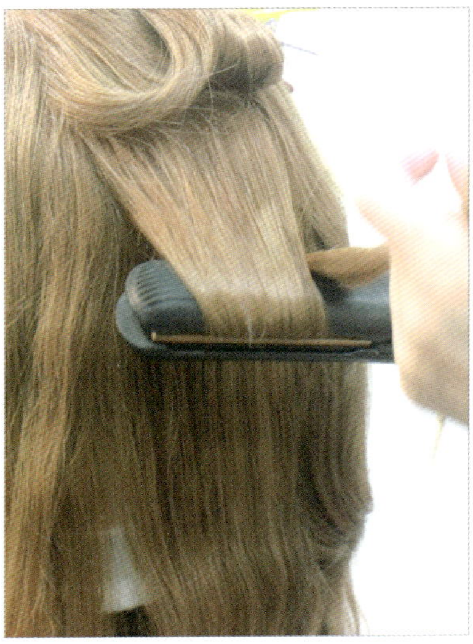

61. 네이프에서는 웨이브의 흐름을 좀 약하게 하고 위로 올라갈수록 웨이브 단을 늘리면서 릿지를 선명하게 한다.

62. 반복하여 시술한다.

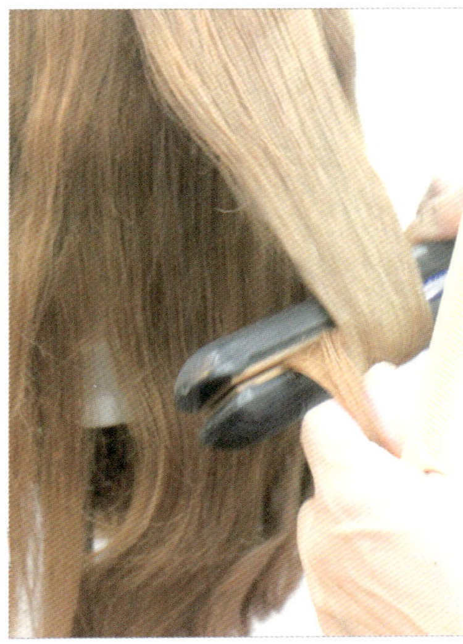

63. 반복하여 시술한다.

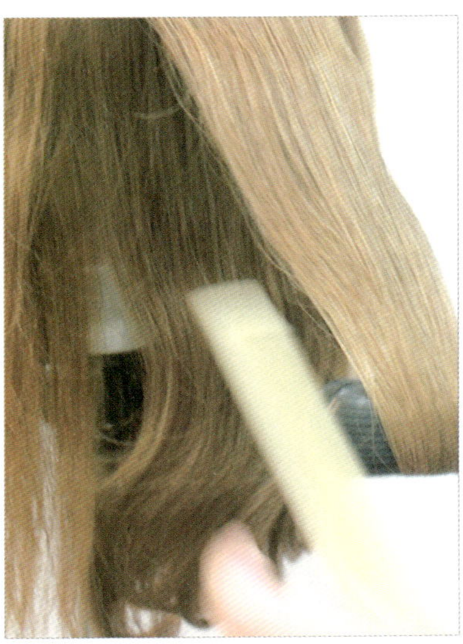

64. 모발 끝이 구겨지지 않도록 주의하여 뜸들인다.

65. 완성된 웨이브의 모습이다.

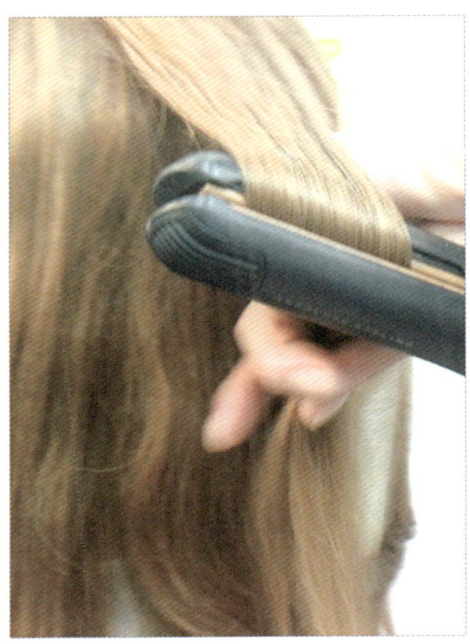

66. 탑도 반복하여 시술한다.

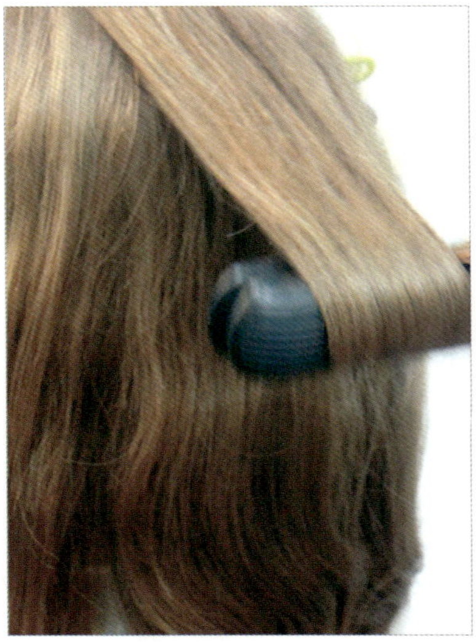

67. 3초를 세며 아이론을 내리고 다시 반대방향으로 머리를 뺀 후 3초를 세며 내려온다.

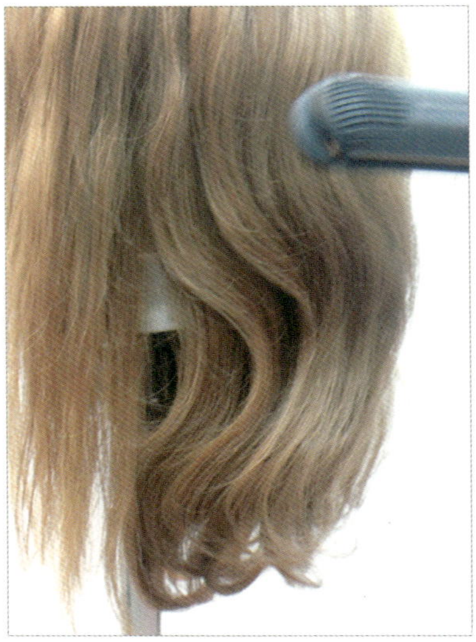

68. 완성된 웨이브의 모습이다.

69. 사이드 첫 번째 단은 웨이브의 흐름을 두 단 정도로 자연스럽게 한다.

70. 반대쪽 사이드의 웨이브 흐름에 맞춰 릿지를 준다.

71. 앞쪽으로 잡고 내려오면서 다시 제자리로 돌아온다.

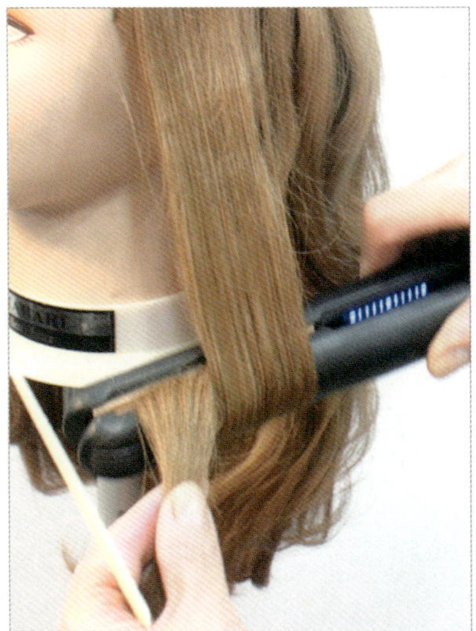

72. 반복하여 시술한다.

73. 뒤쪽으로 머리를 뺀 후 3초 정도 내려온다.

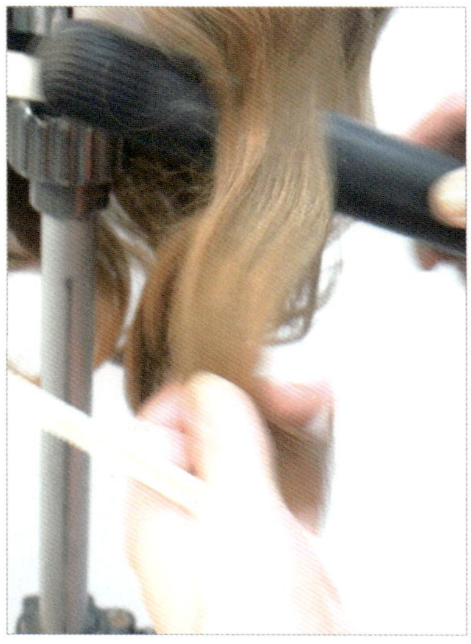

74. 열이 식기 전에 웨이브를 살짝 만져준다.

75. 완성된 웨이브의 모습이다.

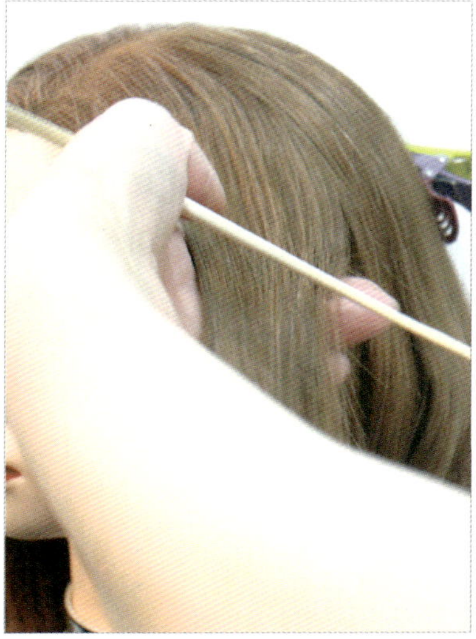

76. 프린지 머리는 뿌리를 살짝 다린 후 1/2을 떠서 릿지를 살짝 준다. 아래쪽 1/2은 웨이브를 넣지 않는다.

77. 머리를 뒤 쪽으로 빼서 3초 정도 내려온다.

78. 반대로 머리를 앞 쪽으로 빼서 3초 정도 내려온다.

79. 열이 식기 전에 웨이브를 살짝 만져준다.

80. 완성된 웨이브의 모습이다.

81. 완성된 S웨이브의 앞모습

82. 완성된 S웨이브의 옆모습

83. 완성된 S웨이브의 뒷모습

84. 완성된 S웨이브의 옆모습

85. 완성된 S웨이브의 모습

플랫아이론 - 롱(S웨이브)

4) 스파이럴 웨이브란?

웨이브가 나사모양으로 표현되는 것을 말한다.

(1) 사용도구

플랫아이론, 꼬리 빗

(2) 시술순서

① 수분을 다 말린 상태에서 시작한다.

② 네이프 부분에서 시작한다.

③ 모발 뿌리에서부터 한 바퀴를 플랫아이론에 돌려서 뜸을 들이며 모발 끝까지 천천히 내려온다.

④ 왼쪽은 모발 끝을 플랫아이론의 앞쪽으로 빼고, 오른쪽은 모발 끝을 플랫아이론의 뒤쪽으로 뺀다.

1. 시술하기 전 모습이다.

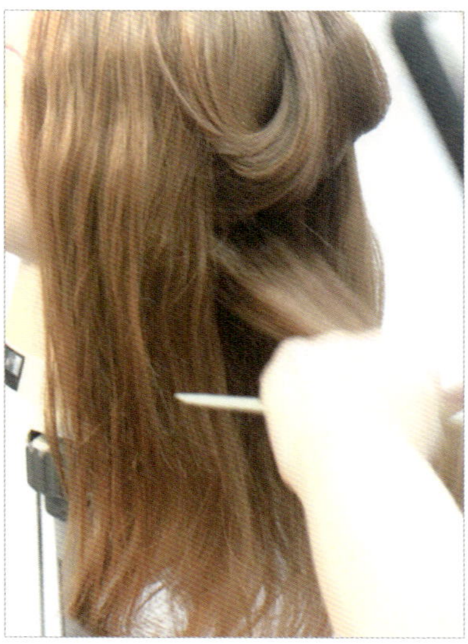

2. 네이프를 먼저 시작한다.

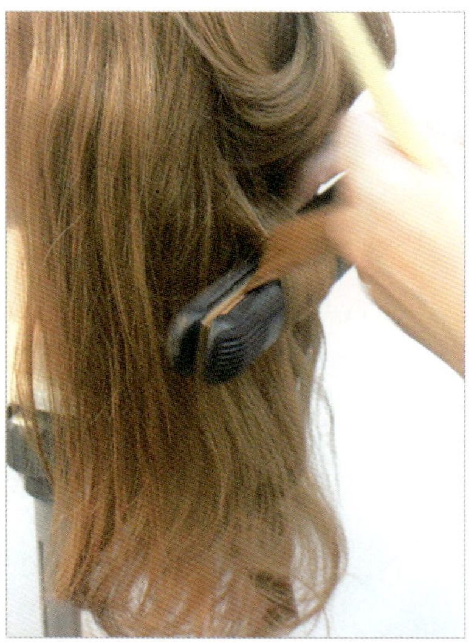

3. 아이론으로 한 바퀴 만 후 뜸을 들이면서 천천히 내려온다.

4. 뜸을 들이면서 천천히 내려온다.

5. 아이론을 45도 하여 모발 끝이 구겨지지 않도록 천천히 내려온다.

6. 완성된 웨이브의 모습이다.

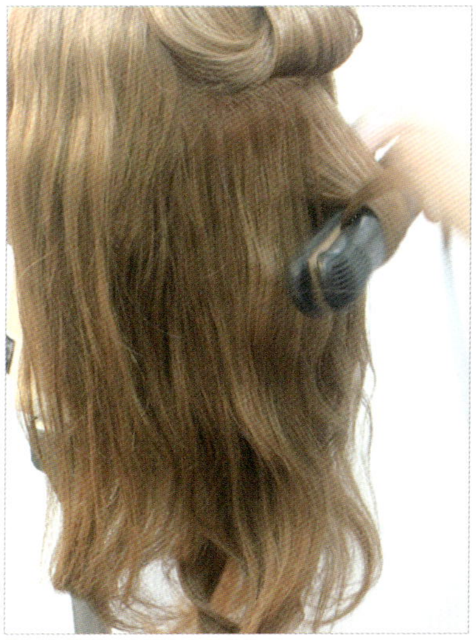

7. 백 포인트 밑쪽은 아이론을 45도로 하여 느슨하게 웨이브를 빼준다.

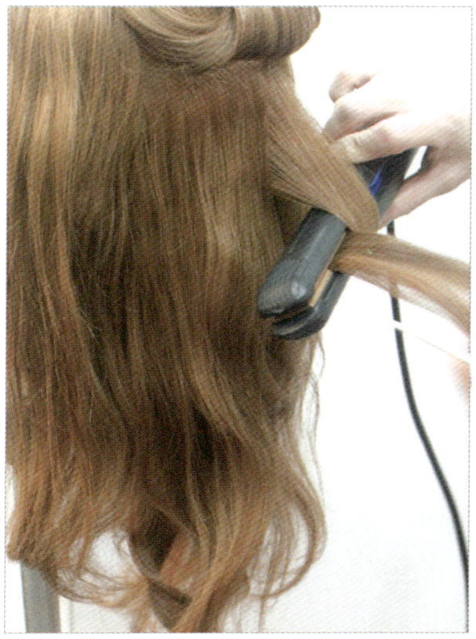

8. 아이론에 머리를 한 바퀴 말고 사선으로 잡는다.

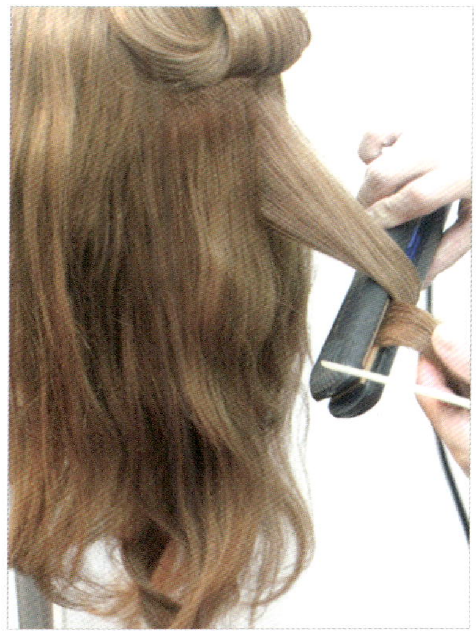

9. 사선으로 잡은 채로 천천히 내려온다.

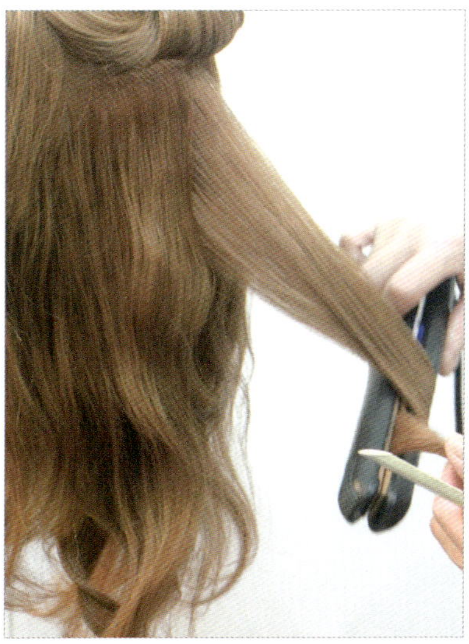

10. 이때 아이론을 너무 세게 잡으면 머리가 빠지지 않으므로 힘 조절을 잘 하도록 한다.

11. 모발 끝까지 뜸을 들이면서 내려온다.

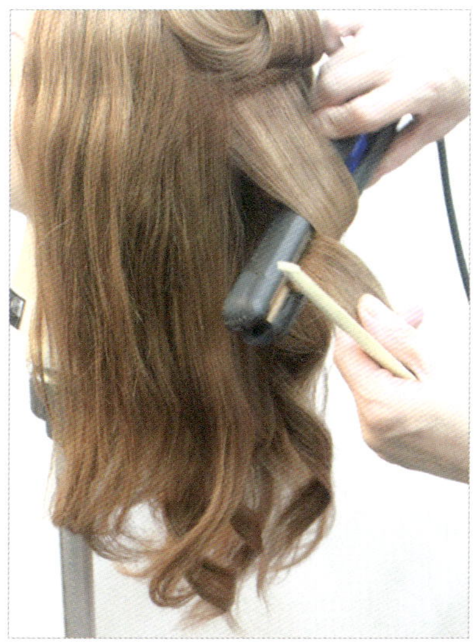

12. 반복하여 시술한다.

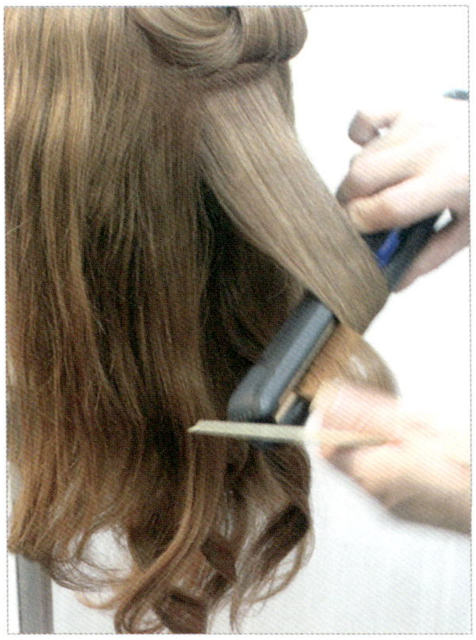

13. 반복하여 시술한다.

14. 백포인트 아래로는 웨이브의 흐름을 자연스럽게 하도록 한다.

15. 네이프 보다 위쪽으로 올라갈수록 컬을 좀더 넣는다.

16. 아래쪽은 아이론에 머리를 감고 좀더 빠르게 내려오도록 한다.

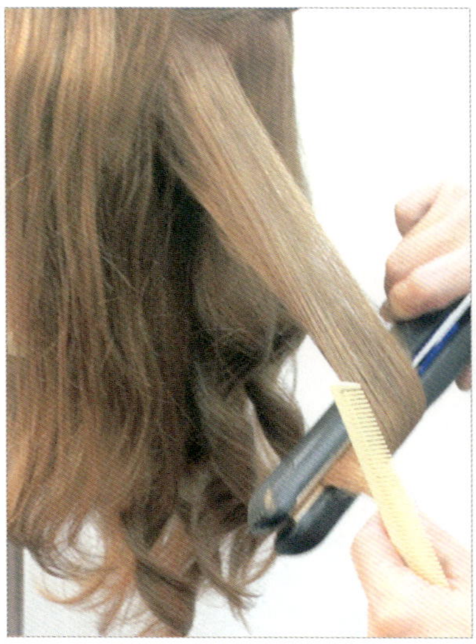

17. 반복하여 시술한다.

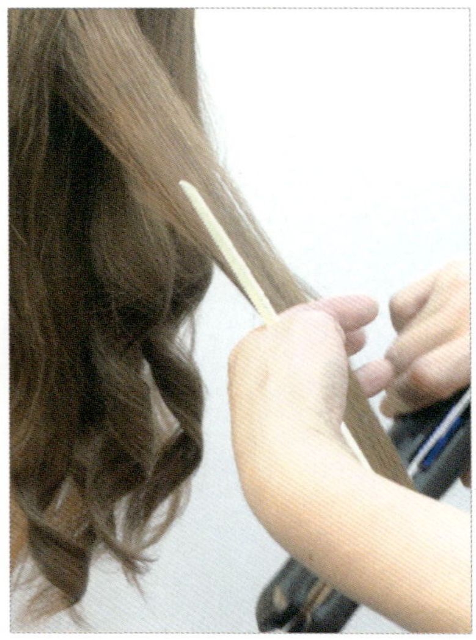

18. 반복하여 시술한다.

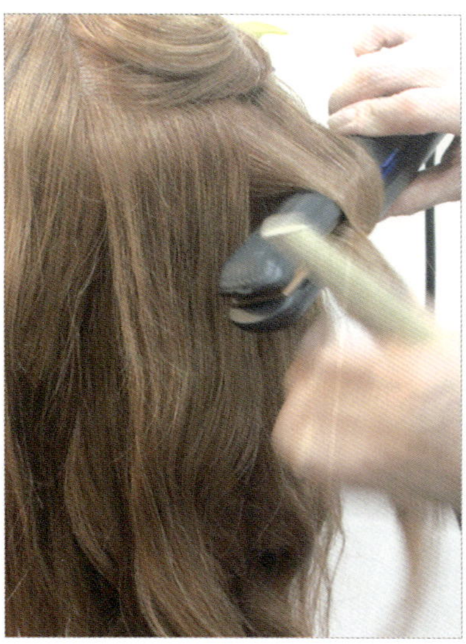

19. 백포인트를 지나면서 아이론을 수평으로 한다.

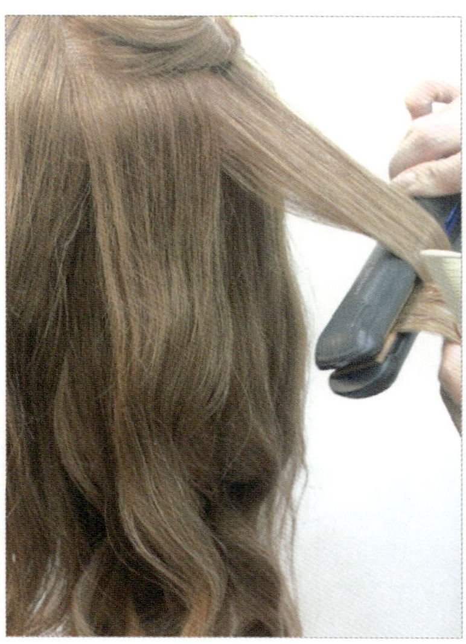

20. 웨이브를 네이프보다 좀더 강하게 넣는다.

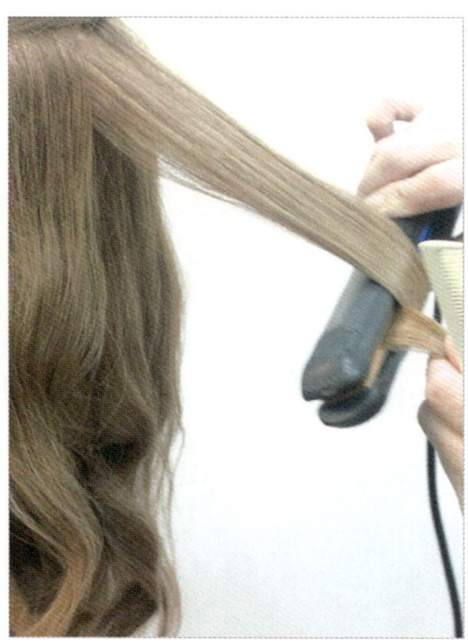

21. 반복하여 시술한다.

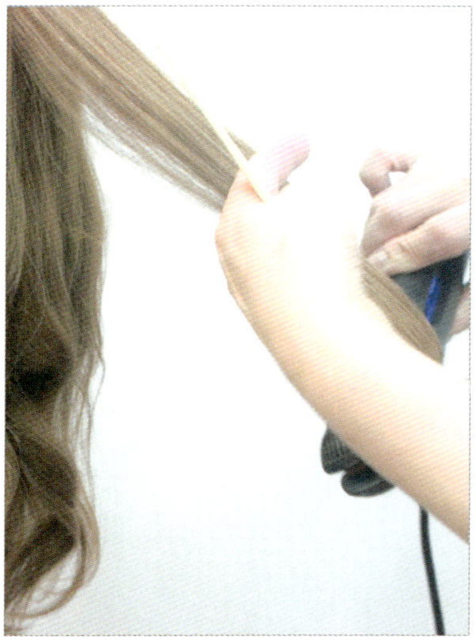

22. 모발 끝까지 아이론을 하는 것이 중요하다.

23. 완성된 웨이브의 모습이다.

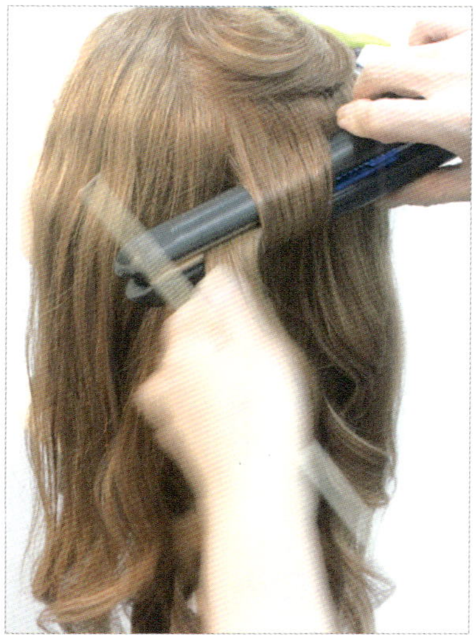

24. 한 바퀴 감은 후에 아이론을 수평으로 하여 천천히 내려온다.

25. 시술하는 도중 웨이브가 꼬이지 않도록 왼손으로 모발을 끝까지 잘 잡는다.

26. 모발 끝까지 뜸을 들이는 모습이다.

27. 반복하여 시술한다.

28. 아이론을 잡는 손은 힘 조절을 잘 하도록 한다.

29. 완성된 웨이브의 모습이다.

30. 탑은 웨이브가 좀더 강하게 나오도록 한다.

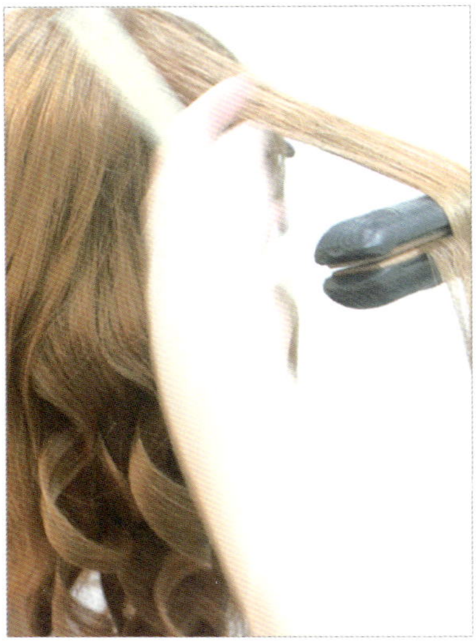

31. 반복하여 시술한다.

32. 완성된 웨이브의 모습이다.

33. 아이론을 수평으로 하여 시술한다.

34. 뒷머리는 전체를 약 4등분하여 시술한다. 이때 아래쪽은 루즈하게, 위쪽은 탄력있게 웨이브를 만든다.

35. 네이프 머리도 약간 자연스럽게 웨이브를 만든다.

36. 반복하여 시술한다.

37. 모발을 감는다.

38. 모발을 감는다.

39. 한바퀴 더 감는다.

40. 위로 올라올수록 컬을 좀더 강하게 한다.

41. 뒤쪽에서는 모발 끝을 앞쪽으로 빼서 내려왔으나, 오른쪽 사이드는 모발 끝을 아이론의 뒤 쪽으로 빼서 시술한다.

42. 전체적인 웨이브의 흐름을 맞추기 위하여 왼쪽과 오른쪽의 시술을 다르게 한다.

43. 아이론을 모발에 넣을 때에는 손바닥을 하늘 방향으로 하여 아이론을 뒤집어 넣는다.

44. 반복하여 시술한다.

45. 뜸을 들이면서 반복 시술한다.

46. 웨이브의 흐름을 뒤쪽으로 준다.

47. 이를 위하여 모발 끝을 아이론의 뒤쪽으로 뺀다.

48. 위로 갈수록 아이론을 수평으로 하여 웨이브를 탄력있게 뺀다.

49. 강하게 하기 위하여 뜸을 좀더 들인다.

50. 모발 끝까지 주의하여 아이론 한다.

51. 반복하여 시술한다.

52. 반복하여 시술한다.

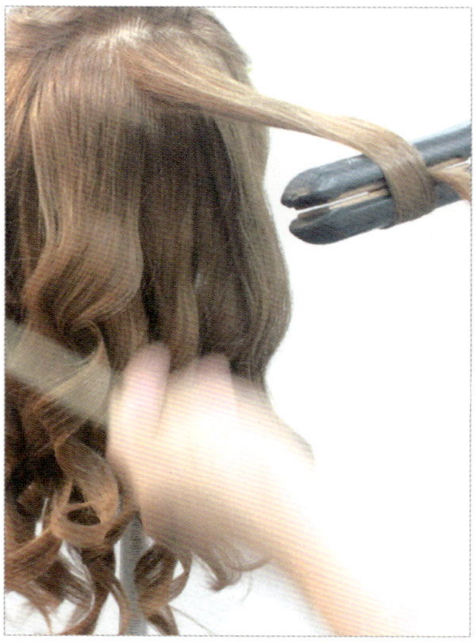

53. 반복하여 시술한다.

54. 반복하여 시술한다.

55. 모발을 아이론의 뒤쪽으로 빼서 시술한다.

56. 반복하여 시술한다.

57. 완성된 웨이브의 모습이다.

58. 사이드도 웨이브를 리버스로 하기 위하여 모발 끝을 아이론 뒤쪽으로 뺀다.

59. 첫 번째 단은 약간 웨이브를 느슨하게 한다.

60. 반복하여 시술한다.

61. 반복하여 시술한다.

62. 반복하여 시술한다.

63. 웨이브가 올라 갈수록 아이론을 수평으로 하여 웨이브를 탄력있게 한다.

64. 반복하여 시술한다.

65. 프린지 머리는 웨이브를 좀더 위쪽에서 시작한다.

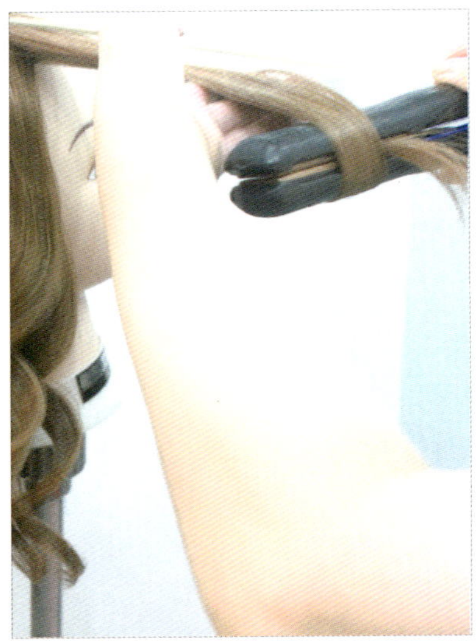

66. 모발 끝까지 아이론 될 수 있도록 한다.

67. 반대쪽 사이드의 섹션이다.

68. 나눠진 섹션에서 모발의 1/2을 잡고 손바닥을 하늘로 향하여 아이론 한다.

69. 웨이브의 흐름을 위하여 모발 끝을 아이론의 앞쪽으로 한다.

70. 아이론을 45도로 하여 앞쪽으로 천천히 만다.

71. 뜸을 들이면서 내려온다.

72. 완성된 웨이브의 모습이다.

73. 맨 앞머리도 모발을 1/2로 나누어 시술한다.

74. 모발 끝까지 천천히 내려온다.

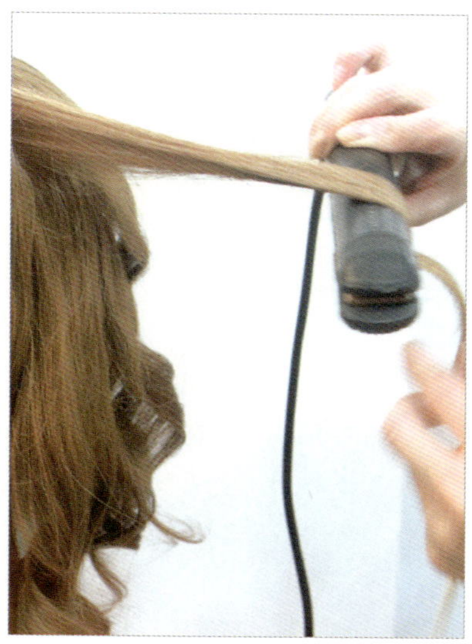

75. 힘 조절을 하며 아이론을 잡는다.

76. 완성된 웨이브의 모습이다.

77. 완성된 앞모습

78. 완성된 옆모습

79. 완성된 뒷모습

80. 완성된 옆모습

81. 완성된 스파이럴 웨이브의 모습

82. 완성된 앞모습

83. 완성된 옆모습

84. 완성된 뒷모습

85. 완성된 옆모습

86. 완성된 스파이럴 웨이브의 모습

플랫아이론 -롱(스파이럴 웨이브)

4. S컬-컬링아이론

1) 바깥말음 웨이브란?

웨이브의 진행방향이 리버스(뒤쪽)으로 아이론 하는 웨이브이다. 모발 안쪽부터 아이론에 대기 때문에 스파이럴 웨이브가 나온다.

(1) 사용도구

컬링아이론, 꼬리 빗

(2) 시술순서

① 수분을 다 말린상태에서 시작한다.

② 네이프부터 섹션을 3등분하여 시작한다.

③ 뒷머리 가운데를 기준으로 리버스로 아이론을 한다.

④ 탑으로 갈수록 뿌리를 먼저 살짝 다린 후 웨이브를 강하게 준다(아이론을 일자로 한다).

⑤ 사이드는 리버스로 향한다.

⑥ 양쪽 사이드는 왼쪽과 오른쪽을 반대방향으로 한다.

1. 시술하기 전 모습이다.

2. 시술하기 전 뒷모습이다.

3. 시술하기 전 옆모습이다.

4. 네이프의 섹션을 2등분 한다.

5. 모발 반쪽의 뿌리를 살짝 잡는다.

6. 아이론에 머리를 한 바퀴 감는다.

7. 모발 끝까지 아이론에 머리를 감는다.

8. 뜸을 들인 후 웨이브를 뺀다.

9. 완성된 웨이브의 모습이다.

10. 나머지 반쪽 모발도 뿌리르 살짝 잡는다.

11. 아이론에 머리를 감아서 뜸을 들인다.

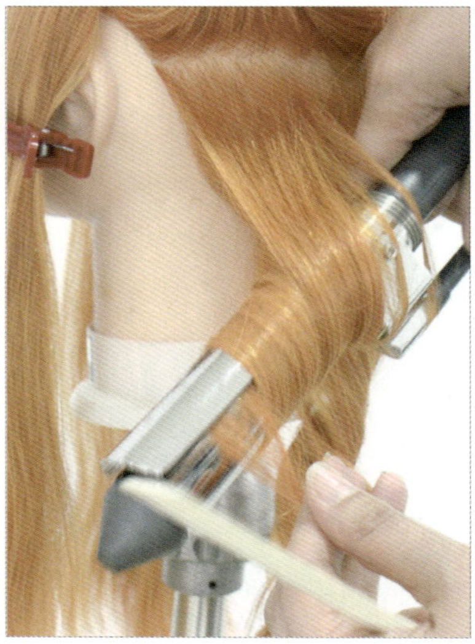

12. 모발 끝이 구겨지지 않도록 주의한다.

13. 완성된 웨이브의 모습이다.

14. 나머지 부분도 반씩 나눈다.

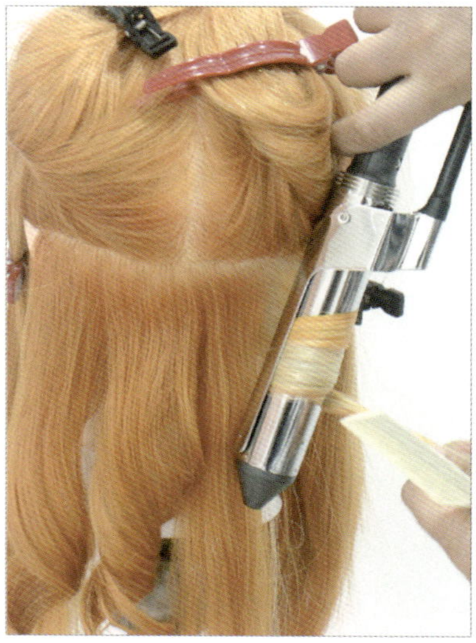

15. 웨이브의 흐름을 위하여 반대로 만다.

16. 뜸을 들인 후 뺀다.

17. 웨이브의 흐름을 위하여 왼쪽과 반대로 아이론에 머리를 만다.

18. 완성된 웨이브의 모습이다.

19. 네이프를 지나서는 3등분으로 나눈다.

20. 모발을 아이론에 감아서 뜸을 들이며 내려온다.

21. 완성된 웨이브의 모습이다.

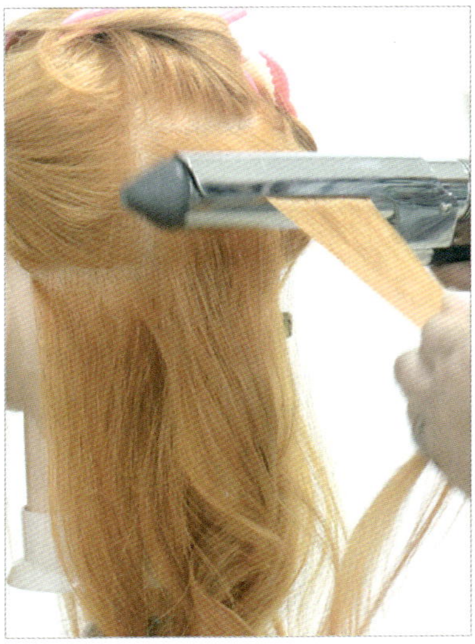

22. 반복하여 시술한다.

23. 반복하여 시술한다.

24. 완성된 웨이브의 모습이다.

25. 탑 부분은 각도를 생각하며 뿌리를 먼저 잡는다.

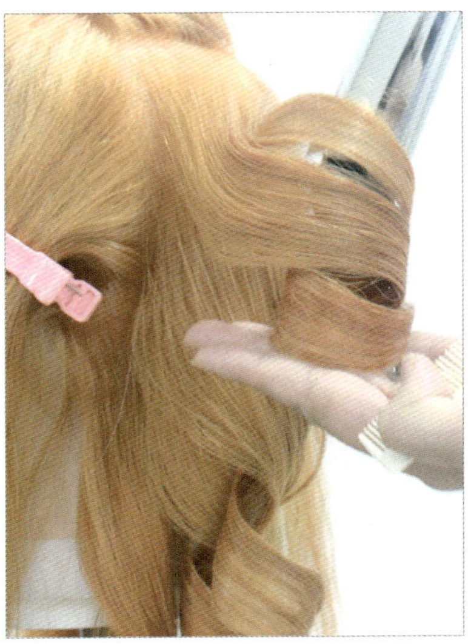

26. 아이론에 머리를 만 다음 뜸을 들이고 아이론을 뺀다.

27. 각도를 먼저 잡으면서 머리를 다린다.

28. 아이론에 머리를 한 바퀴 만다.

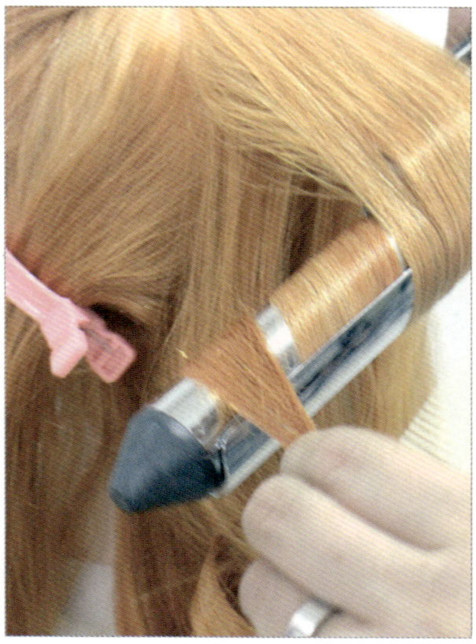

29. 아이론에 머리를 감으면서 돌린다.

30. 완성된 웨이브의 모습이다.

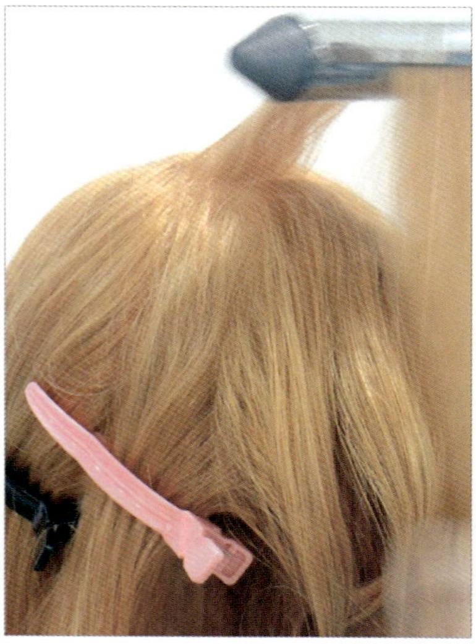

31. 반복하여 시술한다.

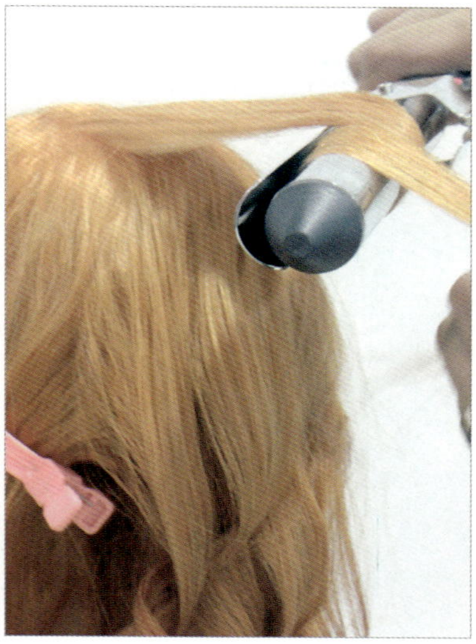

32. 반복하여 시술한다.

33. 완성된 웨이브의 모습이다.

34. 네이프는 웨이브의 흐름을 같게 하기 위하여 아이론을 반대로 시술한다.

35. 손을 아래에서 시작하여 반대로 모발을 만다.

36. 모발 끝까지 뜸을 들이면서 내려온다.

37. 웨이브의 흐름이 반대로 들어간 모습이다.

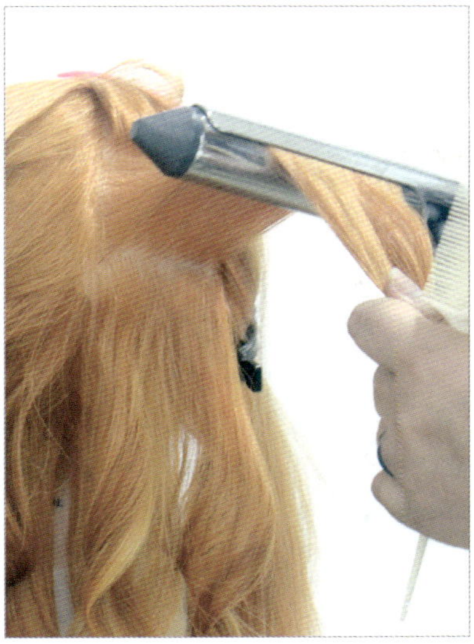

38. 뿌리를 먼저 잡고 시작한다.

39. 완성된 웨이브의 모습이다.

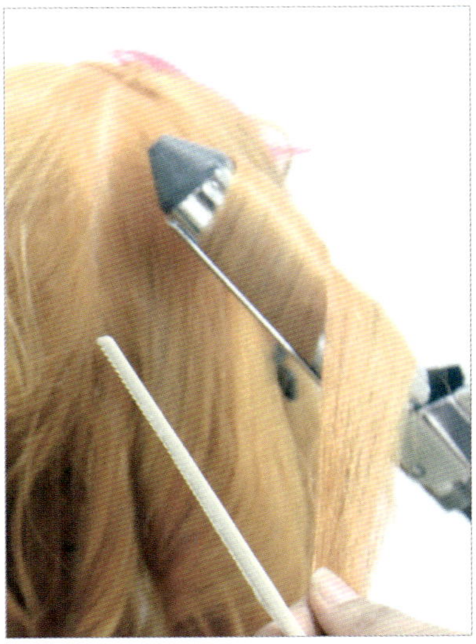

40. 아이론을 반대로 하여 모발을 만다.

41. 뜸을 들인 후에 아이론을 돌리며 모발을 빼면서 끝까지 내려온다.

42. 반복하여 시술한다.

43. 오른쪽 모발은 머리의 흐름을 뒤쪽으로 하기 위하여 아이론을 반대로 틀어서 한다.

44. 완성된 웨이브의 모습이다.

45. 페이스라인 머리는 자연스러움을 위하여 아이론을 반대로 하여 시술한다.

46. 사이드 첫 번째 단은 웨이브를 자연스럽게 한다.

47. 두 번째 단은 웨이브의 흐름이 리버스 방향으로 가게 한다.

48. 앞머리도 연결하여 반복 시술한다.

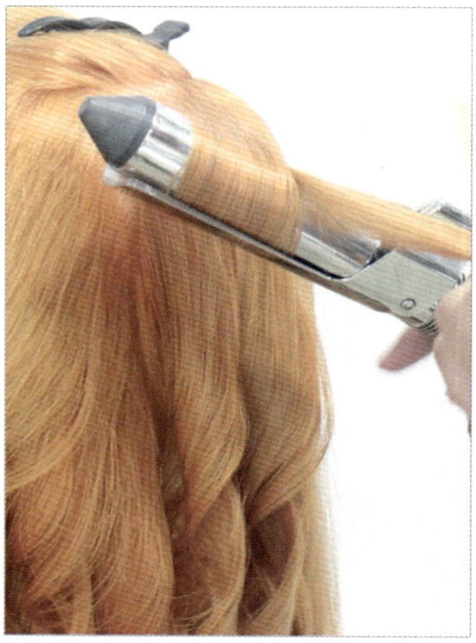

49. 아이론에 모발을 한 바퀴 말고 약간 내려오면서 뜸을 들인다.

50. 뒤쪽으로 한 바퀴 말고 모발 끝을 손으로 잡고 있는다.

51. 완성된 웨이브의 모습이다.

52. 오른쪽 웨이브가 된 모습이다.

53. 왼쪽 백사이드는 웨이브의 흐름을 뒤쪽으로 한다.

54. 아이론에 모발을 한 바퀴 감고 모발 끝을 앞쪽으로 뺀다.

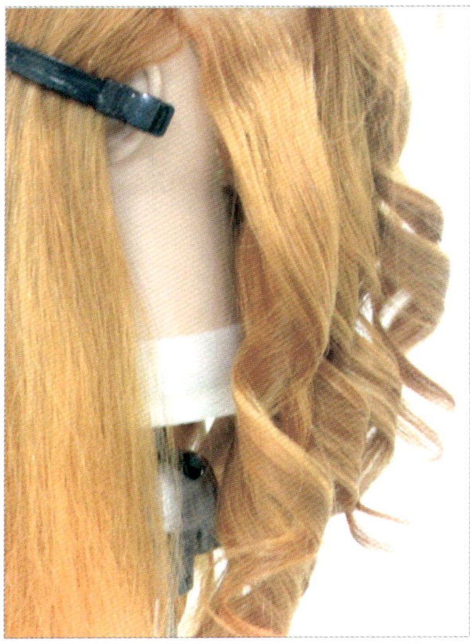

55. 완성된 웨이브의 모습이다.

56. 웨이브의 흐름을 리버스로 한다.

57. 뜸을 들이면서 모발을 뺀다.

58. 모발 끝까지 뜸을 들인다.

59. 완성된 웨이브의 모습이다.

60. 뿌리를 살짝 다린다.

61. 모발을 아이론 뒤쪽으로 만다.

62. 뜸을 들인 후 한바퀴 풀면서 다시 한 바퀴 만다.

63. 반복하여 시술한다.

64. 완성된 웨이브의 모습이다.

65. 반복하여 시술한다.

66. 반복하여 시술한다.

67. 완성된 웨이브의 모습이다.

68. 섹션을 세로로 떠서 반복하여 시술한다.

69. 웨이브를 뒤쪽으로 만다.

70. 뒤쪽으로 한 바퀴 말고 뜸이 들면 아이롱을 풀면서 다시 한 바퀴 만다.

71. 반복하여 시술한다.

72. 반복하여 시술한다.

73. 앞머리는 뿌리를 먼저 살짝 잡고 뒤쪽방향으로 만다.

74. 뜸이 들면 한 바퀴 풀고 다시 한 바퀴 만다.

75. 완성된 바깥말음 웨이브

76. 완성된 웨이브의 옆모습

77. 완성된 웨이브의 뒷모습

78. 완성된 웨이브의 옆모습

79. 완성된 웨이브의 앞모습

80. 완성된 웨이브의 옆모습

81. 웨이브의 완성된 뒷모습

82. 완성된 웨이브의 옆모습

컬링아이론 - 롱(바깥말음 웨이브)

2) 안말음 웨이브란?

세로 섹션하여 포워드(얼굴쪽)으로 아이론하는 것이다. 모발 안쪽부터 아이론에 대기 때문에 스파이럴 웨이브가 나온다.

(1) 사용도구

컬링아이론, 꼬리 빗

(2) 시술순서

① 수분을 다 말린상태에서 시작한다.

② 네이프부터 섹션을 3등분하여 시작한다.

③ 뒷머리 가운데를 기준으로 포워드로 아이론을 한다.

④ 탑으로 갈수록 뿌리를 먼저 살짝 다린 후 웨이브를 강하게 준다.

⑤ 사이드는 포워드로 향한다.

시술하기 전 모습이다.

2. 네이프에 블로킹을 나눈다.

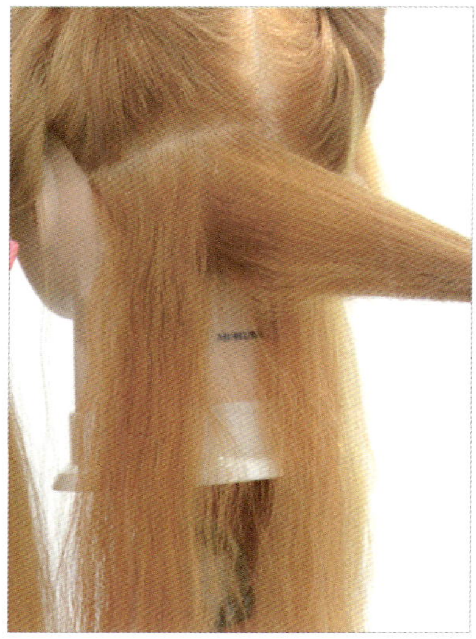

3. 네이프를 3등분하여 가운데 부분부터 시작한다.

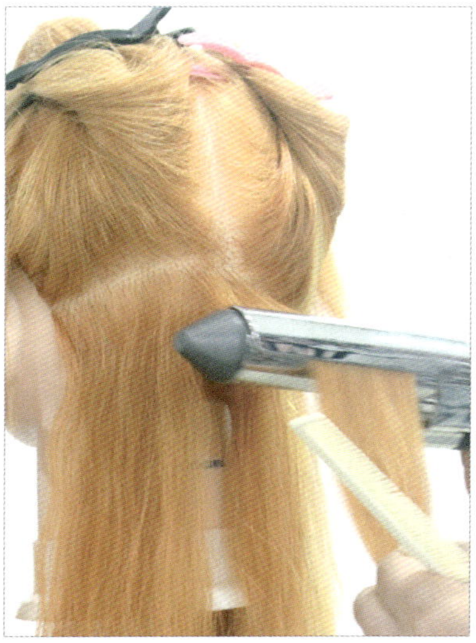

4. 먼저 뿌리를 살짝 다린다.

5. 다린 후 아이론에 머리를 한 바퀴 만다.

6. 이때 모발 끝은 앞으로 뺀다.

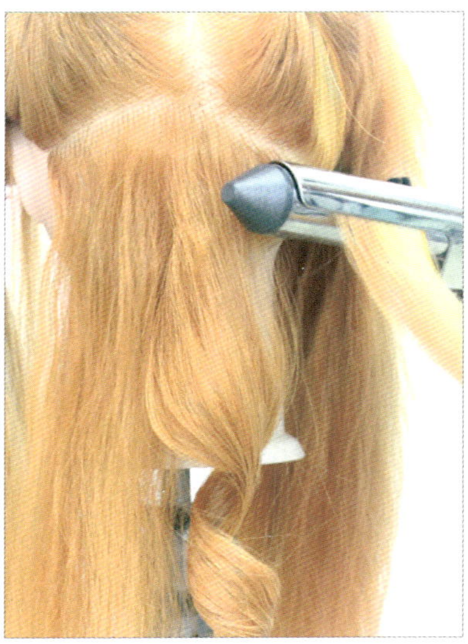

7. 네이프 사이드도 뿌리를 먼저 살짝 다린다.

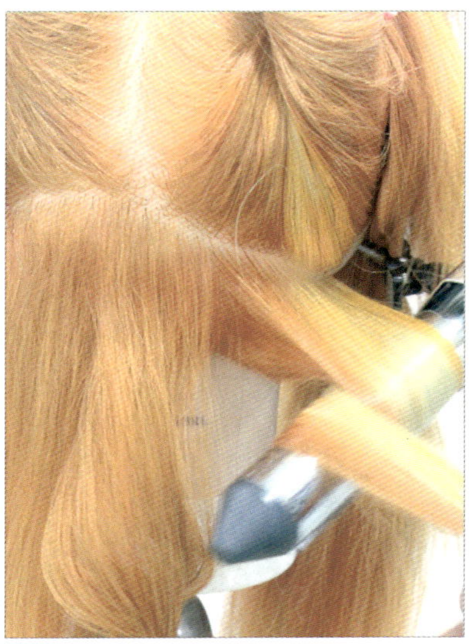

8. 아이론에 머리를 한 바퀴 만다.

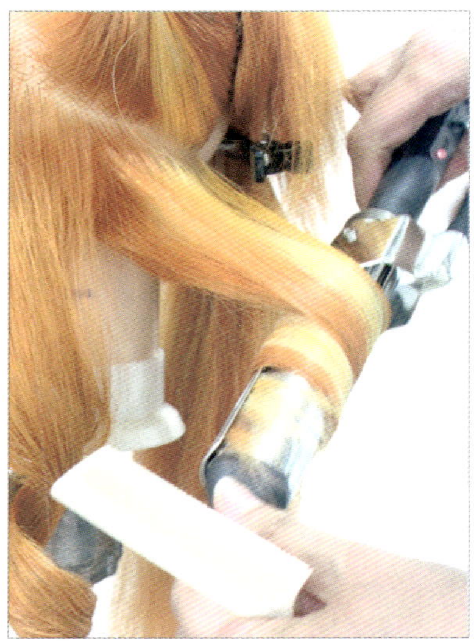

9. 모발 끝은 앞쪽으로 향하게 한다.

10. 아이론 된 모습이다.

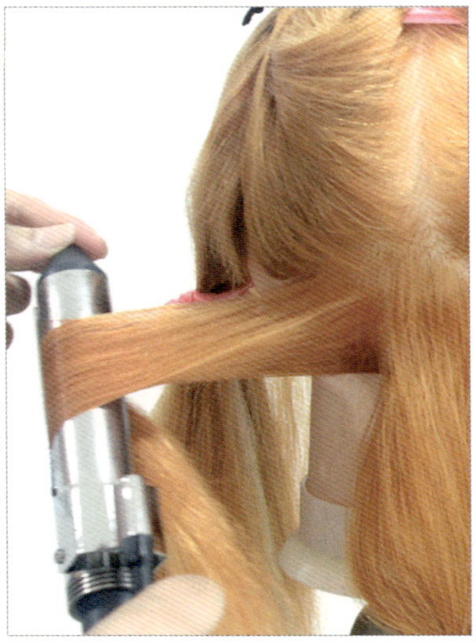

11. 왼쪽사이드는 아이론에 모발을 감을 때 모발 끝이 아이론에 뒤쪽을 향하게 한다.

12. 뜸을 들이면서 천천히 내려온다.

13. 아이론 된 모습이다.

14. 다음부터는 3등분하여 시작한다. 아이론을 말 때 모발 끝을 앞쪽으로 향하여 만다.

15. 아이론 된 모습이다.

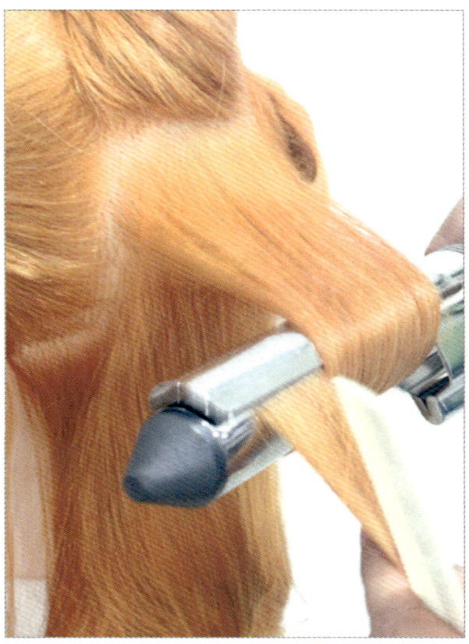

16. 섹션은 약 3cm 나눈다.

17. 아이론 된 모습이다.

18. 뿌리를 먼저 잡고 머리를 아이론에 만다.

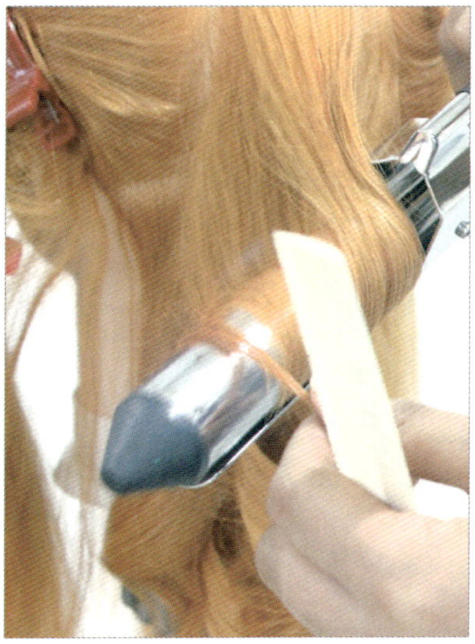

19. 모발 끝까지 아이론에 말릴 수 있도록 한다.

20. 아이론 된 모습이다.

21. 탑 부분도 아이론에 모발을 만 후 뜸을 들인다.

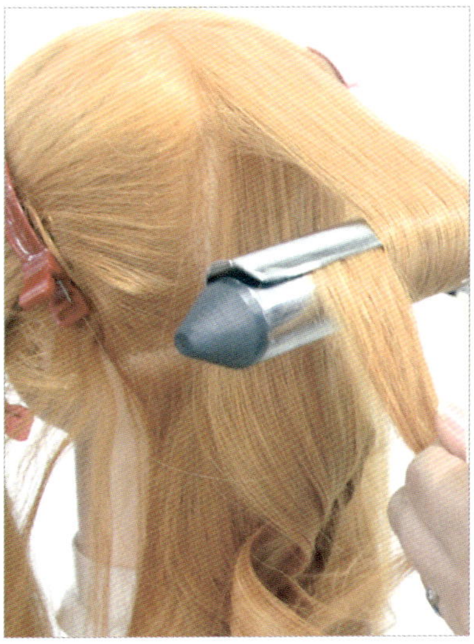

22. 뜸을 들이면서 천천히 내려온다.

23. 모발 끝까지 아이론으로 만다.

24. 아이론 된 모습이다.

25. 오른쪽 사이드도 뿌리를 먼저 다린다.

26. 아이론으로 만다 이때 모발 끝은 앞으로 뺀다.

27. 모발 끝까지 아이론으로 만 후,뜸 들이고 뺀다.

28. 아이론 된 모습이다.

29. 반복하여 시술한다.

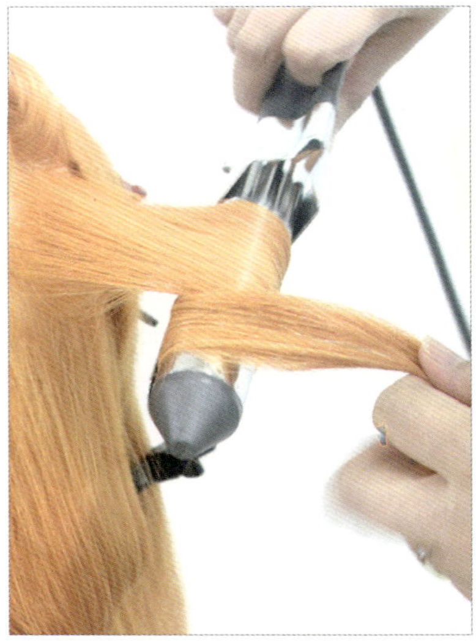

30. 반복 시술한다.

31. 완성된 모습이다.

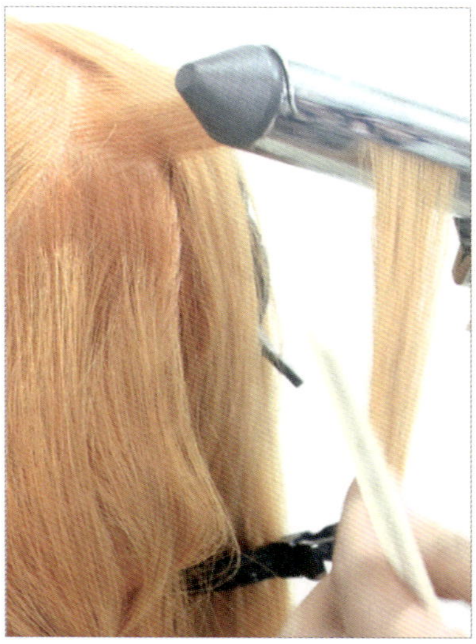

32. 각도를 살리면서 뿌리를 먼저 다린다.

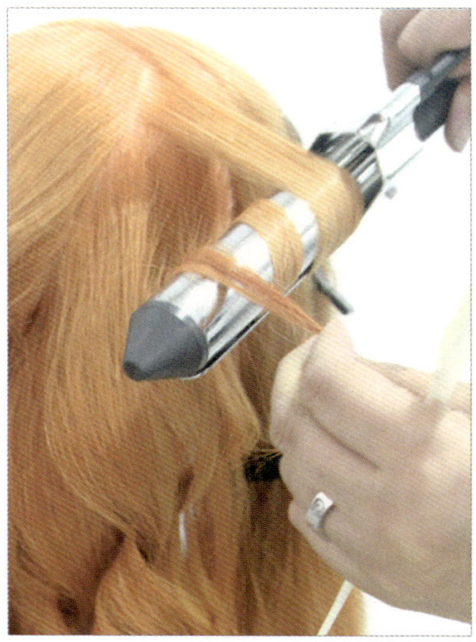

33. 모발 끝을 아이론에 만 후에 천천히 뜸을 들이면서 뺀다.

34. 완성된 모습이다.

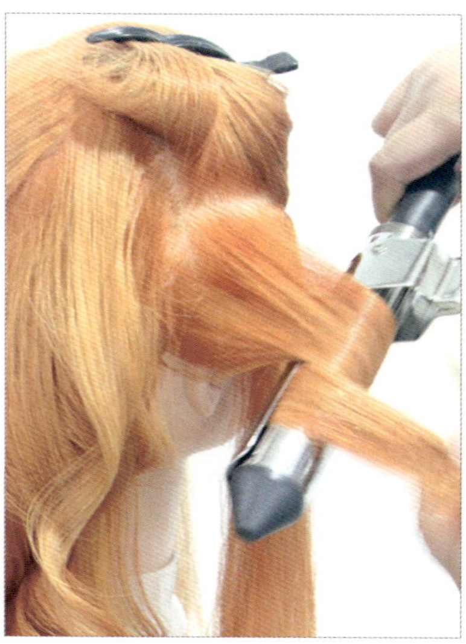

35. 사이드도 아이론을 앞으로 만다.

36. 아이론에 모발을 만 후에 뜸을 들인다.

37. 아이론이 완성된 모습이다.

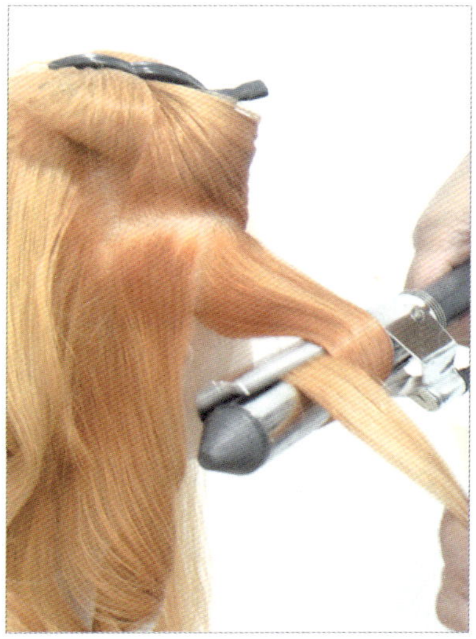

38. 반복하여 시술한다.

39. 뜸을 충분히 들이면서 내려온다.

40. 아이론이 완성된 모습이다.

41. 뿌리를 먼저 잡는다.

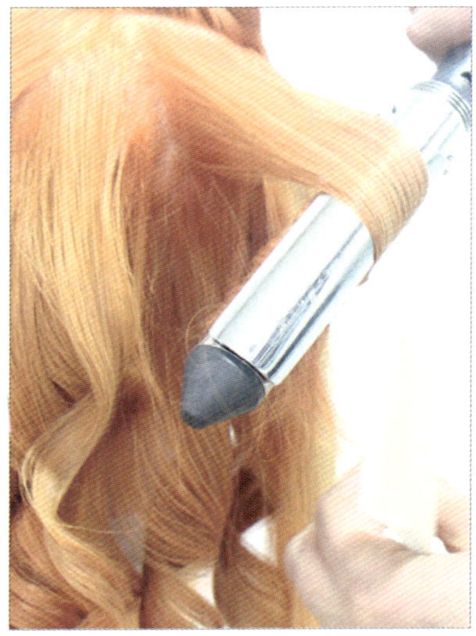

42. 아이론을 사선으로 하여 모발을 만다.

43. 아이론이 완성된 모습이다.

44. 반복 시술한다.

45. 완성된 모습이다.

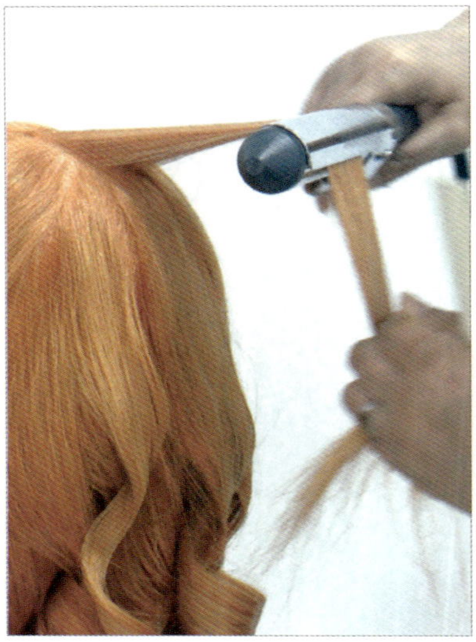

46. 뿌리를 먼저 잡는다.

47. 아이론에 머리를 감은 뒤 아이론을 너무 세게 잡지 않도록 한다.

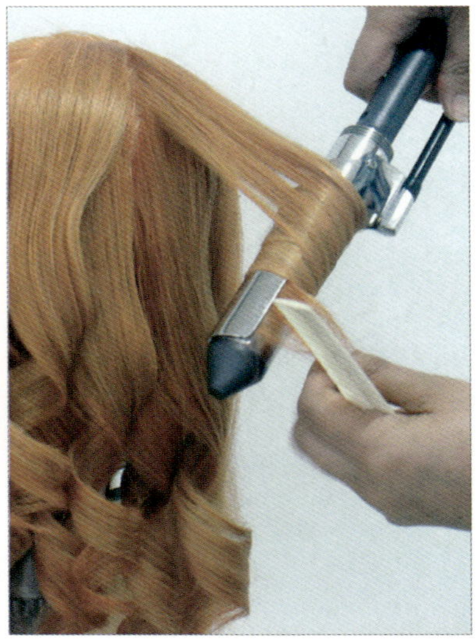

48. 뜸을 들이면서 천천히 내려온다. 이때 텐션은 주지 않도록 한다.

49.프린지는 머리도 반복하여 시술한다.

50. 모발 끝까지 말되 길이에 따라 컬 마는 방법이 약간 달라진다.

51. 완성된 모습이다.

52. 왼쪽 네이프 사이드는 뿌리를 먼저 잡는다.

53. 아이론에 모발을 만 후에 모발 끝을 뒤쪽으로 뺀 후 뜸 들인다.

54. 아이론 된 모습이다.

55. 반복하여 시술한다.

56. 모발 끝을 뒤쪽으로 뺀 후 뜸을 들인 후에 천천히 뺀다.

57. 아이론 된 모습이다.

58. 반복하여 시술한다.

59. 완성된 모습이다.

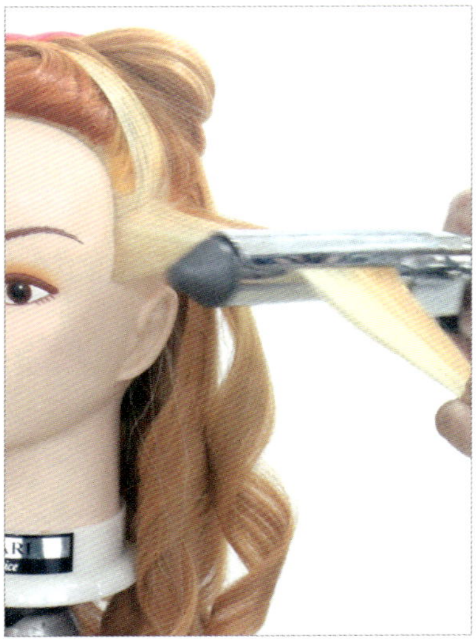

60. 사이드머리는 뿌리를 먼저 다린 후 웨이브를 넣는다.

61. 아이론에 한 바퀴 말고 뜸 들이면서 뺀다.

62. 아이론이 완성된 옆모습이다.

63. 뿌리를 살짝 다린 후 웨이브를 넣는다.

64. 뜸을 들인 후에 천천히 내려온다.

65. 아이론이 완성된 모습이다.

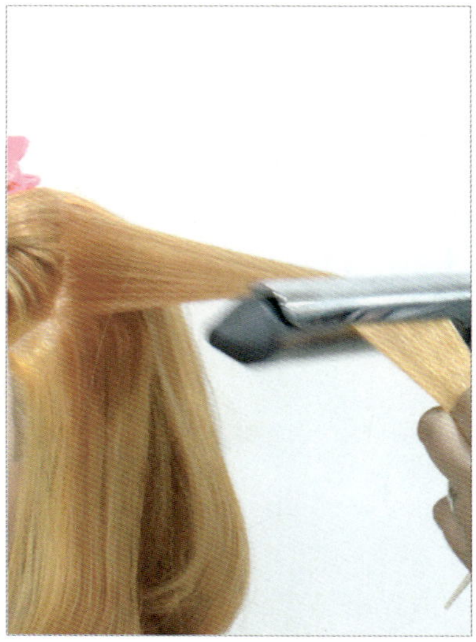

66. 반복 작업한다.

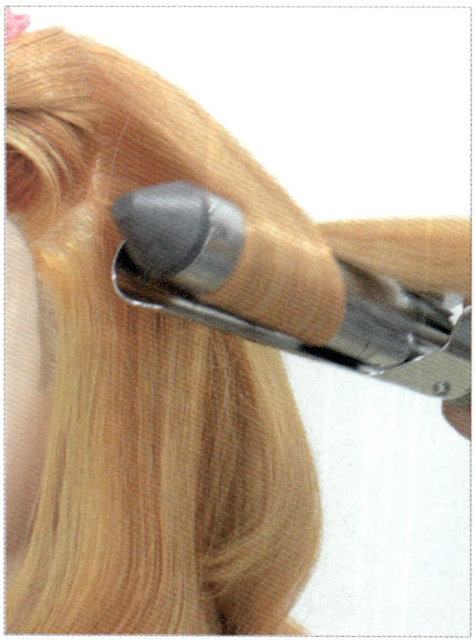

67. 반복 작업한다.

68. 뜸을 들이면서 천천히 모발 끝까지 내려온다.

69. 완성된 모습이다.

70. 뿌리를 먼저 다린 후 머리를 앞쪽으로 만다. 머리끝은 아이론 뒤쪽으로 뺀다.

71. 아이론 된 모습이다.

72. 앞쪽으로 말고 뜸을 들인다.

73. 뿌리를 다린 후 아이론에 머리를 앞쪽으로 만다.

74. 앞으로 말아서 뜸이 들면 한 바퀴 풀면서 다시 한 바퀴 만다.

75. 완성된 앞모습

76. 완성된 뒷모습

77. 완성된 뒷모습

78. 아이론으로 완성된 옆모습

79. 손으로 빗은 완성된 앞모습

80. 손으로 빗은 완성된 옆모습

81. 손으로 빗은 완성된 뒷모습

82. 손으로 빗은 완성된 옆모습

83. 손으로 빗은 완성된 옆모습

컬링아이론 - 롱(안말음웨이브)

3) 물결 웨이브란?

C컬의 연장선으로, 전체적인 웨이브가 물결모양을 띄는 것을 말한다. 차분한 느낌을 준다.

(1) 사용도구

컬링아이론, 꼬리 빗

(2) 시술순서

① 수분을 다 말린상태에서 시작한다.

② 네이프부터 섹션을 정확히 하여 시작한다.

③ 섹션은 약 3cm로 하는 것이 좋다.

④ 네이프는 웨이브를 두 단 정도만 느슨하게 한다.

⑤ 위로 올라갈수록 웨이브의 단을 늘린다.

⑥ 프린지는 웨이브 단을 1/2만 먼저 잡고 흐름을 맞춘다.

1. 시술 전 모습이다.

2. 시술 전 옆모습이다.

3. 시술 전 앞모습이다.

4. 네이프에 블로킹을 이등분 한다.

5. 네이프부터 시작한다.

6. 뿌리를 먼저 살짝 편 후 모발 끝을 안으로 넣어서 뜸을 들인다.

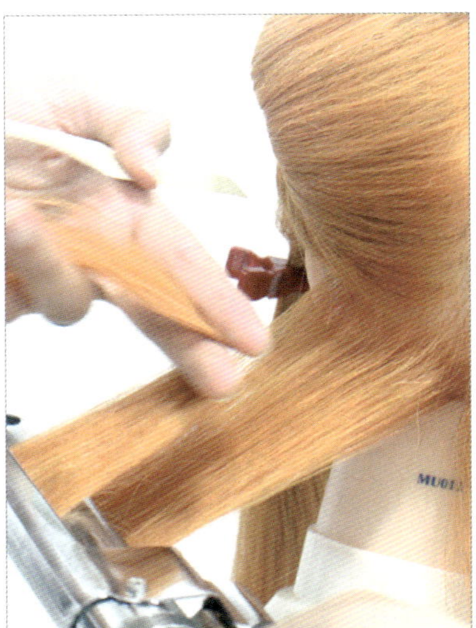

7. 아이론이 닿지 않는 부분부터 모발 끝을 다시 바깥쪽으로 향해서 뜸을 들인다.

8. 모발 끝까지 반복하여 작업한다.

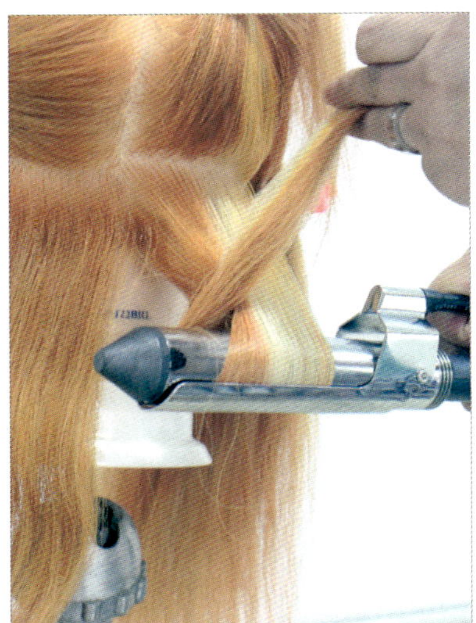

9. 반대쪽도 모발 끝을 안쪽으로 하여 뜸을 들인다.

10. 모발 끝을 바깥으로 하여 뜸을 들인다.

11. 반복하여 모발 끝까지 내려온다.

12. 완성된 웨이브의 모습이다.

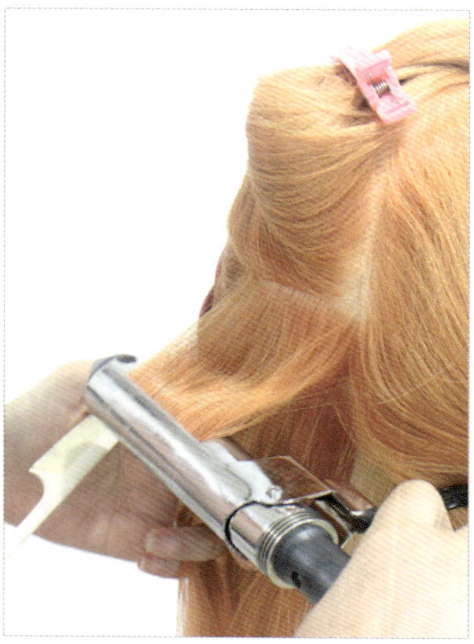

13. 두 번째 단도 섹션을 3cm 정도 탄 후 뿌리를 다린다.

14. 모발 끝을 안쪽으로 먼저 넣고 뜸을 들인다.

15. 아이론이 되지 않은 부분부터 모발 끝을 바깥쪽으로 향하여 뜸을 들인다.

16. 완성된 웨이브의 모습이다.

17. 반복하여 시술한다.

18. 반복하여 시술한다.

19. 모발 끝을 바깥쪽으로 하여 뜸을 들인다. 이때 텐션은 주지 않는다.

20. 완성된 웨이브의 모습이다.

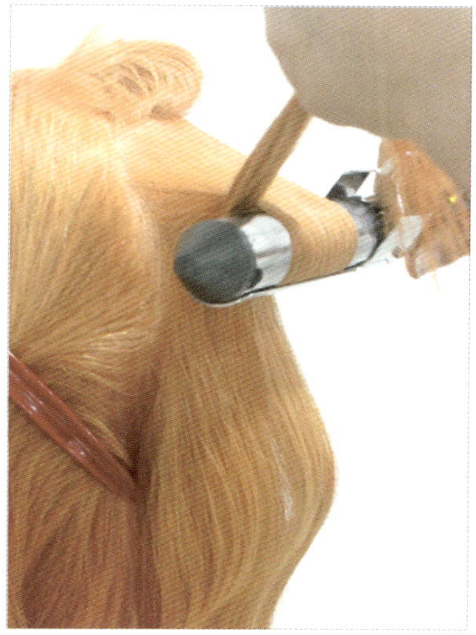

21. 반복하여 시술한다.

22. 완성된 웨이브의 모습이다.

23. 네이프쪽은 웨이브를 밑에서 두 단만 살짝 잡는다.

24. 모발 끝을 바깥으로 하여 뜸을 들인다. 텐션을 너무 주지 않도록 한다.

25. 열이 남았을 때 텐션을 주면 웨이브가 다시 펴지니 주의하도록 한다.

26. 탑으로 갈수록 웨이브를 한 단 더 넣는다. 바깥으로 먼저 웨이브를 준다.

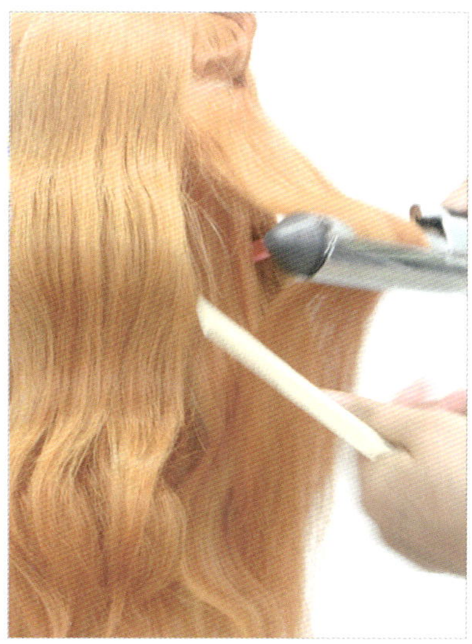

27. 안쪽으로 웨이브를 주고 뜸을 들인다.

28. 모발 끝까지 반복하여 시술한다.

29. 완성된 웨이브의 모습이다.

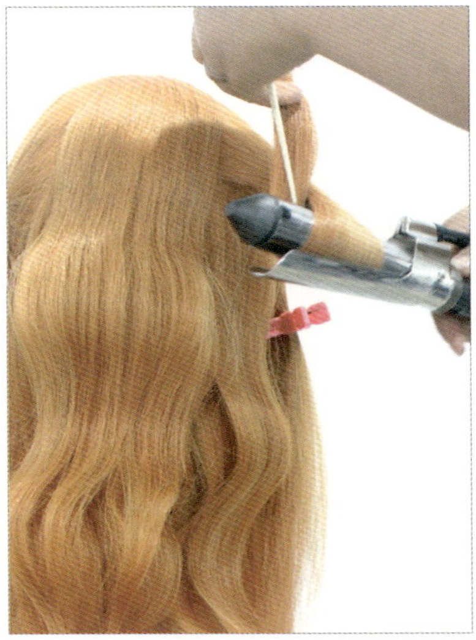

30. 탑머리는 안쪽으로 먼저 아이론을 말고 뜸을 들인다.

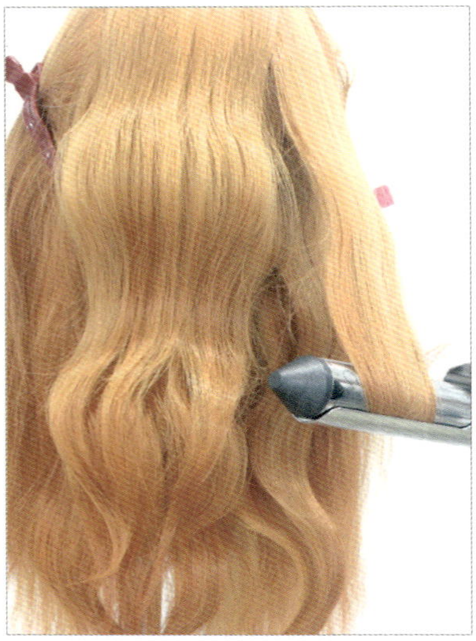

31. 모발 끝까지 아이론 한다.

32. 아이론 된 모습이다.

33. 사이드는 바깥쪽부터 웨이브를 넣는다. 이때 뒷머리의 웨이브 흐름과 맞추도록 한다.

34. 모발 끝을 안쪽으로 넣어서 뜸을 들인다.

35. 모발 끝까지 반복하되, 텐션을 너무 주지 않도록 주의한다.

36. 완성된 웨이브의 모습이다.

37. 두 번째 단도 웨이브의 흐름을 맞춘다.

38. 반복하여 시술한다.

39. 완성된 웨이브의 모습이다.

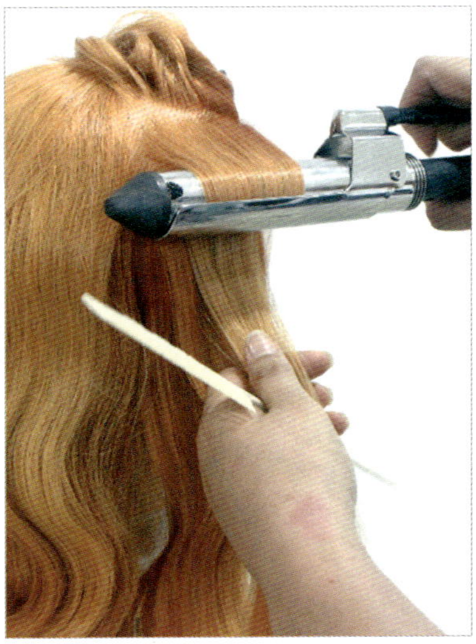

40. 뿌리를 먼저 잡고 안쪽으로 웨이브를 준다.

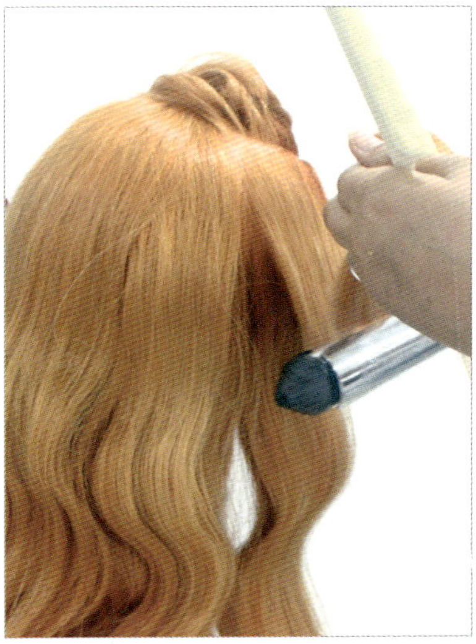

41. 모발 끝을 바깥쪽으로 하여 뜸을 들인 후 아래로 내려오며 반복 시술한다.

42. 완성된 웨이브의 모습이다.

43. 맨 겉 머리는 섹션의 절반만 떠서 릿지를 살짝 준다.

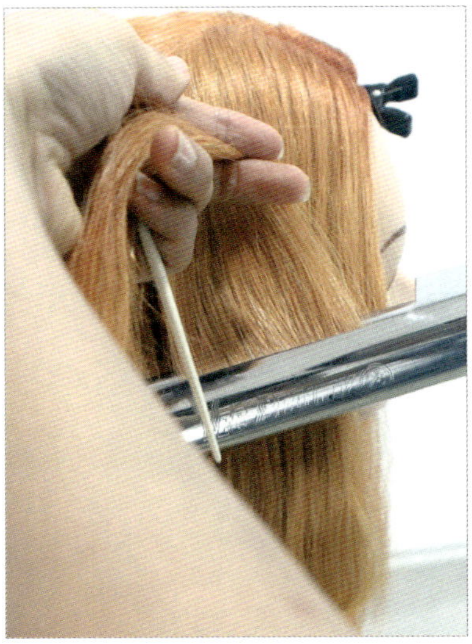

44. 옆 웨이브의 흐름과 맞추어 반복 시술한다.

45. 완성된 웨이브의 모습이다.

46. 완성된 웨이브의 앞모습이다.

47. 왼쪽사이드도 네이프는 웨이브의 흐름을 약 두 단만 주도록 한다.

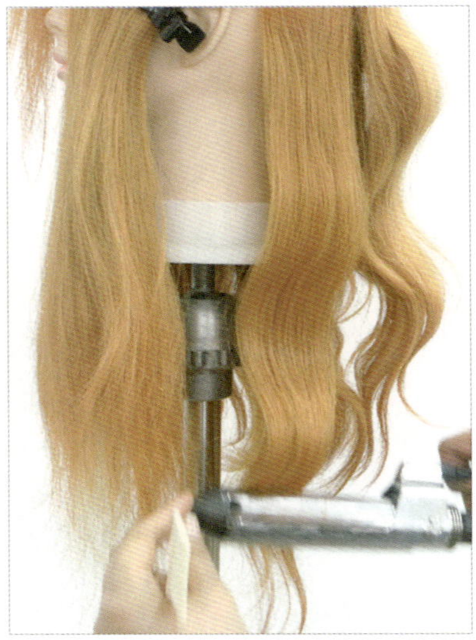

48. 모발 끝까지 뜸을 들이도록 한다.

49. 웨이브의 흐름에 맞추어 모발 끝을 바깥으로 먼저 한다.

50. 모발 끝까지 아이론한다.

51. 완성된 웨이브의 모습이다.

52. 사이드도 3cm 정도 섹션을 타서 뒷머리 웨이브의 흐름과 같이 아이론 한다.

53. 모발 끝까지 아이론 한다.

54. 두 번째 단도 반복하여 시술한다.

55. 텐션을 너무 당기지 않도록 주의한다.

56. 완성된 웨이브의 모습이다.

57. 앞 프린지 머리는 웨이브를 한 단 더 주되, 흐름만 넣어준다.

58. 반복하여 시술한다.

59. 오른쪽 사이드 웨이브의 흐름과 맞춘다.

60. 완성된 웨이브의 모습이다.

61. 섹션의 반만 타서 웨이브를 흐름에 맞춰 살짝 잡는다.

62. 모발 끝을 바깥으로 말 때에는 섹션 전체를 잡고 시술한다.

63. 완성된 앞모습

64. 완성된 뒷모습

65. 완성된 뒷모습

66. 완성된 모습

컬링아이론 – 롱(물결웨이브)

hair Iron

학습·수행내용 4

남성아이론 시술하기

남자머리에 아이론기기를 이용하여 웨이브를 시술하는 것을 말한다. 웨이브에 따라 자연스러운 스타일 등 표현을 할 수 있다.

1) 사용도구

아이론 시술 도구(아이론은 웨이브 굵기에 따라 선택한다)

2) 아이론시술

1. 시술 전 앞모습이다.

2. 시술 전 옆모습이다.

3. 아이론 드라이 시술 전 오일을 발라준다.

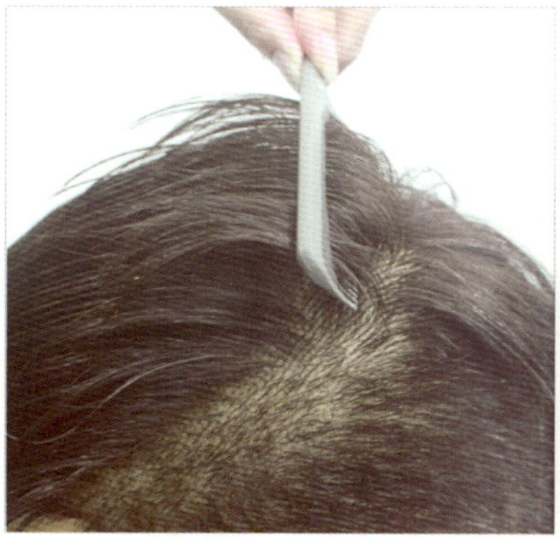

4. 아이론 굵기만큼 패널을 잡는다.

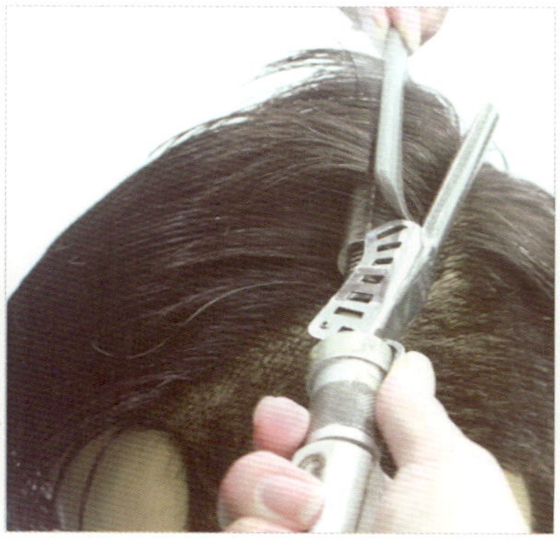

5. 패널 밑으로 아이론을 잡는다.

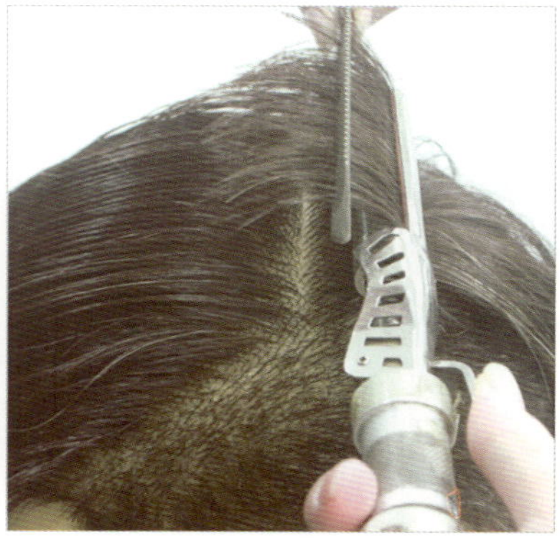

6. 120도 각도로 오프베이스하여 아이론을 돌린다.

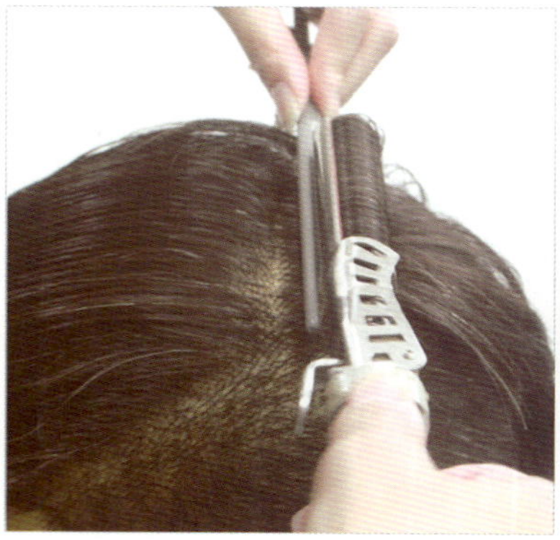

7. 아이론을 돌린 후 빗을 바로 대고 빗살 안쪽으로 모발이 잘 돌아나올 수 있게 한다.

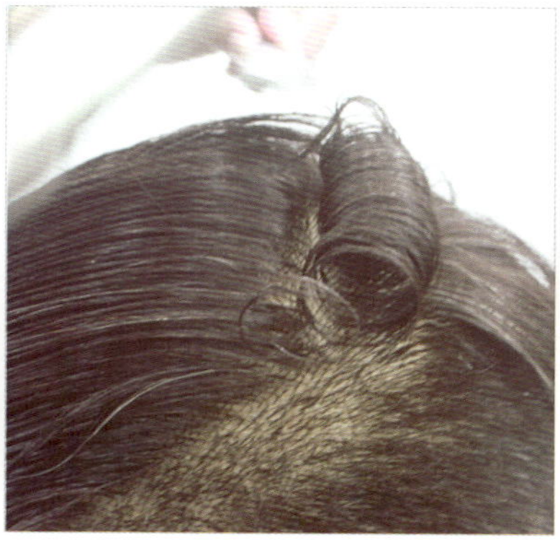

8. 아이론 시술 모습이다.

9. 다음 패널도 같은 방법으로 진행한다.

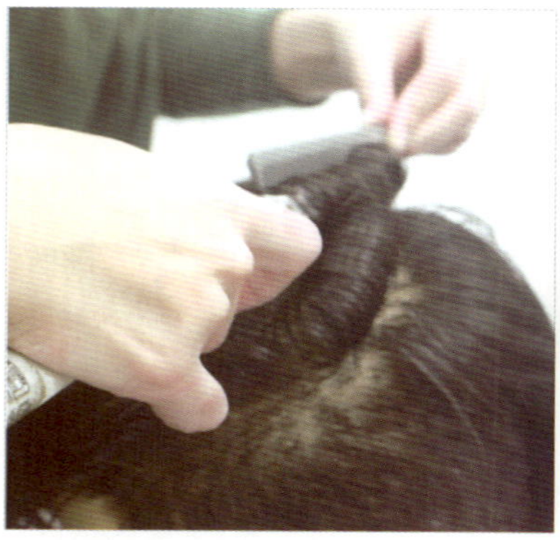

10. 디자인에 맞는 진행 방향으로 패널을 잡는다.

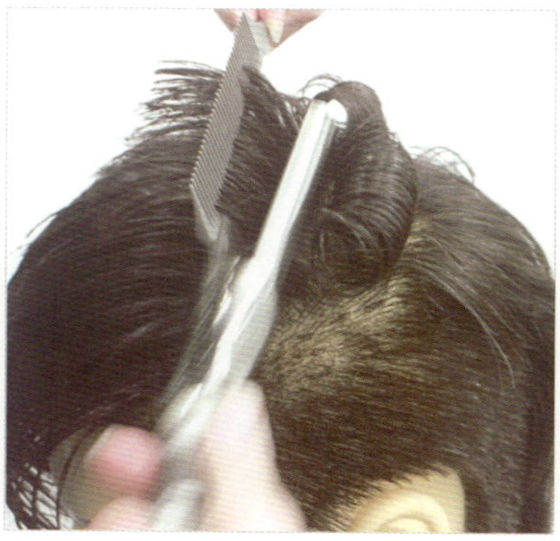

11. 두 번째 섹션 역시 동일한 순서로 진행한다.

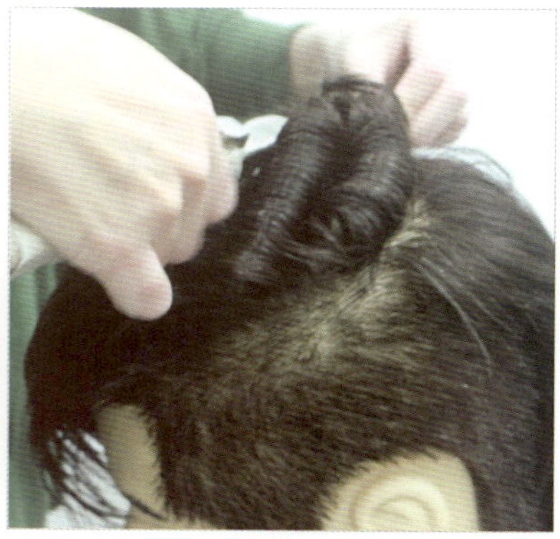

12. 옆으로 옮겨서 동일한 위치에 시술한다.

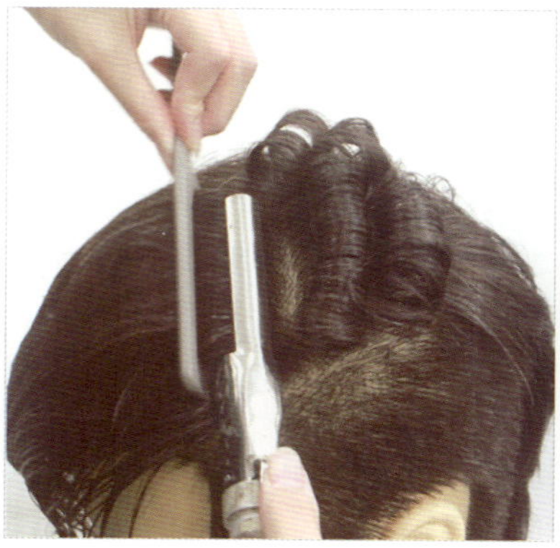

13~15. 세번째 섹션 역시 동일한 방법으로 시술한다.

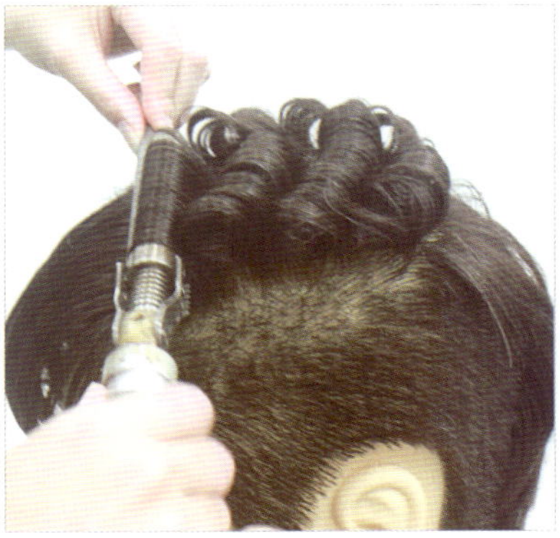

16~18. 네 번째 섹션도 동일한 방법으로 시술을 진행한다.

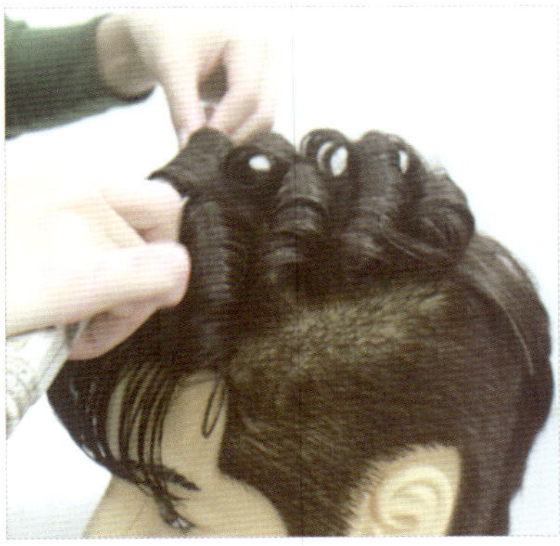

19. 앞머리쪽으로 진행할수록 컬의 크기를 크게 하여 자연스럽게 한다.

20. 한 바퀴를 다 돌리지 않고 C컬로 굵게 디자인 한다.

21. 디자인에 맞게 방향성을 제시하는 C컬을 한다.

22. 반대편 앞머리도 방향성을 제시한다.

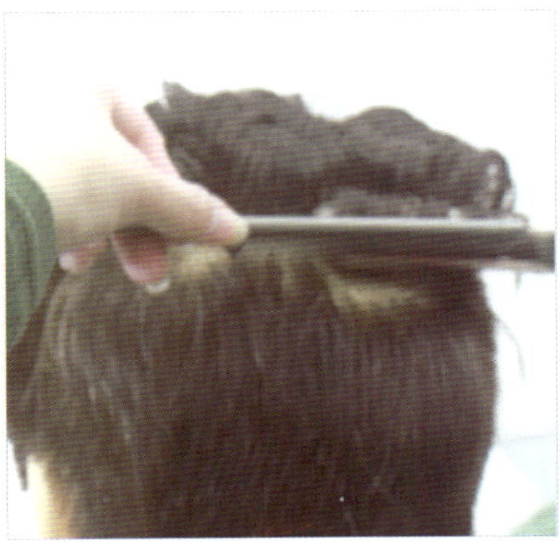

23. G.P부분은 볼륨을 극대화하기 위해 각도를 더 들어준다.

24. 디자인에 맞게 아이론 시술한다.

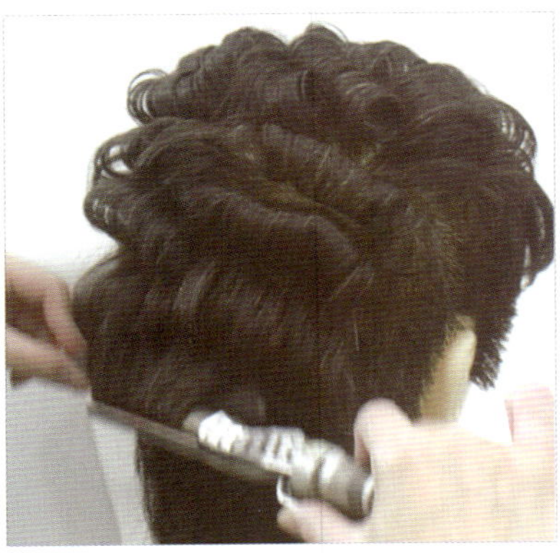

25. B.P 쪽으로 갈수록 컬을 굵게 디자인한다.

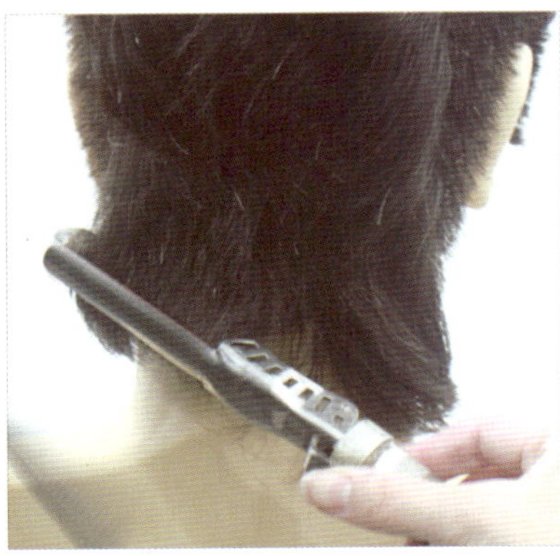

26. 네이프는 방향성을 제시하는 굵은 C컬을 한다.

27. 드라이 완성 모습

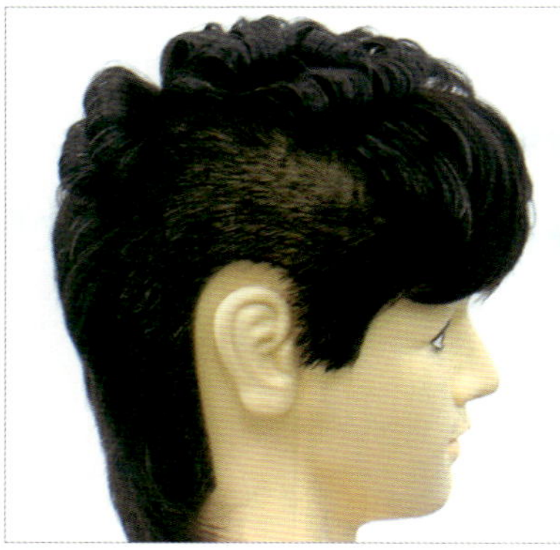

28. 드라이 완성 옆모습

29. 드라이 완성 앞모습

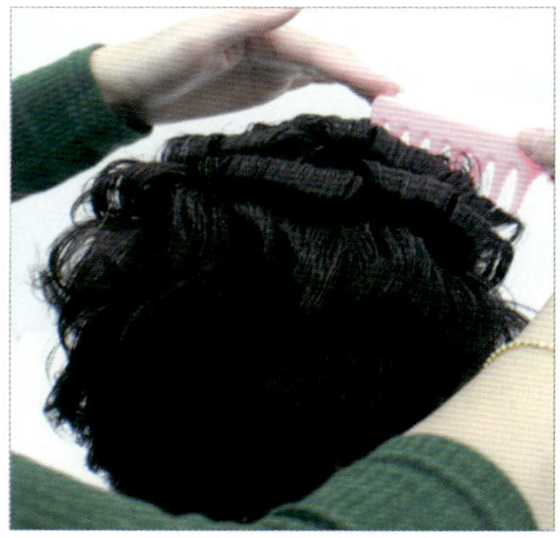

30. 드라이 후 빗질을 하여 자연스럽게 한다.

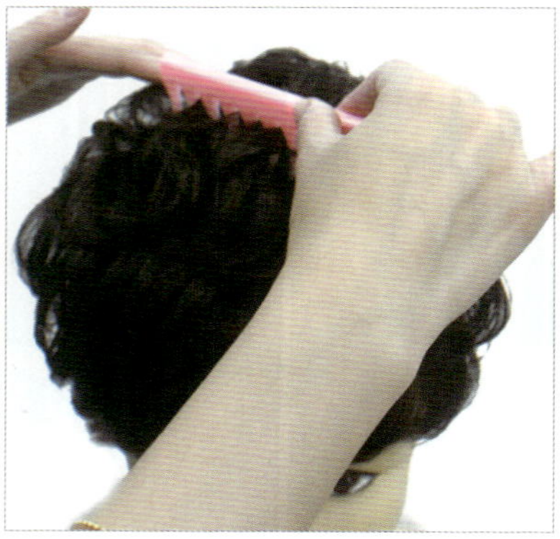

31. 굵은 빗으로 컬을 살려서 빗질한다.

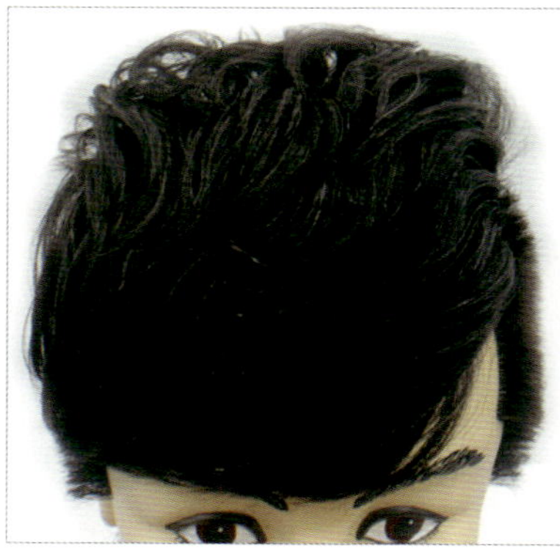

32. 빗질 완성 모습

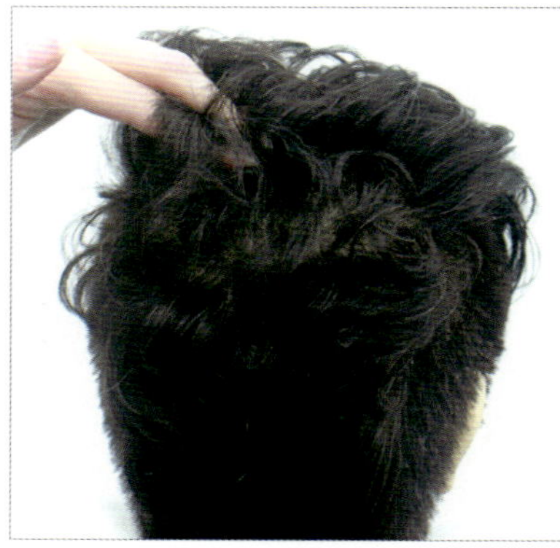

33. G.P부분은 볼륨을 극대화하기 위해 역방향으로 잡아준다.

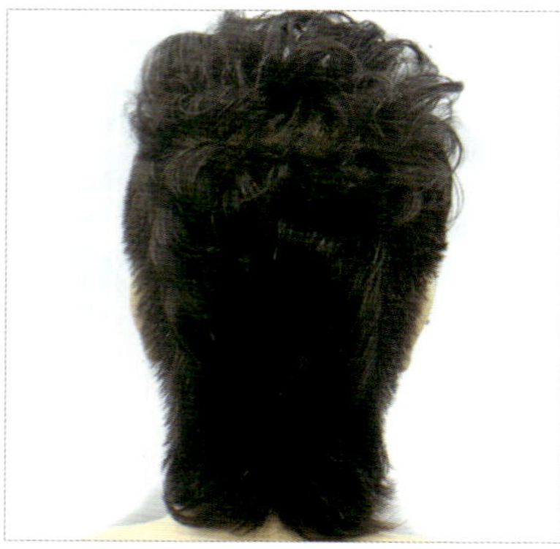

34. 완성 뒷모습

35. 완성 옆모습

36. 완성 윗모습

교수·학습 방법

1. 교수 방법

1) 아이론으로 연출할 수 있는 C컬, S컬, 스트레이트 등에 대해 설명한다.
2) 모발의 길이별에 대한 설명을 한다.
3) 아이론 기초 테크닉에 대해 설명한다.
4) 앞머리 아이론 시술에 대해 설명한다.

2. 학습 방법

1) 사전에 아이론 사용에 대한 숙련도를 익혀 학습의 진행시 숙련도와 완성도를 높인다.
2) 연출할 수 있는 C컬, S컬, 스트레이 트 등의 스타일을 사진 등을 통하여 미리 느낌을 알아 학습의 진행 시 이해도를 높인다.

학습정리
1. 아이론 테크닉의 종류는 인컬, 아웃컬, S컬, 스트레이트(펴기)로 나뉜다. 2. 인컬, 아웃컬 시술시 파팅을 한 후 정확하게 섹션을 나눈 후 두피가까이 아이론기기를 데고 스타일에 맞게 연출한다. 3. S컬 시술 시 아이론기기의 사용이 능숙하여야 원하는 웨이브를 신속하고 정확하게 연출할 수 있다.

수행평가(지필평가)
1. 아이론 테크닉의 종류에 대해 작성하시오. ( ) 2. C컬(인컬, 아웃컬) 시술 순서를 간단히 작성하시오. ( ) 3. S컬 시술 순서를 간단히 작성하시오. ( )

수행평가(체크리스트)						
번호	항 목	매우미흡	미흡	보통	우수	매우우수
1	결정된 디자인에 맞게 섹션을 시술위치로부터 나눌 수 있다.					
2	섹션을 나눈데 부터 가지런히 모발을 빗질 할 수 있다.					
3	아이론 시술시 볼륨을 위하여 시술 각도를 조절할 수 있다.					
4	얼굴형에 맞는 앞머리를 디자인하여 시술할 수 있다.					
5	선정한 아이론기기를 이용하여 테크닉(인컬, 아웃컬, S컬, 스트레이트) 시술을 할 수 있다.					
6	연출된 디자인을 원하는 스타일로 쉐이핑 할 수 있다.					
7	연출된 디자인에 따라 헤어 제품을 선택하여 사용할 수 있다.					

피 드 백
1. 아이론 시술시 연출할 수 있는 스타일의 종류에 대해 숙지한다. 2. 아이론 기초 테크닉과 앞머리 시술을 숙련되게 익힌다. 3. 각 연출 방법 시술 절차를 숙지한다. 4. 각 연출 방법을 숙련되게 익힌다.